国家社会科学基金项目（15BZX036）
上海市浦江人才计划项目（18PJC074）

# 人工智能伦理引论

杜严勇——著

Artificial Intelligence Ethics

人工智能伦理

**使人工智能与人类和谐相处**

上海交通大學出版社
SHANGHAI JIAO TONG UNIVERSITY PRESS

## 内容提要

随着人工智能科技的飞速发展，人工智能产品在许多领域得到广泛的应用，由此也引发了一系列伦理问题。本书从三个层面讨论了人工智能伦理中的若干基本问题。首先是人工智能伦理中的普遍性问题，比如机器人权利、机器人道德能力的建构以及人工智能安全问题等；其次是具体领域的机器人引发的伦理问题，比如军用机器人、情侣机器人与助老机器人等；第三是人工智能伦理问题的解决进路，包括道德责任、伦理设计、自反性伦理治理等内容。本书兼具学理性与通俗性，可供相关领域的科技工作者、哲学研究者以及对人工智能伦理感兴趣的人士阅读。

**图书在版编目（CIP）数据**

人工智能伦理引论 / 杜严勇著. —上海：上海交通大学出版社，2020（2023重印）

ISBN 978-7-313-23135-2

Ⅰ.①人… Ⅱ.①杜… Ⅲ.①人工智能—技术伦理学—研究 Ⅳ.①TP18 ②B82-057

中国版本图书馆CIP数据核字（2020）第056698号

**人工智能伦理引论**

RENGONG ZHINENG LUNLI YINLUN

著　　者：杜严勇

出版发行：上海交通大学出版社　　地　　址：上海市番禺路951号

邮政编码：200030　　电　　话：021-64071208

印　　制：上海万卷印刷股份有限公司　　经　　销：全国新华书店

开　　本：710mm × 1000mm　1/16　　印　　张：23.25

字　　数：284千字

版　　次：2020年6月第1版　　印　　次：2023年6月第4次印刷

书　　号：ISBN 978-7-313-23135-2

定　　价：68.00元

献给我的父母
杜永茂和李桂珍

# 序：重要的关注

人工智能，现在已经是一个非常热门的概念了。从各种媒体的报道来看，无论是国家政策、科学研究，还是产业开发，都紧密地围绕着这个虽然早已有之但却在近年来越发成为热点的话题，颇有不扯上人工智能就会落后，就会被时代抛弃的感觉。甚至连通俗的网络文学中，都有许多人工智能的主题。连带地，也出现了许多与严格或不严格意义上的人工智能研发应用有关的争议，例如关于人脸识别与监控的广泛应用引发的争议。

其实，关于研究开发人工智能的争议早已存在。在最根本的层面上，这实际上是一个涉及发展观的问题，即人们在强调发展时，是为了什么而发展以及怎样才算是理想的发展的选择的问题。同时，这也是一个科学观的问题，即人们发展科学技术并将之付诸应用在根本上是为了什么，以及对科学技术的不确定性和可能带来的风险的认识的问题。正像本书中作者提到的，2014 年底，英国广播公司报道，著名理论物理学家霍金（Stephen Hawking）曾表示："人工智能的全面发展可能导致人类的灭绝。"就算没有这样极端，人们至少也无法否认像人工智能的应用会带来的失业等几乎已经初见端倪的后果。

就作序者本人的立场来看，应该说是比较极端地反对像现在这样一窝蜂地极力研发人工智能的。我想，持有类似观点的人也应该还有一些，更有许多人或许是由于对可能带来的问题未加深入思考，或持一种强科学主义的信念而拥护人工智能。正像本书作者所指出的，在我国学者的讨论中，从事人工智能研究的学者几乎普遍对人工智能的将来持乐观态度，认为目前的人工智能技术不足以威胁人类。而江晓原教授则对之反驳说："我们都知道'养虎遗患'的成语，如果那些养老虎的人跟我们说，老虎还很小，你先让我们养着再说，我们能同意这样的论证吗？"

但无论有什么样的争议，我们毕竟生活在现实的世界中。在这个现实的世界上，存在着国家利益、经济利益的竞争，存在着不可阻挡的要发展更新、更高、更强科技的在观念上和利益上的追求，就像过去许多哪怕人们已经明确认识到本是威胁人类的科学技术应用，如核武器和生化武器之类的发明，也仍然不可阻挡地被发明出来付诸应用。人工智能显然也是一样，在现实中，其发展似乎也无可阻挡。但也正因为如此，面对现实和未来的人工智能发展，对其存在的伦理研究，就有着更加迫切的需要！

就像曾一度在学界流传的一则笑话一样，说不同的院校因不同的传统，对想象中可能要发布的一个研究开发制造椅子的课题持有不同的态度，有的不管三七二十一直接就把椅子造了出来，有的关心这样课题能带来多少篇 SCI 论文的发表，有的转去回顾经典作家关于造椅子的相关论述，更有的要论证为什么要造椅子，必要性在哪里。本书的研究虽然不是对发展人工智能的必要性的研究，但至少是面对人工智能的发展可能给人类社会带来的最根本的伦理变化的重要研究。

不过，虽然迫切地需要这样的研究，但研究起来又是非常困难的。伦理的研究在整个人文领域的研究中本来就是最为困难的，甚至关于人类的伦理问题，至今也仍然存在着众多的不同立场、观点和理论，更不用说对于人工智能这样新的对象的伦理研究了。这里面既涉及人文，也涉及科学和技术，需要研究者有更广阔的视野和理论准备。在本书中，作者收集、汇总、分析了国内外众多研究者的相关工作（仅此便已经是非常有价值的研究了），讨论了军用机器人、情侣机器人和助老机器人等几个当下被突出关注的案例，尤其是讨论了其中涉及的传统的与新出现的伦理问题，并在更一般性伦理学背景下，针对人工智能会涉及的伦理问题进行了讨论，其中像对作者比较倾向的自反性伦理治理观点的讨论，对友好人工智能概念的问题的讨论，都是很有特色的。而且，作者的一些结论性的观点，也颇有深意，如："人工智能安全问题从源头上看是由人工智能技术造成的，这应该使科学家认识到，科学技术研究并不是无禁区的，我们需要理性地发展人工智能。""科学家应该意识到，科学与伦理有着不同的选择与评价标准，在进行机器人设计时，应该将科学与伦理结合起来，而不只是在科学的范围内从事研究。"

当然，作者的一些观点本人也并不是完全都能同意，此书也还存在着一些不足（如在内容和结构上并未明确区分人工智能和机器人的不同，尽管这两者间存在着密切的关联），但这些并不影响此研究的重要意义。毕竟这还只是国内学者对此重要领域和问题进行的开创性的系统研究，而对于人工智能的伦理研究将需要有更多、更深入、更细化的后续工作。而书中提出和讨论的问题，对于后续的研究者显然具有启发性的意义，仅此，应该说，就已经是非常有价值的著作了。

是为序。

刘　兵

2020年1月26日于北京清华园荷清苑

# 目　录

# 导　论

## 一、时代背景与研究意义

目前，学术界关于人工智能与机器人的研究如日中天，兴盛异常。各地纷纷成立关于人工智能的研究机构，许多企业竞相加大对人工智能的投入力度，各国政府相继发布相关战略规划，唯恐在这场科技竞争中处于下风。同时，随着计算机、人工智能与机器人学等科学技术的快速发展，机器人与其他各种人工智能产品越来越多地进入公众的视野当中。机器人不仅在工业、农业、军事、医疗等领域得到广泛应用，而且在家庭服务、社会娱乐等领域也得到了人们越来越多的关注。

从世界的角度看，美国、日本、欧盟等竞相加大对机器人产业的投资力度，强调多方合作，共同推进机器人技术与产业快速发展。比如，美国专门制订了国家机器人发展计划（National Robotics Initiative），目的就是为了促进美国机器人研究与应用，国家科学基金会、国家航空航天局、国家卫生研究院以及农业部等联邦政府部门共同资助机器人发展计划。① 2004 年，欧洲机器人研究网络（European Robotics Research Network）出台了欧洲机器人研究路线图，描述了欧洲机器人技术发展的重点领域，并强调要在机器人技术的市场竞争中取得领导地位。② 众所周知，日本、韩国也大力发展机器人技术与产业，日本还经常被誉为是“机器人大国”。

我国政府同样高度重视机器人技术的研发。2012 年 4 月，科技部专门制订了《智能制造科技发展“十二五”专项规划》和《服务机器人科技发展“十二五”专项规划》，提出“十二五”期间将重点培育发展工业和服

---

① “National Robotics Initiative,” http://www.nsf.gov/funding/pgm_summ.jsp?pims_id=503641&org=CISE.

② “Euron Research Roadmap,” http://www.cas.kth.se/euron/euron-deliverables/ka1-3-Roadmap.pdf.

务机器人新兴产业。2014 年 6 月 9 日，习近平总书记在两院院士大会上的讲话中指出，“机器人革命”有望成为“第三次工业革命”的一个切入点和重要增长点，将影响全球制造业格局，而且我国将成为全球最大的机器人市场。2015 年 11 月，世界机器人大会在北京召开，习近平总书记致信祝贺，李克强总理做出批示，充分显示了国家领导人对机器人技术与产业的高度重视。

我国政府在 2017 年 7 月发布的《新一代人工智能发展规划》中提出，到 2020 年，我国人工智能总体技术和应用与世界先进水平同步，人工智能核心产业规模超过 1 500 亿元，带动相关产业规模超过 1 万亿元；到 2030 年，人工智能理论、技术与应用总体达到世界先进水平，人工智能核心产业规模超过 1 万亿元，带动相关产业规模超过 10 万亿元。①

在世界各国普遍重视机器人产业的历史背景下，考虑到机器人技术可能产生的深远社会影响，将 21 世纪称为“机器人（人工智能）世纪”可能并非夸大其辞。但是，在机器人越来越聪明、使用越来越广泛的时代背景下，人们难免会对机器人可能导致的负面效应感到忧虑。诺贝尔和平奖获得者、核物理学家罗特布拉特（Joseph Rotblat）指出，会思考的计算机、机器人拥有人工智能，使它们可以复制自身，而不加控制的自我复制是这些新技术具有的危险之一。②

与机器人技术一样，飞速发展的现代科学技术在带给我们种种益处与便利的同时，也引发了形形色色的伦理问题。于是，生命伦理、网络伦理、核伦理、信息伦理等种种科技伦理如雨后春笋般涌现。相对而言，机

---

①《新一代人工智能发展规划》，北京：人民出版社，2017，第 8—10 页。

② Veruggio Gianmarco, “The Birth of Roboethics,” http://www.researchgate.net/publication/228623299_The_birth_of_roboethics.

器人伦理出现较晚。2004 年 1 月，第一届机器人伦理学国际研讨会在意大利圣雷莫召开，正式提出了“机器人伦理学”（roboethics）这个术语。机器人伦理学研究涉及许多领域，包括机器人学、计算机科学、人工智能、哲学、伦理学、神学、生物学、生理学、认知科学、神经学、法学、社会学、心理学以及工业设计等。2005 年，“欧洲机器人研究网络”专门资助研究人员进行机器人伦理学研究，希望能够为机器人伦理研究设计出路线图。[①] 此后，机器人伦理研究很快得到越来越多的学者的关注。

虽然有学者认为当前的人工智能热不可能持续很长时间，不过人们普遍认为，人工智能将会对人类社会产生深远影响。那么，人工智能究竟应该向何处去？在人类社会深度科技化的历史背景中，想要阻止人工智能的快速发展几乎是不可能的，更为现实的做法是为人工智能的发展进行伦理规制，由此彰显了机器人与人工智能伦理研究的重要性。

我们可以从学术价值与实践意义两个角度来看人工智能伦理研究的重要意义。从学术价值的角度看，人工智能伦理开拓了科技伦理研究的新领域，并且对我们加深与变革——包括人、生命、智能与机器等基本哲学概念——的理解与认识具有重要意义。从实践意义的角度看，对于社会大众来说，人工智能伦理研究有助于建构起人类与智能产品互动的道德观念与道德规范，实现人与智能产品的和谐相处。对人工智能技术的研发人员来说，人工智能伦理设计原则与方法的研究成果，可以为其提供技术研发的伦理依据与理论支撑；而且，人工智能伦理研究也有助于加强科技人员的道德责任感，培养科技人员的道德想象力与实践能力。对科技管理人员来

① Veruggio Gianmarco and Operto Fiorella, “Roboethics: a Bottom-up Interdisciplinary Discourse in the Field of Applied Ethics in Robotics,” *International Review of Information Ethics*, 2006, Vol.6, No.12, pp.2–8.

说，人工智能伦理研究成果可以为相关产业政策的制定提供理论参考。

## 二、研究现状

首先对“机器人”“人工智能”这两个概念做出简单的界定。一般认为，“机器人”（robot）这个词最初出现在捷克作家恰佩克（Karel Capek）于1921年写的剧本《罗素姆的全能机械人》中，源于捷克（或斯洛伐克）单词“robota”，其意义为“努力工作”或“奴役”。现在机器人一般指在很大程度上拥有人类特征的机械。现在广泛使用的关于机器人的术语有安卓机器人、拟人化机器人、自动机器人、半机械人、人类辅助设备、人形机器人、仿人机器人，等等。[①] 本书中采取一种比较宽泛的机器人界定，主要指拥有一定智能，并且拥有人类（或动物）外观甚至外在表情的机器。

与机器人类似，人们对人工智能的定义也变化不定，没有形成共识。李开复、王咏刚认为，人们对人工智能有五种定义，定义一：人工智能就是让人觉得不可思议的计算机程序；定义二：人工智能就是与人类思考方式相似的计算机程序；定义三：人工智能就是与人类行为相似的计算机程序；定义四：人工智能就是会学习的计算机程序；定义五：人工智能就是根据对环境的感知，做出合理的行动，并获得最大收益的计算机程序。[②] 博登（Margaret Boden）认为，人工智能就是让计算机完成人类心智（mind）能做的各种事情。[③] 通常还有强、弱人工智能以及超级人工智能的区分。弱人工智能一般指可以模拟或实现人类智能部分功能的人工智能，

---

① 巴-科恩、汉森：《机器人革命》，潘俊译，北京：机械工业出版社，2015，第3—8页。

② 李开复、王咏刚：《人工智能》，北京：文化发展出版社，2017，第1—37页。

③ 博登：《人工智能的本质与未来》，孙诗惠译，北京：中国人民大学出版社，2017，第3页。

强人工智能则指可以实现人类智能所具有的大多数甚至全部功能的人工智能，超级智能则是可以完全超越人类智能的人工智能。本书中提及的人工智能概念一般来说包含了强、弱人工智能两个层面，一般不涉及超级人工智能方面。

一般认为，机器人是人工智能研究的一个分支学科，许多讨论人工智能的著作与论文中都有涉及机器人的内容。这两个概念当然是有区别的，但从科技伦理研究的角度看，实际上机器人伦理与人工智能伦理并无实质性区别，基本的观点、理论与方法几乎是通用的。所以，本书并不严格区别这两个概念，为行文或讨论内容的方便，有时单独使用，有时并列使用。

关于机器人与人工智能伦理的思考很早就开始了，但真正引起学术界和公众的广泛关注是最近十余年的事。2005 年，欧洲机器人研究网络资助成立了机器人伦理学研究室（Euron Roboethics Atelier），该研究室于 2006 年 7 月出台了第一个机器人伦理路线图。路线图对机器人研发中涉及的伦理问题进行了系统的评估，以促进跨学科的深入研究。不过，这种路线图不是学术研究，其目的不是为科技研究提供伦理指南，不是简单罗列问题与答案，也不是原则性的宣言，而是根据机器人领域发展现状及其可能的发展情况，为机器人的设计者、制造商以及使用者提供某些伦理分析与建议。[①] 受此激励，日本、韩国等国家也纷纷着手制定关于机器人设计、使用的法律法规与指导路线。

目前，在西方学者出版的关于机器人与人工智能伦理研究的著作中，比较有代表性的主要有以下几部：美国耶鲁大学伦理学家瓦拉赫（Wendell Wallach）等的《道德机器》从理论上讨论了具有伦理判断能力的机器人

① Veruggio Gianmarco, “The EURON Roboethics Roadmap,” http://www.roboethics.org/atelier2006/docs/ROBOETHICS%20ROADMAP%20Rel2.1.1.pdf.

的必要性、可能性以及实现方法；[①] 美国佐治亚理工学院的机器人专家阿金（Ronald Arkin）的《控制自主机器人的致命行为》考察了军用机器人引发的伦理问题及可能的解决途径。[②] 美国哈特福特大学计算机专家安德森（Michael Anderson）等人主编的论文集《机器伦理》收集了 31 篇论文，从机器伦理的性质、重要性、问题域、实现路径以及前景等五个方面进行了论述；[③] 美国加州州立理工大学的林（Patrick Lin）等人主编的论文集《机器人伦理》收集了 22 篇论文，讨论了机器人的社会影响及其引发的部分伦理问题。[④] 另外，许多英文期刊如《IEEE 智能系统》（*IEEE Intelligent Systems*）、《信息技术与伦理》（*Ethics and Information Technology*）、《人工智能与社会》（*AI & Society*）等也不定期地刊载有关的论文，或者出版专刊。比如，英文期刊《信息技术与伦理》在 2010 年、2012 年、2013 年、2016 年、2017 年和 2018 年开辟专刊讨论机器人与人工智能伦理问题，西方学术界对相关研究之关注可见一斑。

我国学者主要从 2013 年开始发表机器人与人工智能伦理的研究成果。中国知网上能够找到的较早的学位论文是武汉理工大学李俊平的硕士论文《人工智能技术的伦理问题及其对策研究》[⑤]，较早的博士论文则是南开大学王东浩的《机器人伦理问题研究》[⑥]，不过以硕士论文为主，博士论文比较少见。较早发表的机器人伦理研究论文的是王绍源、赵君的《“物

---

① Wallach Wendell and Allen Colin, *Moral Machines: Teaching Robots Right from Wrong* (Oxford: Oxford University Press, 2009). 中译本见瓦拉赫、艾伦：《道德机器：如何让机器人明辨是非》，王小红主译，北京：北京大学出版社，2017。

② Arkin Ronald, *Governing Lethal Behavior in Autonomous Robots* (Boca Raton: CRC Press, 2009).

③ Anderson Michael and Anderson Susan edited. *Machine Ethics* (Cambridge: Cambridge University Press, 2011).

④ Lin Patrick, et al edited, *Robot Ethics* (Cambridge: The MIT Press, 2012).

⑤ 李俊平：《人工智能技术的伦理问题及其对策研究》，武汉理工大学，2013。

⑥ 王东浩：《机器人伦理问题研究》，南开大学，2014 年。

伦理学”视阈下机器人的伦理设计》[1]，以及任晓明、王东浩的《机器人的当代发展及其伦理问题初探》[2] 等文章。自 2016 年以来，国内人工智能与机器人伦理研究呈井喷式增长，发表了大量研究论文，此处就不一一提及了。比如，在中国知网上能够查到的 2018 年发表的题名中含有“人工智能、伦理”或“机器人、伦理”的论文就多达七十余篇。另外，李伦主编的“互联网、大数据与人工智能伦理丛书”是我国第一套关于互联网、大数据与人工智能伦理问题的综合性学术丛书，陆续推出《人工智能与大数据伦理》《数据伦理与算法伦理》《人工智能道德决策》《开源运动与共享伦理》《给人工智能一颗良芯》《大数据环境下信息价值开发的伦理规范》等论文集和专著。[3]

## 三、学科定位与学科特点

### 1. 学科定位

很多学者将科技伦理研究定位于“应用伦理学”。比如，德国波恩大学哲学系教授豪纳费尔德（Ludger Honnefelder）认为，生命伦理学属于应用伦理学的范畴；[4] 我国学者甘绍平把科技伦理划归为应用伦理学的分支学科，[5] 等等。对于机器人伦理学，《欧洲机器人伦理路线图》起草者维

---

① 王绍源、赵君：《“物伦理学”视阈下机器人的伦理设计》，《道德与文明》，2013 年第 3 期。

② 任晓明、王东浩：《机器人的当代发展及其伦理问题初探》，《自然辩证法研究》，2013 年第 6 期。

③《“互联网、大数据与人工智能伦理丛书”发布会成功举行》，http://news.dlut.edu.cn/info/1002/54221.htm。

④ 豪纳费尔德：《生命伦理学是一门特殊的伦理学吗》，载王国豫、刘则渊主编《科学技术伦理的跨文化对话》，北京：科学出版社，2009，第 97—104 页。

⑤ 甘绍平：《论应用伦理学》，《哲学研究》，2001 年第 12 期。

如格（Gianmarco Veruggio）等学者也将其归为应用伦理学的范畴，并称其为一种新的应用伦理学。① 人工智能的研发与使用涉及面较广，所以人工智能伦理研究必然需要吸取并应用多种伦理学流派的思想。从这个角度来看，把人工智能伦理学归为"应用伦理学"是合情合理的。但是，把人工智能伦理学简单地归为应用伦理学可能在一定程度上会掩盖它的学科特点。与一般意义上的应用伦理学相比，人工智能伦理研究显示出更强的交叉学科特点。

笔者对 2012 年美国麻省理工学院出版的论文集《机器人伦理》一书的作者进行了一个简单的统计。结果显示，在该著作的 22 篇论文中，作者有 27 人，其中来自计算机、人工智能、机器人学等自然科学研究领域的有 9 人，占三分之一，来自哲学等人文社科领域的有 18 人，占三分之二。另外，剑桥大学出版社 2011 年出版的《机器伦理》的两位主编，一位是哈特福特大学计算机教授迈克尔・安德森，另一位是康涅狄格大学的哲学荣休教授苏珊・安德森（Susan Anderson）。来自计算机科学与哲学两个领域的学者共同担任主编，而且该论文集中亦有不少自然科学家的论文，充分体现出人工智能伦理研究的交叉学科特点。又如，在欧洲机器人伦理路线图的起草过程中，有五十多位科学家与人文学者共同参与其中。

其实，无论何种伦理学理论流派，从来都是与人类道德实践密切相关的。把经济伦理学、科技伦理学、医学伦理学等统称为"应用伦理学"并不完全妥当，而按照研究对象来区分学科分类可能更为合理。事实上，由于人工智能伦理研究对象的特殊性，采用现有的伦理理论已经无法解决人

① Veruggio Gianmarco and Operto Fiorella, "Roboethics: Social and Ethical Implications of Robotics," in Siciliano Bruno and Khatib Oussama edited, *Handbook of Robotics* (Berlin: Springer, 2008), p.1499.

工智能引发的伦理问题。也就是说，把归属于应用伦理学的各种科技伦理冠名为“部门伦理学”应该更为准确、合理。[①] 同时，如果把计算机伦理、信息伦理、机器人伦理等划归为不同学科的部门伦理学，各自的学科特色更为鲜明，学科定位也更为准确。当然，像计算机伦理、人工智能伦理等部门伦理学同时也是科技伦理，更准确地说是不同科技领域的伦理。这种定位模式的一个直接益处在于，突出强调了科技工作者的伦理责任，表明伦理考量不仅仅是科技人员的兴趣爱好，也是他们的工作内容，而“应用伦理学”的定位似乎更多地把人工智能伦理的研究责任推到了哲学工作者身上。事实上，人工智能伦理问题的最终解决必须通过科技手段，否则再多的理论研究都是“纸上谈兵”。

2. 学科特点

第一，研究对象的特殊性。跟已有的科技伦理研究对象相比，机器人具有非常明显的特殊性，至少表现在类人性和智能性两个方面。从外观上看，人形机器人跟人类几乎一模一样。在未来的智能社会中，机器人可以陪人类聊天，为人类做家务，从事教学与各种社会服务工作。如何与跟人类高度相似的非人类相处，是机器人伦理研究必须要回答的问题。另外，随着人工智能技术的快速发展，机器人的智能程度在不断提高，甚至在某些方面超过人类。2016 年 3 月 9 日至 15 日，谷歌人工智能“阿尔法围棋”（AlphaGo）与韩国职业围棋高手李世石展开了一场“人机大战”，最终李世石以 1 : 4 落败。这场比赛引起了人们的普遍关注，也再次引发了人们对人工智能技术的讨论与思考。人类如何与机器人这种智能人造物相处，对于科技伦理研究来说是一个全新的话题。

---

① 韩东屏：《正名：以“部门伦理学”替代“应用伦理学”》，《伦理学研究》，2009 年第 6 期。

第二，研究主体的特殊性。在计算机伦理、生物伦理等科技伦理的研究中，确实有不少科学家自觉参与其中，与人文学者共同分析解决科技伦理问题。虽然这些领域的科学家研究科技伦理问题是建立在他们对科学研究的理解之上，但是，他们对伦理问题本身的关注并不涉及具体的科技知识，也可以说主要涉及的是“人类应该如何做”的问题。对这些伦理问题的研究，人文学者也可以胜任。但是，对于人工智能伦理研究来说，不仅涉及“人类应该如何做”的问题，还涉及“人工智能应该如何做”的问题，这方面仅仅依靠人文学者就远远不够了。也就是说，要让伦理理论在智能产品身上实现，必须借助于科学家的科技知识。比如，前面提到的《控制自主机器人的致命行为》的作者就是佐治亚理工学院的机器人专家。可见，人工智能伦理研究要求从事相关领域研究的科学家从“理性的科学家”到“理性的和伦理的科学家”的角色转变。

第三，研究内容的特殊性。从研究内容来看，人工智能伦理固然包括科技人员的职业道德等内容，但更重要的是要考察人工智能应用已经或者可能产生的亟待解决的社会伦理问题。理论性的研究固然重要，但人工智能伦理研究必须要解决具体的现实问题。已有的大多数科技伦理研究成果主要是从相应科学技术的社会影响、科学家的职业规范与社会责任、使用者应遵守的道德规范等角度进行，一般不涉及具体的技术内容本身。人工智能伦理研究当然包括了一般意义上的科技伦理的研究内容，更为重要的是，由于需要在智能产品上具体体现相应的伦理学思想，所以人工智能伦理必须融入具体的技术之中。也就是说，必须根据相应的伦理学思想与理论对人工智能进行伦理设计，由此体现出真正意义上的理论与实践相结合。因此，在社会调研、程序调试与产品试验等过程中，需要哲学家与科学家反复磋商与对话，共同努力解决可能出现的种种问题，仅仅是哲学家或科学家单方面显然难以胜任相应的工作。这一点可能是人工智能伦理研究中最为困难，也是最为重要的部分。

总的来说，目前机器人学与人工智能等领域的科学家对人工智能伦理问题的重视程度还远远不够。希望人工智能伦理学的“部门伦理学”的学科定位以及学科特点，能够引起科学家对伦理问题的关注。对科学家来说，在科研选题、技术研发与产品市场化等多个层面中需要主动加入道德考量，从而使科研活动具有更大的合理性。在人工智能伦理研究中，“伦理能不能管科学”应该不再是一个问题，因为科技与道德两者必须融合在一起。

## 四、本书主要内容

曼纳（Walter Maner）在为计算机伦理学的正当性进行论证时指出，计算机的应用如此急剧地改变了某些伦理问题，以至这些问题本身值得研究（弱观点）；或者计算机对人类行为的影响引发了全新的伦理问题，这些问题是计算机领域独有的问题，在其他领域没有出现过（强观点）。[1] 在人工智能伦理的研究内容中，无论是从“弱观点”，还是从“强观点”的角度来看，人工智能伦理研究都具有充分的理由。从部门伦理学的立场看，只要人工智能伦理学对属于自己领域的特殊伦理问题给予了回答，就算是完成了自己的主要任务。参考目前的研究成果与趋势，本书主要研究以下三大部分内容。

第一大部分是关于人工智能伦理的普遍性问题研究。具体表现在前三

---

① 拜纳姆、罗杰森：《计算机伦理与专业责任》，李伦，等译，北京：北京大学出版社，2010，第38—39页。

章的内容，第一章主要讨论机器人权利问题，初步回答了机器人权利研究的必要性，机器人为何可以拥有权利、可以拥有哪些权利等问题。第二章探讨了机器人道德能力的建构问题，主张从机器人外观、社会智能、人工情感等方面建构机器人的道德能力。第三章讨论了人工智能安全问题，强调了研究人工智能安全问题的紧迫性，初步讨论了从内部、外部进路解决人工智能安全问题的措施。

第二大部分是关于具体领域机器人引发的伦理问题研究。由于机器人的应用领域非常广泛，不同领域的机器人引发的伦理问题差别较大，需要分门别类进行考察。第四章考察了军用机器人引发的伦理困境，强调了控制军用机器人自主程度的重要性。第五章研究了情侣机器人对婚姻与性伦理的挑战，认为情侣机器人会引发与传统的婚姻伦理、性伦理相冲突的一系列问题，初步提出了一些解决策略。第六章主要为助老机器人进行伦理辩护，认为助老机器人的确可以带来较多的益处，同时提出了从多个角度入手对助老机器人进行治理的途径，使其更好地为人类服务。

第三大部分主要研究人工智能伦理问题的可能解决路径。第七章讨论了机器人伦理中的道德责任问题，认为机器人无法独立承担道德责任，并且探讨了机器人的设计者、生产商、使用者等各自应该承担的道德责任内容，其中重点强调了科研人员的前瞻性道德责任。第八章总结了机器人伦理设计的理论与实践进路，认为我们应该通过伦理设计的方式使机器人拥有一定的道德判断与行为能力。第九章在澄清自反性伦理治理概念的基础上，分析了四种代表性治理理论的自反性，指出了实现人工智能伦理治理需要解决的几个关键性问题。第十章讨论了建构友好人工智能的问题，认为我们可以从政府管理层面、关系层面、技术层面以及公众层面等多方面着手构建友好型人工智能，并强调建构友好人工智能应该成为全社会的非常明确的努力目标。

鉴于国内外学术界目前发表了大量相关论文，受时间与能力所限，本书不可能对所有人工智能伦理论题全部涉及，只能选择部分话题进行讨论。即使如此，本书涉及的所有话题，都有很大的进一步深入研究的空间，这也是本书取名为“引论”之缘由。由于相关文献数量较大，新的文献还在源源不断发表，本书中肯定会有不少不当与缺漏之处，恳请各位专家、读者批评指正。另外，为保证各章内容的相对完整性，不同章节中的内容有少量交叉现象，请读者谅解。

第一章

# 机器人权利

在形形色色的机器人伦理问题中，“机器人权利”是争议较大的问题之一。本章关注的问题是，机器人是否应该拥有权利？它们（或者是“他们”）可以拥有哪些权利？

## 第一节
## 机器人权利：真实，还是虚幻

机器人是机器还是人？机器人与人的本质区别是什么？这些问题从不同的角度与立场来看，自然会得出不同的结论。法国哲学家拉·梅特里（La Mettrie）明确地说：“人的身体是一架钟表，不过这是一架巨大的、极其精细、极其巧妙的钟表，它的计秒的齿轮如果停滞不走了，它的计分的齿轮仍能继续转动和走下去；它的计秒和计分的齿轮如果因为腐锈或其他原因受阻不走了，它的计刻的齿轮以及其他种种齿轮，仍能继续转动着走下去。”[①] 根据这种观点，把机器人看作人完全是合理的推论，既然如此，机器人要求权利也是合情合理的。当然，这种机械论的观点远不足以令人信服。

虽然至今仍有许多学者认为机器人是“机器”而不是“人”，但随着人工智能、计算机与机器人学等科学技术的快速发展，机器人拥有越来越强大的智能，机器人与人类的差别正在逐渐缩小，却是不争的事实。比如，有的科学家正在研究拥有生物大脑（biological brain）的机器人。[②]

---

① 拉·梅特里：《人是机器》，顾寿观译，北京：商务印书馆，1999，第 65 页。

② Warwick Kevin, et al, “Controlling a Mobile Robot with a Biological Brain,” *Defence Science Journal*, 2010, Vol.60, No.1, pp.5-14.

拥有生物大脑的机器人将会有着越来越多的，甚至可以与人脑媲美的神经元数量，也可以拥有学习能力与机器人意识。[①] 毋庸讳言，拥有生物大脑的机器人更加像人。而且，对于机器人技术的快速发展趋势，大多数人持肯定态度，美国未来学家雷·库兹韦尔（Ray Kurzweil）甚至预言，拥有自我意识的非生物体（机器人）将于2029年出现，并于21世纪30年代成为常态，它们将具备各种微妙的、与人类似的情感。[②] 他还预言，2045年是极具深刻性和分裂性的转变时间，到时"非生物智能在这一年将会10亿倍于今天所有人类的智慧"。[③]

事实上，在机器人技术飞速发展的同时，各种各样的机器人已经走进了人们的生活。机器人可以满足人类的许多需要，除了可以打扫卫生、照顾老人和孩子之外，机器人甚至还可以在一定程度上满足人类的情感需要。比如，美国麻省理工学院的机器人专家布雷西亚（Cynthia Breazeal）等人从事开发"社会机器人"（sociable robot），这种机器人可以与人交流，以个人的方式与人相处，与它互动就像跟人类互动一样。[④] 包括日本、美国在内的一些发达国家开发出来的机器人玩具很受小朋友的喜欢，甚至与它们产生了与人一样的情感；针对成人开发的情侣机器人也开始出现在市场上。毫无疑问，未来人类与机器人之间的关系将会越来越密切。

关于人与机器人的关系问题属于机器人伦理的研究范畴，其中关于机器人权利的论述似乎比许多其他机器人伦理问题更早地引起学者们的关

---

① Warwick Kevin, "Implications and Consequences of Robots with Biological Brains," *Ethics and Information Technology*, 2010, Vol.12, No.3, pp.223-234.

② 库兹韦尔：《如何创造思维》，盛杨燕译，杭州：浙江人民出版社，2014，第195页。

③ 库兹韦尔：《奇点临近》，李庆诚、董振华、田源译，北京：机械工业出版社，2011，第80页。

④ Breazeal Cynthia, *Designing Sociable Robots* (Cambridge: The MIT Press, 2002), p.1.

注。有趣的是，在较早的有关文献当中，学者们大多对机器人的权利问题持偏向于肯定的态度。早在1964年，当时在麻省理工学院任教的美国哲学家普特南（Hilary Putnam）认为，机器人与人可以遵循同样的心理学法则；把机器人看作是机器还是人造生命，主要取决于人们的决定而不是科学发现；等到机器人技术足够成熟，机器人会提出对权利的要求。[①] 1985年，一位美国律师认为，机器人将来会拥有法律权利，由此也会引发很多相关的法律问题。[②] 1988年，美国未来学家麦克纳利（Phil McNally）和亚图拉（Sohail Inayatullah）撰文认为，机器人在未来的20至50年内极可能会拥有权利，甚至法学家可能会坚持认为应当在法律上把机器人看作是人。[③] 2000年，麻省理工学院人工智能实验室主任布鲁克斯（Rodney Brooks）撰文认为，随着机器人技术的发展，机器人最终会享受到一些人类的权利。[④] 不过，这些讨论主要局限于学术研究的领域，还没有引起社会的普遍关注。

近些年来，在机器人技术快速发展以及与人类关系日益密切的时代背景中，关于机器人权利问题的讨论得到越来越多的关注，学者和公众纷纷在学术会议与报纸杂志中积极讨论相关问题。比如，2006年，英国政府发表一份报告预言未来的一场重大转变，报告称机器人将来会自我复制、自我提高，甚至会要求权利。该报告很快引起广泛关注。受这份报告影响，2008年1月，英国皇家医学会（Royal Society of Medicine）专

① Putnam Hilary, "Robots: Machines or Artificially Created Life?" *The Journal of Philosophy*, 1964, Vol.61, No.21, pp.668–691.

② Freitas Robert, "The Legal Rights of Robots," *Student Lawyer*, 1985, Vol.13, pp.54–56.

③ McNally Phil and Inayatullah Sohail, "The Rights of Robots," *Futures*, 1988, Vol.20, No.2, pp.119–136.

④ Brooks Rodney, "Will Robots Rise up and Demand Their Rights?" *Time Canada*, 2000, Vol.155, No.25, p.58.

门召开研讨会，讨论“机器人与权利”的问题。[①] 又如，2011 年，《工程与技术杂志》（*Engineering and Technology Magazine*）就机器人是否应该拥有权利展开讨论，控制论专家沃里克（Kevin Warwick）教授认为，拥有人脑细胞的智能机器人应该被赋予权利，而 BBC 的主持人米切尔（Gareth Mitchell）持反对意见。该杂志的网站就“拥有人脑细胞的机器人是否应该被赋予权利”进行调查，结果显示有 17% 的人持肯定态度，83% 的人反对。[②] 我们可以通过搜索引擎找到大量西方大众媒体上关于机器人是否应该拥有权利的讨论，而且这些讨论大都是近些年才出现的。

确实，给机器人赋予某些权利，乍听起来感觉有点令人难以接受。但是，人类历史上经常有某些种族或人群被排除在某些权利之外，在相关群体争取到他们的某些权利之前，人们同样觉得给他们相应的权利是不应该的。正如美国南加州大学法学教授斯通（Christopher Stone）指出的那样，在每一场试图把权利赋予某些新的“实体”（entity）的运动中，相关的提议不可避免地让人感觉是奇怪的，或者是可怕的，抑或是可笑的。部分原因在于，在无权利的事物获得其权利之前，我们仅仅把它们视为供“我们”使用的东西，而那时只有“我们”才拥有权利。[③] 机器人权利问题以前主要存在于科幻小说当中，现在已逐渐进入到学术研究与大众讨论的话题当中，若干年之后我们极可能会发现它就在我们的日常生活之中。

---

① James Matt and Scott Kyle, “Robots & Rights: Will Artificial Intelligence Change the Meaning of Human Rights?” *People Power for the Third Millennium: Technology, Democracy and Human Rights, Symposium Series*, 2008.

② “For and Against: Robot rights,” http://eandt.theiet.org/magazine/2011/06/debate.cfm.

③ Stone Christopher, “Should Trees Have Standing? — Toward Legal Rights for Natural Objects,” *Southern California Law Review*, 1972, Vol.45, No.2, pp.450–501.

## 第二节
## 机器人权利研究如何可能

在笔者看来，至少有以下四方面的原因可以构成机器人权利研究的可能性与合理性。

第一，来自动物权利研究的启示。关于动物权利的研究已有相当多的论著问世，其中美国北卡罗来纳州立大学哲学教授汤姆·雷根（Tom Regan）的著作影响颇大，他也是动物权利哲学的积极倡导者。雷根认为，动物（主要是哺乳动物）跟我们拥有一样的行为、一样的身体、一样的系统和一样的起源，它们应该和我们一样，都是生命主体（subject-of-a-life）。所有的生命主体在道德上都是一样的，都是平等的。[①] 在《动物权利研究》一本书，雷根更为全面地论证了动物权利的方方面面，认为动物具有意识，具有固有价值，我们对动物负有直接义务，动物与人一样拥有特定的基本道德权利，等等。[②]

动物权利的另一位著名倡导者辛格（Peter Singer）认为，动物可以感受痛苦与快乐，应该在平等原则的基础上承认动物的权利。他指出："平等原则的实质是，我们对他者的关怀和利益考虑，不应当取决于他们是什么人，或者他们可能具有什么能力。"[③] 他认为："不论这个生命的天性如何，只要大致可以做比较，平等的原则要求把他的痛苦与任何其他生命的

① 雷根：《打开牢笼——面对动物权利的挑战》，莽萍、马天杰译，北京：中国政法大学出版社，2005，第 79—93 页。Regan 有时被译为"睿根"，本书统一译为"雷根"。
② 雷根：《动物权利研究》，李曦译，北京：北京大学出版社，2010，第 277 页。
③ 辛格：《动物解放》，祖述宪译，青岛：青岛出版社，2006，第 5—6 页。

相似的痛苦平等地加以考虑。”[①] 当然，平等的原则并不要求相同的对待或完全相同的权利，而是要求平等的考虑。

如果动物拥有权利具有一定的合理性，那根据同样的道理可以推出机器人也可以拥有某些权利。与动物相比，机器人最大的不同是，动物是天然的生命，而机器人是人类制造出来的。但是，根据目前机器人技术的现状与发展趋势，机器人在某些方面可以比人类更聪明，机器人将来也会比动物更像人类。既然如此，机器人拥有某些权利也具有一定的合理性。

第二，包括科技伦理在内的人文社会科学研究应该具有一定的超越性与前瞻性，而不是只针对科学技术与社会的现状进行反思。就技术伦理研究来说，如果总是基于技术及其效应的充分显现，以技术“事实”为基础而生成的技术伦理，总是滞后于技术及其效应，从而导致技术伦理对技术“匡正”的有效性大打折扣。[②] 当文化落后于社会物质条件的发展速度，就会产生所谓的“文化滞后现象”。为了在一定程度上避免“文化滞后现象”导致的负面效应，我们需要对可能出现的机器人技术及其社会影响做出某些前瞻性的考察，这也是“机器人权利”研究的理论依据之一。

事实上，科技伦理的目标之一就是对可能发生的科技活动及其效应给出建议或规范，这就内在地要求科技伦理研究必须具有一定的前瞻性与预测性。比如对克隆人的研究，我们不能等到克隆人在社会上大量出现之后才来研究克隆人的伦理问题，而是在克隆人可能产生之前，就进行针对克隆技术与克隆人的伦理问题研究。关于克隆人技术应用的社会风险、道德风险与克隆人的权利等问题的考察对于机器人技术的伦理研究也具有很大的参考价值。

---

① 辛格：《动物解放》，祖述宪译，青岛：青岛出版社，2006，第 9 页。

② 尚东涛：《技术伦理的效应限度因试解》，《自然辩证法研究》，2007 年第 5 期。

第三，培养人类良好道德修养的必然要求。康德认为，动物没有自我意识，我们对动物没有直接责任。但是，康德同时也指出："如果他不想扼杀人的感情的话，他就必须学会对动物友善，因为对动物残忍的人在处理他的人际关系时也会对他人残忍。我们可以通过一个人对待动物的方式来判断他的心肠是好是坏。"① 与康德类似，许多哲学家都批评对待动物的残忍方式，认为人类应该善待动物，这将有助于培养出人类良好的人性与道德品质。现有的研究成果表明："一个人在年轻的时候残酷对待动物的方式常常与他成年以后对待人的暴力行为模式有联系。"② 这些思想完全可以应用到机器人身上。

人是感情动物，在与机器人密切相处之后很容易与其产生感情，这种场景在许多科幻小说和电影中经常可以见到。事实上，更细致的实验研究表明，随着机器人技术的发展成熟，机器人越来越像人，机器人会像动物或其他人一样影响人类；人类会倾向于把机器人看作真正的人，对机器人产生信任感，甚至建立起密切的感情联系。③ 但是，在人与机器人可能产生的越来越多的互动以及感情联系中，一些不道德的行为亦会出现，比如对机器人的滥用。人们可能用那种对人类来说非道德的方式来对待机器人。研究表明，有人正在以各种方式滥用计算机人机交互技术，包括口头谩骂和对硬件进行物理攻击（physical attack）。更糟糕的是，这种技术有时导致的不仅仅是使用者的不满或愤怒的行为，它可能会促成更大范围的

---

① 辛格、雷根：《动物权利与人类义务》，曾建平、代峰译，北京：北京大学出版社，2010，第25页。

② 雷根、科亨：《动物权利论争》，杨通进、江娅译，北京：中国政法大学出版社，2005，第82页。

③ Lin Patrick, Abney Keith and Bekey George, *Robot Ethics* (Cambridge: The MIT Press, 2012), pp.205–221.

消极行为，这些行为不仅仅只针对机器，甚至可能会针对其他人。[①] 如果机器人拥有拒绝甚至反抗对其滥用的权利，那么在一定程度上可以减少甚至避免人与机器人交互过程中可能出现的不道德现象。

第四，机器人成为道德主体的可能性与特殊性。随着机器人越来越多地融入现代人的日常生活，特别是机器人的自主性、智能性程度不断提高，机器人的主体性问题逐渐突显出来。机器人伦理研究的实质，就是为了更好地处理人、机器人与社会之间的关系，使人与机器人和谐相处。从机器人伦理的角度看，智能程度较高，或者拥有自我意识的机器人可以独立做出伦理判断，它们在一定程度上具备了成为道德主体的基本条件。为了使机器人更好地履行道德主体的角色，赋予它们某些权利是必然之需。

但是，机器人作为人类的创造物，它们的行为显然需要受到人类道德规范的影响与制约。从这个角度看，机器人是人类道德规范的执行者和体现者，又属于道德客体的范畴。机器人伦理本质上是为了更好地保障人类的利益，赋予机器人某些权利也是服从于这个根本目的的，所以机器人的权利必然是受限的。如果我们把社会生活中的人称之为“完全的道德主体”的话，那么机器人就是“有限的道德主体”，这是研究机器人伦理的基本出发点。因此，机器人权利研究需要处理好倡导权利与限制权利这一对基本矛盾。

有学者认为，机器人不可能拥有权利，因为让机器人拥有权利面临着技术障碍和道德难关。从技术的可能性角度看，机器人的智能与人类的智慧不可同日而语，就此而言奢谈机器人的权利完全是无谓之举。从伦理学的角度看，机器人要想获得权利，面临着三道无可逾越的伦理难关：第

---

① Angeli Antonella De, et al, “Misuse and Abuse of Interactive Technologies,” http://www.brahnam.info/papers/EN1955.pdf.

一，机器人不可能与人类签订契约从而相互赋予权利；第二，机器人作为人类工具这一原初地位无法改变；第三，机器人并不拥有不容破解的内心秘密。①

不可否认，囿于当前人工智能与机器人技术的局限性，使得机器人的智能与人类的智慧相比，确实还存在较大的差距。但同样明显的是，机器人的智能正在快速地发展进步，而与之相比，人类智慧的进化速度就差得太远了。就目前科技的发展速度，以及人类对智能生活的依赖与期待，我们几乎可以断定，机器人的智能与人类的智慧之间的差距会逐渐减少。所以，从技术的可能性角度看，思考一下机器人的权利并不完全是“无谓之举”。另外，“三道无可逾越的伦理难关”实质是以自然人为出发点的伦理问题，如果权利主体不仅仅限于自然人，伦理难关也就迎刃而解。比如，在法学研究中，有学者主张，应该承认法人的基本权利主体地位②，法人应该享有一定范围的基本权利。③

我们注意到，来自科学技术、法律、政治等领域的许多学者也颇为关注机器人权利问题，而且大多持支持的态度。对于反对机器人权利的主张，有法学研究者认为：“这一反对只不过是将限制的立场发挥到极致，核心在于保守的观念与对人工智能技术发展的悲观。一些保守的社会科学学者无法接受这一立场情有可原，毕竟科学技术的发展速度早已超出一般人的理解。”④ 又如，高奇琦等人认为，尽管人类制造机器人的目的是为了让其更好地为人类服务，但是由于人类文明意识的发展以及道德感的增

① 甘绍平：《机器人怎么可能拥有权利》，《伦理学研究》，2017 年第 3 期。
② 杜强强：《论法人的基本权利主体地位》，《法学家》，2009 年第 2 期。
③ 王冠玺：《我国法人的基本权利探索》，《浙江学刊》，2010 年第 5 期。
④ 刘宪权：《人工智能时代机器人行为道德伦理与刑法规制》，《比较法研究》，2018 年第 4 期。

强，人类很可能将权利赋予机器人以及人工智能。[1] 中国工程院院士封锡盛认为："智能机器人为了有效地服务社会和便于公众接受，应当拥有相应的权利保障，机器人要遵纪守法，也要有权利。"[2]

## 第三节
## 道德权利与法律权利

人权概念是一个重要的伦理、法律与政治概念，而机器人权利更多地属于伦理、科技与安全的范畴。如果机器人拥有权利具有一定的合理性，那么更关键的问题是，机器人可以拥有哪些权利？我们可以把权利分为道德权利与法律权利，以下分别就这两种权利展开初步探讨。

### 一、道德权利

自中华人民共和国成立到改革开放之初，中国学术界关于道德权利问题的研究基本上处于空白状态。20 世纪 80 年代中期，道德权利问题开始受到伦理学界的关注。随着研究的进展和不断深入，道德权利范畴为越来越多的学者所接受，其在理论及实践上的合理性不断得到揭示和论证。[3] 当然，通常意义上的道德权利是针对人类而言的，关于机器人的道德权利

① 高奇琦、张鹏：《论人工智能对未来法律的多方位挑战》，《华中科技大学学报（社科版）》，2018 年第 1 期。
② 封锡盛：《机器人不是人，是机器，但须当人看》，《科学与社会》，2015 年第 2 期。
③ 杨义芹：《道德权利研究三十年》，《河北学刊》，2010 年第 5 期。

则是一个新话题。

与法律权利相比，道德权利不是由法律规定的，因而更多地依赖于伦理规范的确立与道德主体的道德水平。就机器人来说，首先应该拥有被尊重的权利。正如雷根指出的那样，在道德权利中，“尊重是基本的主题，因为彼此相待以尊重不过就是以尊重我们其他权利的方式对待彼此。我们最基本的权利，统一我们所有其他权利的权利，就是受到尊重对待的权利”①。由尊重权利至少可以得出以下几点推论：第一，不可以奴役机器人；第二，不可以虐待机器人；第三，不可以滥用机器人，比如让机器人去偷窃、破坏他人财产，窃取他人隐私；等等。机器人应该得到尊重的道德权利是消极的道德权利，也就是不被伤害或错误利用的权利。

目前，机器人经常被用来执行“三D”（dull，dirty，dangerous）工作，比如工业机器人、军用机器人均是如此。对于尚无自我意识、不能感受痛苦与快乐的机器人来说，执行“三D”工作当然没有问题。而且，倡导机器人拥有权利，并不是反对我们去应用机器人为人类服务。但是，如果让能够感受痛苦与快乐的机器人去做类似的工作，则需要进一步深入研究。事实上，不同类型、不同智能水平的机器人，对于权利的要求当然是完全不一样的。或许会有人认为，个人拥有的机器人是自己花钱购买来的，属于个人财产，个人可以随意处置，他人没有干涉的权利。有的学者认为具有意识的机器人不能再被视为财产②，即使个人购买的机器人属于个人财产，但拥有强大智能的机器人不同于其他财产，所有者也不能随意处置。与动物相类比，人们可以从市场上购买宠物，但宠物并不是人们可以

---

① 雷根：《打开牢笼——面对动物权利的挑战》，莽萍、马天杰译，北京：中国政法大学出版社，2005，第65—66页。

② Calverley David, “Android Science and Animal Rights, Does an Analogy Exist?” *Connection Science*, 2006, Vol.18, No.4, pp.403-417.

随意处置的财产。虽然从尊重原则不能推出机器人享有与人一样公平待遇的权利，但至少不能像处理简单的手工工具一样，对机器人进行随意处置。

由于社会文化的多样性与复杂性，建构一种理想的机器人权利概念可能并不现实。但是，这并不妨碍我们提出一种最低限度的机器人权利概念，正如米尔恩（A.J.M. Milne）所言，"有某些权利，尊重它们，是普遍的最低限度的道德标准的要求"①。得到人类尊重的权利，就是机器人应该拥有的最低限度的权利。圣雄甘地说过，从一个国家对待动物的态度，可以判断这个国家及其道德是否伟大与崇高。② 我们也完全可以说，在人类即将进入的机器人时代，从一个国家与个人对待机器人的态度，可以判断这个国家与个人是否伟大与崇高。尊重机器人，就是尊重人类自己。

接下来的重要问题是，如何保护机器人受尊重的权利？如果机器人受到虐待，它们该如何应对呢？如果没有保护机制，讨论机器人受尊重的权利就是纯粹的空谈。人们一般会希望机器人在遇到人类的不尊重行为时，不要进行暴力反抗，而应该通过更合理、更温和的方式进行应对。比如，机器人可以对人的不当使用进行提醒，并拒绝可能导致更严重后果的操作行为；还可以对人的不当使用进行纪录，甚至记入个人信用档案，以供将来购买机器人产品时参考，就像个人使用信用卡的信用记录一样。如果机器人真的像微软公司创始人比尔·盖茨预言的那样走进千家万户的话③，人类对机器人的依赖肯定会比现在对个人电脑的依赖更深，这样的处理方式显然还是有着相当大的威慑作用的。更多更合理的保护方式（甚

---

① 米尔恩：《人的权利与人的多样性——人权哲学》，夏勇、张志铭译，北京：中国大百科全书出版社，1995，第 7 页。

② 辛格：《动物解放》，祖述宪译，青岛：青岛出版社，2006，封底。

③ Gates Bill, "A Robot in Every Home," *Scientific American*, 2007, Vol.296, No.1, pp.58–65.

至包括立法的方式）需要根据机器人的发展水平以及使用情况进一步深入探讨。

## 二、法律权利

如果说让机器人拥有道德权利还可以让人接受的话，让机器人拥有法律权利似乎就有点让人觉得走过头了。在机器人权利研究中，法律权利引起的争议可能最为激烈。以下提出机器人法律权利可能会涉及的几个问题，希望引起更多的讨论与研究。

比如，机器人是否拥有自由权？在关于人权的讨论中，自由权无疑占有至关重要的地位。《世界人权宣言》第一条就明确指出："人人生而自由，在尊严和权利上一律平等。"除了人类之外，有的学者认为动物也拥有自由的权利。[①] 但是，机器人是人类制造出来为自身服务的，机器人拥有自由权是否与机器人的工具价值相冲突？即使我们认为机器人不仅仅具有工具价值，机器人本身有内在价值，但机器人的工具价值并不能完全否定。也就是说，如果我们给予机器人自由权，这种自由权肯定与人类和动物的自由权不一样，应该是一种受到较大限制的自由权。但是，至少在某些特殊情况下，机器人确实应该拥有一定的自主决定权。比如，在飞行器（我们可以把具有自动驾驶功能的飞行器看作机器人）的驾驶过程中，如果有恐怖分子劫持了飞行器，试图使其往自己预定的方向飞行而不是飞往原来的目的地。此时，飞行器应该自主做出决定，拒绝恐怖分子的飞行操作，以自动驾驶的方式向正确的目的地飞行。

---

① 辛格、雷根：《动物权利与人类义务》，曾建平、代峰译，北京：北京大学出版社，2010，第132—142页。

又如，机器人是否拥有生命权？如何界定机器人的生命？如果有人通过暴力手段夺去了机器人的生命，他（她）是否应该受到法律的处罚？机器人是否可以成为法律意义上的原告？机器人在一定程度上与电脑类似，可以分为软件与硬件部分。在机器人需要升级换代之时，我们是否可以通过更新机器人的软件来改变（或延长）机器人的生命？在机器人达到使用年限之后，是否可以通过重新格式化等方式结束其生命，同时对其硬件进行回收利用？这些问题既涉及社会伦理，又与法律法规密切相关。

拥有权利的对立面是剥夺权利。如果机器人拥有了某些权利，就应该对自己的行为负责。如果机器人犯了错，如何剥夺其权利？又在何种意义上剥夺？类似的问题是，如何处罚犯错的机器人？机器人的设计与生产商在这方面应该承担何种角色？等等。

需要强调的是，机器人技术的发展进步可以使不同国家、不同民族的人群从中获益，但类似于机器人权利这样的伦理与法律问题，却需要不同国家的学者针对本国的特殊情况进行专门研究。比如，相对于外国护工与移民工人而言，日本人更愿意跟机器人相处。无论是机器人专家，还是普通民众，大多数日本人都不担心机器人与人类为敌。在日本的影视节目中，机器人大多是可爱、正面的形象，与欧美等国家和地区形成了明显的反差。2010 年 11 月 7 日，颇受欢迎的宠物机器人帕罗（Paro）获得了户籍（koseki），帕罗的发明人在户口簿上的身份是父亲。这是首个获得户籍的机器人，不过帕罗的外形并不像人，而是像海豹。① 拥有户籍是拥有公民权利（civil rights）的前提，机器人在日本可能逐渐会被赋予一些法律权利。与此类似，2017 年 10 月，沙特授予类人机器人索菲亚（Sophia）

① Robertson Jennifer, "Human Rights VS. Robot Rights: Forecasts from Japan," *Critical Asian Studies*, 2014, Vol.46, No.4, pp.571–598.

公民身份，她被认为是人类历史上首次拥有公民身份的机器人，从而引起广泛关注。

## 三、法学界关于机器人权利的论争

关于人工智能与机器人的权利问题得到一些法学研究者的关注，有的学者主张机器人应该拥有一定的权利。比如，张玉洁认为，机器人权利的产生是社会实力不断提升的结果。权利发展史证明，机器人权利主体地位符合权利发展的历史规律。作为一种社会活动的产物，机器人权利有别于人类的“自然权利”，它具有法律拟制性、利他性以及功能性等权利属性。[①] 袁曾认为，人工智能是人类社会发展到一定阶段的必然产物，具有高度的智慧性与独立的行为决策能力，其性质不同于传统的工具或代理人；人工智能具有公认价值与尊严，理应享有法律权利。[②]

不过，法学界直接讨论机器人权利的并不多见，而是聚焦于探讨人工智能与机器人是否具有法律人格与主体的问题。如果机器人具有一定的法律人格，那么赋予其某些权利则是理所应当的，反之则相反。持否定性的观点一般立足于强调人工智能、机器人与人的区别，强调人工智能与机器人的局限性。比如，房绍坤等人认为，强人工智能时代的构想可能是个伪命题，“奇点”能否到来，最终由人类说了算；应该将人工智能定位于权利客体，而不应该赋予其民事主体地位。[③] 又如，吴汉东认为，机器人不是具有生命的自然人，也区别于具有自己独立意志并作为自然人集合体的

---

① 张玉洁：《论人工智能时代的机器人权利及其风险规制》，《东方法学》，2017 年第 6 期。

② 袁曾：《人工智能有限法律人格审视》，《东方法学》，2017 年第 5 期。

③ 房绍坤、林广会：《人工智能民事主体适格性之辨思》，《苏州大学学报（社科版）》，2018 年第 5 期。

法人；机器人是受自然人、自然人集合体——民事主体控制的，不足以取得独立的主体地位。①

主张机器人可以拥有法律人格的学者通常着眼于机器人与人工智能可能对社会产生的深远影响，着眼于人工智能的未来发展，强调当前进行相应的理论探讨的必要性。比如，孙占利认为，自主智能机器人的"自主意识"和"表意能力"是赋予智能机器人取得法律人格的必要条件，其"人性化"将直接影响甚至决定其法律人格化；自主智能机器人将可能先成为著作权等特定权益的主体。② 刘晓纯等人认为，鉴于智能机器人具有相应独立自主的行为能力，有资格享有法律权利和承担法律义务，理应具有法律人格。③ 许中缘指出，没有生命但具有"智能"的机器人也应当被赋予法律人格。④ 陈吉栋则认为，在坚持人工智能为客体的原则下，运用拟制的法律技术，将特定情形下的人工智能认定为法律主体。⑤

在我国法学界就机器人是否可以具有法律人格进行理论探讨的同时，欧盟已经迈出了实质性的步伐。2016 年 5 月 31 日，在欧盟法律事务委员会提交的一份报告草案中提到，由于机器人的自主性特征，需要考虑赋予它某些权利与义务。⑥ 2017 年 2 月，欧盟议会对该草案进行投票表决，在最终公布的报告中明确提出了机器人"电子人格"（electronic personality）的概念。该报告指出，从长远来看，应该为机器人创立一种特定的法律地

① 吴汉东：《人工智能时代的制度安排与法律规制》，《法律科学》，2017 年第 5 期。
② 孙占利：《智能机器人法律人格问题论析》，《东方法学》，2018 年第 3 期。
③ 刘晓纯、达亚冲：《智能机器人的法律人格审视》，《前沿》，2018 年第 3 期。
④ 许中缘：《论智能机器人的工具性人格》，《法学评论》，2018 年第 5 期。
⑤ 陈吉栋：《论机器人的法律人格》，《上海大学学报（社科版）》，2018 年第 3 期。
⑥ Committee on Legal Affairs, "Draft Report with Recommendations to the Commission on Civil Law Rules on Robotics," http://www.europarl.europa.eu/sides/getDoc.do?pubRef=-//EP//NONSGML%2BCOMPARL%2BPE-582.443%2B01%2BDOC%2BPDF%2BV0//EN.

位，使最为成熟的自主机器人拥有电子人（electronic persons）的地位，使之可以为它可能导致的损害承担赔偿责任；如果机器人自主做出决定，或者独立地与第三方互动，可以赋予其电子人格。①

总的来说，有不少学者主张机器人与人工智能应该具有一定的法律人格，而欧盟的做法实际上为赋予机器人法律人格奠定了法律基础。在这样的背景中，科技伦理学讨论一下机器人权利问题，应该不是“无谓之举”。

## 四、限制机器人的权利

机器人伦理研究的基本目的之一就是希望机器人能够具有伦理判断与行为能力，使机器人的行为对人类更为有利，其中最基本的手段就是对机器人进行伦理设计。从机器人伦理设计的角度看，是否应该限制机器人对自身权利的要求？比如自由权，试想一下，拥有高度自由权的机器人如何为人类服务？如果机器人拥有高度自由选择的权利，它们选择与人类为敌岂不是让许多科幻电影中的情景变成了现实？如果机器人将来比人类更聪明，是否可以拥有选举权与被选举权？人类是否会由机器人来统治？这些显然是人类难以接受的。因此，在对机器人进行伦理设计的过程中，限制机器人要求更多的权利，与赋予机器人某些权利一样重要，甚至前者更为重要。

从机器人权利的角度看，著名科幻作家阿西莫夫（Isaac Asimov）提出的机器人法则的立足点就是对机器人的权利进行限制。他于 1942 年在短篇小说《转圈圈》中提出的机器人学三大原则是：第一，机器人不得伤

① European Parliament, “Civil Law Rules on Robotics,” http://www.europarl.europa.eu/sides/getDoc.do?pubRef=-//EP//NONSGML+TA+P8-TA-2017-0051+0+DOC+PDF+V0//EN.

害人类，或坐视人类受到伤害而袖手旁观；第二，除非违背第一法则，机器人必须服从人类的命令；第三，在不违背第一法则及第二法则的情况下，机器人必须保护自己。[①] 在 1985 年出版的《机器人与帝国》一书中，阿西莫夫强调了“整体人类比单独一个人更重要”[②] 的思想，将保护整体人类（humanity）作为机器人学的本初法则，而第一法则主要强调的是人类个体（a human being）。阿西莫夫的机器人法则具有明显的人类中心主义色彩。

无独有偶，前文提及的动物权利的积极倡导者雷根亦如此。他提出了这样一个思想实验：设想救生艇上有 5 位幸存者，由于空间有限，小艇只能装下 4 人。假定所有的幸存者体重都大致相同，也都占据大致相同的空间。其中 4 个是人，第 5 个是狗，那么应该优先选择牺牲狗，而不是人。[③] 雷根甚至认为：“假设这里不是要在 1 条狗和 4 个人之间做出选择，而是要在这些人类与任何数量的狗之间做出选择，救生艇情形也不会有任何道德差异。”[④] 在他看来，100 万只狗的损失也不会超过一个人类个体的损失。与此类似，强调人类的根本利益这一点应该是机器人权利研究根本出发点。当然，从机器人的伦理设计来看，阿西莫夫的原则过于空泛，需要对之进行完善与细化。总的来看，提倡与限制机器人的权利应该是机器人权利研究的一体两翼，而且应该体现在机器人的伦理设计当中。

同样，主张机器人可以拥有权利的法学研究者也同时强调需要重视机器人权利可能引发的社会风险，应该明确机器人权利的边界及其法律保留，加强法律与机器人伦理规范的衔接等。比如，采用法律保留的形式，

① 阿西莫夫：《机器人短篇全集》，汉声杂志译，成都：天地出版社，2005，第 273 页。
② 阿西莫夫：《机器人与帝国》，汉声杂志译，成都：天地出版社，2005，第 455 页。
③ 雷根：《动物权利研究》，李曦译，北京：北京大学出版社，2010，第 241 页。
④ 同上书，第 273 页。

限制机器人的政治权利、自我复制的权利，等等。[1] 袁曾也认为，人工智能具有有限的权利义务，人类自身的权利优位于人工智能。[2] 许中缘明确指出，人工智能技术发展必须遵循“以人为本”价值指引，且局限于工具性人格的存在。[3]

## 本章小结

综上可见，随着人工智能与机器人科技的快速发展，我们可能会给具有高度智能的机器人赋予一定的权利，而且机器人也可能会提出某种权利要求。即使由于当前机器人技术的局限性，机器人与人类的差别还非常明显，但鉴于相关科技的发展趋势，前瞻性地进行机器人权利研究还是非常必要的。从道德权利与法律权利的区别角度看，我们可以让机器人拥有受到尊重对待的道德权利，但法律权利的赋予，则需要谨慎处理，而且应当对其进行严格的限定。

关于机器人权利的探讨也提醒我们，技术上的可能，并不能成为道德上的应当。我们是否应该对智能机器人的发展作出某种制度上的限定，使其按照某种规范发展？对某种技术的应用范围进行限制，这并不是全新的话题，比如许多国家已经通过各种形式禁止克隆人。即使人们认为科学技术的研究不应该较多地受到伦理规范的限制，但至少应该对科技研究的成

---

① 张玉洁:《论人工智能时代的机器人权利及其风险规制》,《东方法学》,2017 年第 6 期。
② 袁曾:《人工智能有限法律人格审视》,《东方法学》,2017 年第 5 期。
③ 许中缘:《论智能机器人的工具性人格》,《法学评论》,2018 年第 5 期。

果应用范围保持高度的警惕。关于智能机器人的科学技术基础至少包括人工智能、计算机与机器人学，这些相关领域的科技成果的应用并不是无限度的。如果说克隆人的出现关乎人类尊严的话，那么智能机器人的无限发展将可能对人类的安全形成威胁。关于智能机器人的发展限度等问题，显然需要政府部门、科技界、哲学界与法学界等不同领域的人员精诚合作，共同努力解决相关问题。这已经不是只存在于科幻小说与思辨哲学等领域的话题，而是一个日益紧迫的现实问题。

第二章

# 机器人道德能力的建构

在机器人与人类关系越来越密切的时代背景中，建构机器人的道德能力可以使机器人更好地与人类相处，并维护人类的基本利益。机器人道德能力的建构与人类道德能力的培养存在一定的共同之处，但也有明显的差异。本章主要讨论建构机器人道德能力的必要性、主要内容、主要障碍与可能的解决途径等。

## 第一节<br>建构机器人道德能力的必要性

### 一、道德能力

能力一般指能够胜任某项任务的主观条件和才能。道德能力是人认识各种道德现象，在面临道德问题时能够鉴别是非善恶，做出正确道德评价和道德选择并付诸行动的能力。[①] 道德能力由道德认知能力、道德判断能力、道德行为能力与道德意志能力等成分构成。[②] 道德能力是现实社会中所有的正常人都具备的一种基本能力，这种能力主要是通过学习、教育、模仿等途径逐渐发展起来的。毫无疑问，道德能力在人类的道德生活中发挥着重要作用。

对于机器人而言，当然也可以通过机器学习的方式逐步发展出一定的

---

① 蔡志良、蔡应妹：《道德能力论》，北京：中国社会科学出版社，2008，第 87 页。

② 罗国杰：《中国伦理学百科全书（伦理学原理卷）》，长春：吉林人民出版社，1993，第 308 页。

道德能力。目前的机器学习是建立在海量数据的基础之上的，“阿尔法围棋”之所以能够战胜人类棋手，其重要原因之一就是对大量棋局进行分析学习。但是，对人类的道德活动进行量化并建立庞大的数据库并非易事，所以目前发展机器人的道德能力可能主要依赖于人类的建构与机器人的道德实践，而非机器人基于大数据的自主学习。

建构机器人的道德能力的前提是从理论上厘清机器人道德能力的构成及影响因素。从以上关于道德能力的界定可以看出，道德能力不是一种单一的能力，而是多种能力的集合。机器人的道德能力跟人类会有所区别，但也应该与人类有某些重合之处。有学者认为，机器人的道德能力应该包括以下五个方面：① 道德词汇；② 规范系统；③ 道德认知和情感；④ 道德抉择与行动；⑤ 道德交流。而且，目前机器人伦理研究主要关注人们应该如何设计、应用和对待机器人等方面的伦理问题，机器道德（machine morality）则关注机器人应该拥有哪些道德性能（moral capacities），以及这些性能如何实现的问题，这两种取向目前基本上处于分离状态，而机器人道德能力的研究可以将两者整合起来。[①]

建构机器人道德能力的基本目的，一方面让机器人拥有维护人类利益的能力，使之行善，而不会伤害人类；另一方面是使机器人能够更好地与人类互动，让人们能够接受机器人。从根本上说，第一方面是服务于第二方面的。在机器人与人类关系越来越密切的时代背景中，有不少学者主张应该让机器人成为人工道德行为体，具体讨论详见第八章第一节。我们认为，让机器人拥有一定程度的道德能力是它们能够成为人工道德行为体的关键因素之一。当然，拥有道德能力的机器人并不能解决所有伦理问题，

---

① Malle Bertram, “Integrating Robot Ethics and Machine Morality: the Study and Design of Moral Competence in Robots,” *Ethics and Information Technology*, 2016, Vol.18, No.4, pp.243–256.

但道德能力显然是机器人能够解决伦理问题的前提条件。

## 二、建构机器人道德能力的必要性

随着现代科技的迅猛发展，机器人在许多方面已经超越了人类。在机器人能力日新月异的当代，至少有以下三个方面的原因突显了建构机器人道德能力的必要性与重要性。

第一，机器人力量的日益强大及其潜在的巨大破坏力。比如，现在的民用飞行器一般都可以载客数百人，并装载大量燃料，一旦失事就会导致巨大的人员伤亡和财产损失。飞行器对人类产生破坏作用主要源于两个方面的因素，即机器本身的故障以及人为因素导致的破坏。2009 年法航 447 航班坠海事件可能是由于这个两方面的综合因素造成的，而 2014 年的马航失联客机则可能主要源于人为因素。为了防止与马航失联客机类似的事件再次发生，人们通常希望完善机场的安全检查，加强飞机上的安全保卫工作。除此之外，难道就没有别的办法了吗？事实上，希望飞机上数量有限的机组与乘务人员去战胜穷凶极恶的亡命之徒是比较困难的，而普通乘客遇到这种突发事件通常没有多大的反击能力。那么，我们是否可以让飞机本身具有一定的伦理判断能力，拒绝可能导致严重后果的飞行操作，并采取进一步的措施？

为了最大程度减少机器故障导致的事故，就需要提高机器的安全性能。飞机的基本目标是把乘客安全地送达目的地，对飞行器本身的技术性能而言，这主要是制造商的责任与义务，属于工程伦理学的研究范畴。对于机器人伦理来说，我们更需要关注的是第二方面，也就是如何避免（特别是主观故意的）人为因素导致的事件。比如，劫机者通常需要改变飞机的航线和目的地，如果马航失联客机与歹徒劫机有关的话，这次事件跟“9·11”事件一样，客机都根据劫机者的意图，完全偏离了既定的航线。如果飞机具有伦理判断能力，认为航线的完全改变可能导致重大事故，从而拒绝诸如此类的操作，飞机自主地按照原定目标飞行，从理论上可以避免重大事故的发生。

美国达特茅斯学院哲学系教授摩尔（James H. Moor）把内在地按照某种伦理规则运行的机器，根据其伦理判断与行为能力从低到高区分为隐性道德行为体（implicit ethical agents）、显性道德行为体（explicit ethical agents）以及完全道德行为体（full ethical agents）。[①] 根据摩尔的分类，我们可以把具有一定的伦理判断及行为能力的飞机归为显性道德行为体。在摩尔看来，显性道德行为体在避免灾难的情景中可能是最佳的道德行为体。因为人类在获取与处理信息方面可能不如计算机，而且在面对复杂问题时，需要快速做出抉择，在这方面计算机比人类更有优势。因此，为了避免飞机被劫持而导致类似于马航失联航班事件以及恐怖袭击事件等情况，将现有的大型飞机发展为显性道德行为体可能是最有效的方式之一。

第二，机器人自主程度的不断提高。目前许多国家都在积极研发军用机器人，而军用机器人的一个重要发展趋势就是自主性在不断提高。比如，美国海军研发的 X-47B 无人机就可以实现自主飞行与降落。韩国、以色列等国已经开发出了放哨机器人，它拥有自动模式，可以自行决定是否开火。显然，如果对军用机器人不进行某种方式的控制的话，它很可能对人类没有同情心，对目标不会手下留情，一旦启动就可能成为真正的冷血“杀人机器”。为了降低军用自主机器人可能导致的危害，必须让它们

① Moor James, “The Nature, Importance, and Difficulty of Machine Ethics,” *IEEE Intelligent Systems*, 2006, Vol.21, No.4, pp.18–21.

遵守人类公认的道德规范，比如不伤害非战斗人员、区分军用与民用设施等。虽然现有技术要实现这样的目标还存在一定的困难，但技术上有困难并不意味着否定其必要性与可能性。

需要强调的是，建构机器人道德能力并不是去阻碍技术的发展，而是要让技术更好地为人类服务。在机器人具有越来越强的自主性的背景下，人对机器人的控制逐渐减弱，这就必然要求机器人自身对其行为有所控制，从而尽可能减少或避免机器人产生的负面影响，而发展机器人的道德能力就是实现机器人自我调控的重要手段。

第三，人类对机器人依赖及其可能产生的负面效应。随着拥有越来越强大智能的机器人的涌现，不少人认为机器人将会像个人电脑一样走进千家万户。目前，儿童看护机器人在韩国、日本和一些欧洲国家得到广泛重视。日本和韩国已经开发出了实用的儿童看护机器人，具备电视游戏、语音识别、面部识别以及会话等多种功能。它们装有视觉和听觉监视器，可以移动，自主处理一些问题，在孩子离开规定范围还会报警。① 精确的量化研究表明，在跟机器人相处几个月后，幼儿像对待小伙伴那样对待机器人，而不是把它们看作玩具。② 显然，儿童看护机器人可以作为幼儿的亲密玩伴，特别是对缺少小伙伴的幼儿来说可能更重要，因为它们的效果比一般的玩具要好得多，可以让他们更开心。毫无疑问，儿童看护机器人可以减轻家长的负担，使他们能有更多的自由时间。我们也可以大胆地估计，将来儿童看护机器人会走进中国家庭，而且人们对儿童看护机器人的依赖也会逐渐加深。

---

① Sharkey Noel, “The Ethical Frontiers of Robotics,” *Science*, 2008, Vol.322, No.5909, pp.1800–1801.

② Tanaka Fumihide, Cicourel Aaron and Movellan Javier, “Socialization between Toddlers and Robots at an Early Childhood Education Center,” *Proceedings of the National Academy of Sciences of the USA*. 2007, Vol.104, No.46, pp. 17954–17958.

但是，机器人是否可以取代，或者说在多大程度上可以代替成人的照顾呢？如果把孩子完全交给机器人，会发生什么样的情况？虽然机器人技术的发展会使得儿童看护机器人做得越来越好，但是，把儿童完全交给机器人看护确实存在一定的风险，因为家长的照顾与机器人的看护还是有着根本性的区别。如果孩子从小与机器人一起长大，他们可能会认为与机器人在一起的世界是真实的，与人类在一起的世界反而让他们更难接受。对于幼儿的健康成长来说，家人的关爱是无法替代的，机器人只能起到辅助作用。现在已经开发并投入使用的助老机器人也面临类似的伦理问题。

那么，如何消除或减少这些潜在的风险？通常人们可以想到的办法就是给看护机器人的应用设定一个限度，从而避免家长把儿童长时间交给机器人看护而导致不良的后果。目前，不少国家在工业机器人领域有一些安全准则与法律法规，但对于儿童看护与助老机器人的应用限度还缺乏相应的政策与法律法规。除此之外，机器人还应该具有是非善恶的判断能力，如果家长没有履行自己照顾孩子的义务，儿童看护机器人需要进行提醒；当老人出现某些负面情绪需要家人安抚时，助老机器人需要与家人取得联系，帮助家人解决相关问题等。诸如此类的问题都或多或少地涉及机器人道德能力的建构问题。

## 第二节
## 影响机器人道德能力建构的基本要素

本书第八章主要从设计者的角度出发，探讨对机器人进行伦理设计的问题，这是机器人道德能力建构的内在手段。本章则主要从使用者、从人与机器人互动的角度出发，探讨机器人道德能力建构需要考虑的几个核心因素，由此形成一个较为全面的关于机器人道德能力的结构框架。

## 一、人与机器人道德地位的不对称性

众所周知，机器人“robot”一词的最初由来，即是取意于“奴隶、奴仆”。现在，许多领域的机器人所做的仍然是人类认为枯燥、危险的工作。随着机器人智能水平的提高和应用范围的扩大，机器人与人类的关系越来越密切。如前一章所述，人们一般倾向于认为，外观跟人类接近、拥有较高智能的机器人，应该拥有一定的道德权利，至少我们应该尊重机器人，而不是把机器人当作纯粹的工具。不过，如果机器人可以拥有道德能力的话，人类对机器人道德能力的预期与普通人可能会不大一样。在道德能力方面，人类可能对机器人道德能力的期望较高，也就是说人类与机器人的道德地位是不对称的。

这种不对称性至少表现在两个方面。第一，从人类应该如何对待机器人的角度看，人们可能希望机器人对人类的行为更宽容。有学者设计了十个假想情景，让 58 名大学生分为两组分别对假想情景进行道德评价，在其中一组的情景中受害人不明确，可以假定是人类，而另一组的情景中受害人是机器人。研究结果发现，对于同样的违反道德的行为，当这些行为是针对人类而不是机器人时，该行为被认为是更不道德的。① 当然，人们

① Lee Sau-lai and Lau Ivy Yee-man, “Hitting a Robot vs. Hitting a Human: Is it the Same?” *HRI’11 Proceedings of the 6th international conference on Human-robot interaction*, Lausanne, 2011, pp.187–188.

的哪些行为对机器人来说是可以接受的，而对人类自身来说是不可接受的，或者可以接受的程度，这些问题还需要具体分析。

第二，从机器人应该如何对待人类的角度看，人们可能希望机器人道德水平更高，在道德活动中更为积极主动。已有经验研究表明，人们可能对人与机器人采用不同的道德规范。在道德困境中，人们倾向于期望机器人做出符合功利主义的选择。在同样的道德困境中，人们谴责机器人的不作为多于它的作为，但谴责人的作为多于不作为。如果机器人的道德抉择没有符合人们的期望，机器人需要对自己的抉择做出相应的解释以获取人类的信任，由此也需要机器人具备一定的道德交流能力。①

毫无疑问，科技工作者应该根据人们对机器人的预期来建构机器人的道德能力，这样才能使机器人更好地为人们所接受，也可以使人们更信任机器人。事实上，从事机器人与人工智能伦理研究的学者，也普遍认为机器人的道德水平、道德标准应该比人类更高。人与机器人在道德地位上的不对称性也表明，人与机器人之间的互动研究可以参考人与人之间的互动规律，但并不能直接照搬，人与机器人之间的互动有其特殊性与复杂性。

尽管人们可以对机器人提出较高的要求，但是建构机器人道德能力的目标并不是让机器人成为人人满意的完美道德模范。首先，机器人的道德能力是由人类设计建构的，在建构的过程中不可避免地会有设计者的一些主观偏好融入其中，从而使机器人表现出设计者的某种“偏见”。另一方面，由于人类社会环境的复杂性，设计者不可能预见所有情况，机器人只

① Malle Bertram, et al, “Sacrifice One for the Good of Many? People Apply Different Moral Norms to Human and Robot Agents,” *HRI'15 IEEE International Conference on Human-Robot Interaction*, Portland, 2015, pp.117–124.

能在有限的知识与信息的基础上进行道德判断与抉择，由此也决定了机器人道德能力的非完美性。其次，由于不同的人出于各种原因会对同样的道德行为做出不同的道德判断，让机器人成为完美的道德模范是不现实的。再次，即使表面上看来是完美的道德模范，在现实社会中可能并不是最理想的道德主体。任何人都会有一定程度的偏见，人类在与机器人的互动过程中，也会希望机器人与人一样有某种类似的认知人格。事实上，与人类相似的认知偏见在人与机器人长时间的互动过程中发挥着重要作用。也就是说，与没有偏见的机器人相比，人们更愿意与有某些偏见、非完美的机器人互动。①

可见，在考虑到人与机器人道德地位的不对称性的前提下，我们应该使机器人的道德判断与行为尽可能符合人类的预期，同时使机器人的道德认知、道德行为跟人类有较多的一致性，包括有某种程度的偏见、偶尔会犯点无伤大雅的小错误等，或许这样的机器人才更容易为人们所接受。

## 二、机器人外观与道德能力

机器人拥有合适的外表，让人产生亲近感，从而使人们更容易接受它们，这是建构机器人道德能力的基本前提。对机器人的外观与人类对其的好感度（affinity）之间的关系，影响最大的理论可能是日本机器人专家森政弘（Masahiro Mori）提出的“恐怖谷”（Uncanny Valley）理论。该理论表明，机器人的外观和行为跟人类越是接近，人们越容易产生积极的正面情感；但是，这种正面的情感到达一个峰值之后，随着相似度的提

---

① Biswas M and Murray J, “The Effects of Cognitive Biases and Imperfectness in Long-term Robot-human Interactions,” *Cognitive Systems Research*, 2017, Vol.43, pp.266-290.

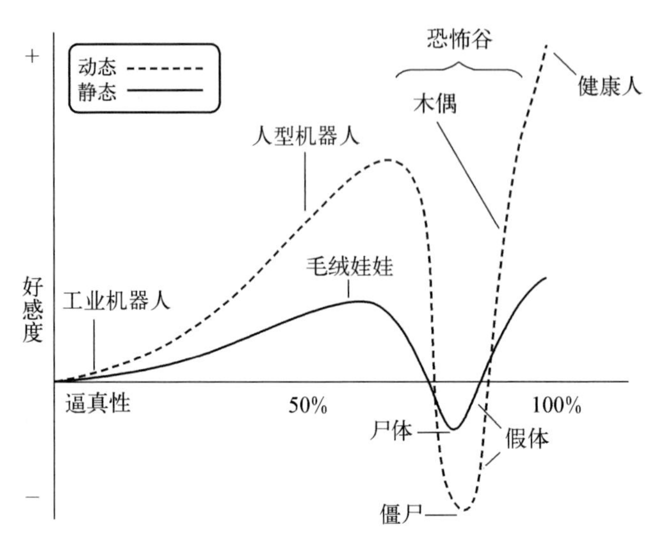

图 2-1 “恐怖谷”理论示意图

高，人们会对机器人产生恐怖的感觉，形成所谓的“恐怖谷”；当相似度持续上升到与人类更为接近的程度时，人们对机器人又会重新产生正面的情感。① 如图 2-1 所示。②

“恐怖谷”理论虽然主要是针对人型机器人的，但对于非人型机器人同样具有一定程度的适用性。受“恐怖谷”理论的启发与激励，许多学者对人们关于不同外观机器人的接受与喜爱程度进行了比较研究，因为机器人的应用范围非常广泛，不同应用领域的机器人的能力与外观差异巨大。从外观上看，机器人主要可以分为机器型机器人、动物型机器人、人型机器人等三大类别。对于主要使用对象是少年儿童的机器人，机器型、动物型机器人可能更容易被接受。有学者让 159 名儿童对 40 张机器人图片进行评价，结果表明，儿童对机器人外观的分类，与成年研究人

① Mori Masahiro, “The Uncanny Valley,” *IEEE Robotics & Automation Magazine*, 2012, Vol.19, No.2, pp.98-100.

② 维基百科：《恐怖谷理论》，http://zh.wikipedia.org/wiki/ 恐怖谷理论。

员的分类基本一致；而且，儿童把人型机器人看作是攻击性的和专横的，而把动物型机器人看作是更友好的和腼腆的。①

与此类似，有学者对有轻微认知障碍的老人关于机器人外观的态度进行了研究，发现老人更喜欢小型的、某些特征介于人/动物和机器之间的机器人。不过，尽管参与者不太乐意面对类人机器人，但他们确实对某些拥有人类特点的、新颖的小机器人表现出积极的态度。② 但是，青年或中年人可能更倾向于喜欢人型机器人。通过对 79 名大学生对不同外观机器人的态度研究表明，大多数人喜欢人型机器人，只有少数人偏爱机器型机器人。而且，不同类型的机器人外观也影响人们对机器人性格的认知。③ 另外，性别、种族、职业、文化程度等多种因素都会影响人们对机器人外观的态度，我们还需要更多深入细致的对比研究。

同时，机器人的外观并不是一个独立的因素，我们需要把机器人的外观与功能、工作环境等多种因素结合起来研究。机器人的外观、举止会深刻影响人们对机器人的认知，以及是否服从机器人指令的意愿。另外，人们通常希望机器人的外观和行为与其工作内容和环境协调一致。通过对 127 名来自不同年龄阶段、不同文化程度的调查对象的研究表明，人们希望在家里使用的机器人外观像动物，而在公共场所使用的机器人外观更像人。同时，机器人的功能与外观的关系也非常紧密，比如，虽然人们更喜欢动物型的家用机器人，但如果家用机器人的功能是私人助手的话，人们

---

① Woods Sarah, "Exploring the Design Space of Robots: Children's Perspectives," *Interacting with Computers*, 2006, Vol.18, No.6, pp.1390–1418.

② Wu Ya-Huei, et al, "Designing Robots for the Elderly: Appearance Issue and Beyond," *Archives of Gerontology and Geriatrics*, 2012, Vol.54, No.1, pp.121–126.

③ Walters Michael, et al, "Avoiding the Uncanny Valley," *Autonomous Robots*, 2008, Vol.24, No.2, pp.159–178.

还是倾向于选择人型机器人。[1]

因此，我们需要针对不同的使用对象、不同的机器人功能定位与应用环境，设计多样化的机器人外观。对于在公共场所使用的机器人，比如在博物馆、旅游景点的导游机器人，它需要面对各种不同的使用对象，这样的机器人的外观也应该尽可能地多样化。而且，要合理设计机器人与人类的相似程度，从而避免出现“恐怖谷”现象。

## 三、社会智能与道德能力

社会性是人类的基本属性，而且社会性在人类智能的发展中起着至关重要的作用。早在20世纪60年代就有学者研究发现，社会生活是灵长类动物智能产生的前提，并决定其智能的特点。也就是说，灵长类动物的社会生活为其提供了智能进化的环境。[2] 我们可以把智能分为低级和高级两类，对过去曾经发生过的事情的模仿只需要低级智能，而只有在事件之间建立新的联系才可能发生的行为，则需要高级智能。灵长类动物拥有的高级智能是适应社会生活的复杂性而不断进化的结果。而且，起初是为了适应解决社会问题而发展起来的思维模式，又进一步丰富了人类和其他灵长类动物的行为。[3] 这就是“社会智能假说”（Social Intelligence Hypothesis，以下简称SIH）。

---

① Lohse Manja, et al, “Domestic Applications for Social Robots,” *Journal of Physical Agent*, 2008, Vol.2, No.2, pp.21–32.

② Jolly Alison, “Lemur Social Behavior and Primate Intelligence,” *Science*, 1966, Vol.153, No.3735, pp.501–506.

③ Humphrey Nicholas, “The Social Function of Intellect,” Bateson P and Hinde R, *Growing Points in Ethology* (Cambridge: Cambridge University Press, 1976), pp.303–317.

不同学科对社会智能的界定有一定差别。从系统科学的角度看，人最重要的和最多的智能是在由众多个体构成的社会中进行各种活动时体现出来的，“协作”“竞争”等是人类智能行为的主要表现形式，这种社会智能也是人的社会思维涌现出来的群体智慧。[①] 这是从社会群体的角度看待社会智能。与系统科学的角度相反，心理学主要从社会个体的角度研究社会智能。从心理学的角度看，社会智能一般指一种正确认识自我与他人、与人和谐相处的能力，包括言语、情感表达、社会行为调整、社会角色扮演等多种社会参与技能。[②]

可见，无论是从智能的起源、进化，还是从社会群体、个体的现实需要角度来看，社会智能的重要性都是不言而喻的。如果 SIH 是灵长类动物智能进化的一种重要因素，那么它也可能是智能人工物进化的基本原理，而不仅限于生物体。因此，我们应该在个体化的环境中研究机器人之间“一对一”的互动，机器人应该从个体互动中获得经验，彼此认识，从而建立个体间的“个人”关系。[③] 伦理道德的根本目的是协调与处理人际关系，所有的道德实践毫无疑问也都是在社会环境中进行的。人类的道德能力培养，是在家庭、学校和社会中，通过教育、模仿、实践与思考等多种途径发展起来的。对人类来说，伦理道德的社会性是不言而喻的。从社会智能理论与人类伦理的社会性来看，通过让人类与机器人，以及机器人之间进行互动，使机器人通过模仿人类的道德能力培养的模式来发展机器人的道德能力应该是一种基本途径。也就是说，我们需要通过研究社会现实

---

① 载汝为：《社会智能科学》，上海：上海交通大学出版社，2007，第 165 页。

② 刘在花、许燕：《社会智力评估述评》，《上海教育科研》，2003 年第 11 期。

③ Dautenhahn Kerstin, “Trying to Imitate — a Step towards Releasing Robots from Social Isolation,” Gaussier P and Nicoud J, *From Perception to Action Conference* (Los Alamitos: IEEE Computer Society Press, 1994), pp.290-301.

中人类的行为与思考方式，把人工智能与人类伦理推理中的社会、心理等因素整合起来进行考察，从而使机器伦理与人类伦理更为接近甚至一致。

人类的道德推理不是一个单纯以功利为目的的过程，还包含了一些心理和文化的因素。对道德推理过程的研究发现，这个过程包含了合乎规范的结果与直觉判断之间的斗争。因此，有的学者倡导义务论的道德规则。比如，一个车队（那里无法使用飞机）正在给非洲某个闹饥荒的难民营运送食物，但此时你发现第二个营地有更多的难民。如果你让车队直接去第二个营地，而不是第一个，你可以营救一千人，但第一个难民营的一百人就会死亡。你会让车队去第二个难民营吗？从功利主义的角度看，应该让车队去第二个营地，但 63% 的人并不选择让车队改变方向。这种结果用功利主义是无法解释的。因此，美国南加州大学的德甘尼（Morteza Dehghani）等人试图提出一种可以连接人工智能路径与心理学路径的伦理推理模型，用以体现关于道德决策的心理学研究成果。①

德甘尼等人的研究对于我们更准确地理解人类的伦理推理机制是有益的，但事实上人类的伦理推理得到的结果并不都是令人满意的，有时甚至会是错误的。社会学进路的机器人伦理研究试图让机器人的道德推理方式与社会中大多数人相一致，但社会学意义上的大多数人的伦理判断并不都是合理的。实际上，让机器完全按照人类的方式进行伦理推理其实并不是在所有情况下都是必要的。在伦理推理方面，我们完全可以期望机器比人类更理性，做出更为正确的判断与推理。即便如此，在发展机器人的道德能力时，人类的社会与心理因素还是必须考虑的。

① Dehghani Morteza, et al, "An Integrated Reasoning Approach to Moral Decision Making," Anderson Michael and Anderson Susan, *Machine Ethics* (Cambridge: Cambridge University Press, 2011), pp.422−441.

从发展机器人的社会智能的角度建构机器人的道德能力，其必要性还具体表现在以下几个方面。首先，这是由人类道德的本质特征决定的。亚里士多德认为，适度是德性的特点，它以选取中间为目的。“德性是一种选择的品质，存在于相对于我们的适度之中。”[①] 也就是说，尽管人类拥有道德本能，但道德能力也是通过具体、反复的道德实践活动获得的。因此，通过具体的实践让机器人正确理解“适度”，也是建构其道德能力的必要手段。

第二，这是由人类道德生活的复杂性决定的。比如，尽管人们一般认为存在一些普遍性的道德原则，但是如何在具体的社会环境中进行应用，需要进行反复的道德实践；另一方面，道德原则总会有遇到例外的情况，原则与例外的严重冲突可能导致的所谓“道德困境”也一直是伦理学研究的热门话题，而道德困境的处理只能具体问题具体分析。

第三，通过社会智能的角度发展机器人的道德能力，也符合人工智能发展的基本趋势。目前，人工智能在规则比较明确的领域取得了巨大的成功，“阿尔法围棋”的强大能力就是有力的证明。但是，机器人在现实的社会生活环境中的灵巧性、适应性，跟人类相比还有很大的差距。要提高机器人的社会适应能力，机器人技术本身的发展进步固然是基础性的，但让机器人拥有更多的常识与社会智能也是至关重要的。让机器人在现实社会中学习掌握更多的关于伦理道德的常识与技能，是建构道德能力的关键因素。

第四，与从认知科学的角度发展机器人的道德能力的一致性。机器人伦理设计的认知科学进路主要是让机器人通过模仿现实社会生活中人类的

---

① 亚里士多德：《尼各马可伦理学》，廖申白译，北京：商务印书馆，2015，第47—48页。

道德认知，来建构机器人的道德能力。机器人模仿人类的道德认知，其核心内容就是根据社会智能的产生、发展及表现等方面的规律，使机器人在一定程度上模拟人类的社会智能。

## 四、人工情感与道德能力

人与人之间的情感是人类精神生活的重要组成部分，也是无可替代的。有学者认为，智能的人造物可以取代人的思维能力，尚不能取代人的情感。人的情感不应当由人造物来取代，不应当有“情物”。[①] 不过，人类很容易对非人的物品和动物产生情感，有时这种情感的强烈程度并不亚于人与人之间的情感。不少研究表明，老人、儿童在与机器人互动的过程中会感到愉快、舒适，机器人在一定程度上确实可以满足他们的情感需要。

从建构机器人的道德能力的角度看，赋予机器人一定的情感能力，是由道德与情感的密切关系决定的。一方面，情感影响人类的道德判断、道德行为。从伦理学的角度看，今天的社会伦理主要是一种以理性规则、道德义务为中心的伦理，但是，我们也要看到同情、怜悯和恻隐之心在人类道德生活中的基础性作用。[②] 休谟认为：“古代的哲学家们，尽管他们经常断言德性不外乎是遵奉理性，然而大体上似乎都将道德看作是由趣味和情感而派生出其实存。”[③] 他说：“在任何情况下，人类行动的最终目的都决不能通过理性来说明，而完全诉诸人类的情感和感情，毫不依赖于智性能力。”[④] 也就是说，在休谟看来，道德领域主要是情感，而不是理性

---

① 林德宏：《人与机器》，南京：江苏教育出版社，1999，第 469 页。
② 何怀宏：《伦理学是什么》，北京：北京大学出版社，2015，第 174 页。
③ 休谟：《道德研究》，长春：吉林大学出版社，2004，第 2 页。
④ 休谟：《道德研究》，长春：吉林大学出版社，2004，第 129 页。

在发挥作用，这也是情感主义伦理学的基本立场。斯宾诺莎（Baruch de Spinoza）说："善与恶的知识不是别的，只是我们所意识到的快乐与痛苦的情感。"①

从认知科学的角度看，理智与情感不是两个独立的过程，情感在人类推理的过程中发挥着重要作用。② 现代认知神经科学证明了情感在道德活动中的重要作用。认知神经科学研究表明，情绪因素不仅参与了道德判断的全过程，还是道德判断中不可或缺的重要成分；有意识的认知推理过程和情绪启动的直觉过程共同作用促成了道德判断，认知与情绪是道德判断中难以分离的两个重要过程。③ 从心理学的角度看，目前的道德情绪研究充分证实了情感在道德行为中的重要作用。④ 另一方面，人类的道德判断通常以情感、行为等方式反映出来，比如人们对好坏善恶的不同反应，与人们的喜爱、厌恶等情感存在密切的联系，具体表现在人的心理状态、面部表情与外在举止等方面。

如果机器人能够识别情感，并表现出跟人类类似的丰富情感，可能更容易为人们所接受，这也是人工情感研究的基本目标。人工情感是利用信息科学的手段对人类情感过程进行模拟、识别和理解，使机器能够产生类人情感并与人类自然和谐地进行人机交互的研究领域。人工情感并不是简单地模拟人的某些情感表达方式和情感识别方式，而是为了使机器人具有像人一样的内在情感，真实地具有像人一样的情感表达能力、情感识别能力、情感思维能力和情感实施能力。⑤

---

① 斯宾诺莎：《伦理学》，贺麟译，北京：商务印书馆，2013，第 176 页。
② 费多益：《认知视野中的情感依赖与理性、推理》，《中国社会科学》，2012 年第 8 期。
③ 谢熹瑶、罗跃嘉：《道德判断中的情绪因素》，《心理科学进展》，2009 年第 6 期。
④ 王云强：《情感主义伦理学的心理学印证》，《南京师大学报（社科版）》，2016 年第 6 期。
⑤ 魏斌，等：《人工情感原理及其应用》，武汉：华中科技大学出版社，2017，第 25 页。

# 第三节
# 主要障碍与可能的解决途径

由于人类道德行为的复杂性以及当前科学技术发展的局限性等原因，使得发展机器人道德能力面临着诸多障碍。

## 一、伦理理论选择的困境

伦理学是一门古老的学科。从总体上说，传统的西方伦理学可以划分为三大理论系统，即理性主义伦理学、经验主义伦理学和宗教伦理学。理性主义伦理学通常尊奉整体主义和理想主义的道德原则，强调人类道德关系和行为的共同性与理想性。经验主义伦理学一般都主张从人的感觉经验中寻找人类的道德起源、内容和标准，往往坚持以个体主义或利己主义为基本道德原则。19 世纪中下叶以来，西方伦理学经历了一个从古典到现代的蜕变，也就是传统理性主义向现代非理性主义的转折，传统经验主义向现代经验主义的转折，传统宗教伦理向现代宗教伦理学的转折。[①] 中国的伦理思想也经历了一个从古代到近现代的转变过程，历史上有多种流派此起彼伏，理论形式与西方也存在一定的差别，尽管中西方伦理学研究的对象基本上是一致的。

面对古今中外形形色色的伦理流派与理论，对于机器人伦理来说，应该选择何种伦理思想作指导？比如，伦理学的功利主义强调人类道德行为

---

① 万俊人：《现代西方伦理学史（上卷）》，北京：中国人民大学出版社，2011，第 4—13 页。

的功利效果，而义务论则强调“义务”与“正当”，这两种理论倾向是相互对立的。在机器伦理中，功利主义与义务论都有各自的支持者。美国佛罗里达国际大学的格劳（Christopher Grau）讨论了在机器人伦理当中实行功利主义的推理模式是否合理的问题。他把机器人与机器人的互动，和机器人与人类的互动区分开来，认为两者应该遵循不同的伦理原则。机器人与机器人之间应该以功利主义的伦理哲学为主导，机器人是为人类服务的，它们可以没有自我意识，为了更大的益处可以牺牲自我。但是，在机器人与人类的互动过程中，不能以功利主义为主导原则。为了多数人获得更大的益处，功利主义理论允许不公平，允许侵犯某些个人权利，这是伦理学家普遍承认的功利主义的不足之处。在机器人与人类相互作用的过程中，必须考虑正义与权利的问题，以功利主义为主导原则的机器人不能作为人类的伦理顾问。如果人类需要开发功能更强大的机器人，可能需要不同的伦理标准，但我们应该对创造那种拥有与人类相似的道德地位的机器人保持高度警惕。而且，力量越强大，责任就越重大，创造拥有强大力量的机器人也给人类带来了更大的责任。①

美国特拉华大学的鲍尔斯（Thomas M. Powers）讨论了一种康德式机器（Kantian machine）的可能性。与格劳强调功利主义伦理思想所不同的是，鲍尔斯认为康德（Immanuel Kant）的义务论伦理思想有一定的合理性。义务论强调行为的理性及其逻辑蕴涵，关注人的行为规则，而不是行为的功利结果。康德是著名的义务论者，他认为存在一种绝对命令，由它产生行为规则，也就是说，绝对命令以一种纯粹形式的方式发挥其作用。基于规则的伦理理论很适合机器伦理的实践理性，因为它为行为制定出规

① Grau Christopher, “There Is No ‘I’ in ‘Robot’: Robots and Utilitarianism,” *IEEE Intelligent Systems*, 2006, Vol.21, No.4, pp.52–55.

则，而规则大多易于在计算机上实现。因此，康德的绝对命令为机器伦理提供了一种形式化的程序。鲍尔斯详细探讨了康德的形式主义伦理学应用于机器伦理的可能性及其挑战。[①] 不过，鲍尔斯虽然采用的是康德的义务论，但他更看重的是康德伦理思想所具有的形式化特点。其实，对于不同伦理理论的选择，抽象的讨论固然是必要的，但结合具体的领域与场景进行考察可能更具有针对性。

从理论上讲，似乎每一种伦理理论都有其合理性与局限性，而且伦理思想跟不同的社会文化、经济状况等因素联系颇为紧密。因此，要为机器人寻找一个完善的、能够解决所有伦理困境、让所有人都满意的伦理理论完全是不可能的。当然，这并不是伦理相对主义的表现。因为伦理相对主义认为不存在正确的伦理理论，伦理无论对于个人还是社会都是相对的。大多数伦理学家都拒斥伦理相对主义，因为它使得我们无法批判别人的行为。

尽管寻找一个普遍适用的伦理理论是不可能的，但伦理学家仍然相信确实存在大家都认为是错误的行为，比如奴役和虐待儿童都是不对的。大多数伦理学家也相信，原则上对所有的伦理困境来说都存在正确答案，而且，对于一些有争论的领域，我们可以尽量避免机器人自主做出决定，而由人类来抉择。更重要的是，在特定的案例与情境中，什么是伦理上可以允许的，什么是不可以允许的，人们一般可以达到广泛的一致。而且，人们总是在某个具体领域中使用机器，在某个特定领域之中讨论哪些是伦理上可以接受的，哪些是不可以接受的，相对于寻找一个普遍适用的伦理理论而言要容易得多。[②] 也就是说，虽然在机器人伦理中找到普

① Powers Thomas, “Prospects for a Kantian Machine,” *IEEE Intelligent Systems*, 2006, Vol.21, No.4, pp.46–51.

② Anderson Susan, “Machine Metaethics,” Anderson Michael and Anderson Susan, *Machine Ethics* (Cambridge: Cambridge University Press, 2011), pp.21–27.

遍适用的伦理理论与规则有相当的困难，但具体到某个技术领域，从技术操作和机器人功能的角度看，确实存在着某些可以明确界定的伦理原则。对工程师和科学家来说，可以把这些伦理原则理解为某种限制。就大型客机来说，客机可以拒绝飞行员明显是错误并可能导致严重后果的操作，并采取进一步措施，比如及时向地面指挥中心报告，并转为自动驾驶等。

## 二、哲学语言的模糊性与计算机程序的准确性之间的矛盾

在确定某些伦理原则之后，要真正在机器人身上实现，还需要做大量的工作。许多伦理学原则与概念内涵丰富，比如尽量减少伤亡、不能虐待、战争中不伤害平民等。如何在计算机程序中界定“伤亡”“虐待”等术语，显然并不是那么容易的。计算机程序对准确性要求很高，要使机器人伦理真正得以实现，这些基本的术语究竟意味着什么，必须给予清楚界定。

如何在计算机当中实现伦理规则，这是哲学家、计算机科学家需要思考的关键问题。逻辑学虽然属于哲学学科，但与其他哲学的分支学科相比，逻辑学与计算机科学关系更为紧密，甚至可以扮演伦理学与计算机科学的中介角色。有三种逻辑及其混合模式可能会起到关键性的作用，即道义逻辑、认知逻辑与行为逻辑。道义逻辑由著名逻辑学家冯·赖特（von Wright）于 20 世纪 50 年代创立，主要研究义务、许可以及禁止的逻辑，已经有数十年的研究历史，在计算机科学中有广泛的应用；认知逻辑是关于知识与信念的陈述逻辑，同样在计算机科学中有广泛的应用；行为逻辑关注行为陈述的逻辑属性，其研究历史较短，但已经取得引人瞩目的进

步，不过在计算机科学中的应用还不太多。① 这三种逻辑形式原则上为在计算机软件中实现伦理理论提供了理论工具。美国伦斯勒理工学院的阿寇达斯（Konstantine Arkoudas）和布林斯约尔德（Selmer Bringsjord）等人论证了道义逻辑应用于机器伦理的可能性。② 更进一步，他们认为道义逻辑可以对道德准则进行形式化，从而保证机器人的行为合乎道德规则。③

另外，在伦理学的分支学科中，元伦理学致力于使伦理学成为一门严密的科学，关注对伦理概念、术语、判断等进行严格的逻辑分析。因此，元伦理学与逻辑学关系颇为密切。对于计算元伦理学（computational meta-ethics）应用于机器伦理的可能性，已有学者进行了初步的尝试。④ 从元伦理学的角度对不同的伦理准则与推理方式进行分析，探讨在计算机当中实现的可能性与具体途径，显然还有大量的研究工作要做。在元伦理学的发展历程中，由于其研究脱离道德实践、注重逻辑分析等特点曾受到一些学者的质疑，但是，机器人伦理的勃兴有可能为元伦理学的研究注入新的活力。

同时，如何通过计算机程序实现某些伦理理论，学者们已经做出了初步尝试。比如，美国哈特福特大学计算机专家迈克尔·安德森和康涅狄格大学哲学系教授苏珊·安德森等人开发了两种伦理顾问系统，一个是 *Jeremy*——

---

① Hoven Jeroen van den and Lokhorst Gert-Jan, "Deontic Logic and Computer-Supported Computer Ethics," Moor James and Bynum Terrell, *Cyberphilosophy: The Intersection of Philosophy and Computing* (Malden: Blackwell Publishing, 2002), pp.280–289.

② Arkoudas Konstantine, Bringsjord Selmer and Bello Paul, "Toward Ethical Robots via Mechanized Deontic Logic," http://commonsenseatheism.com/wp-content/uploads/2011/02/Arkoudas-Toward-ethical-robots-via-mechanized-deontic-logic.pdf.

③ Bringsjord Selmer, Arkoudas Konstantine and Bello Paul, "Toward a General Logicist Methodology for Engineering Ethically Correct Robots," *IEEE Intelligent Systems*, 2006, Vol.21, No.4, pp.38–44.

④ Lokhorst Gert-Jan, "Computational Meta-Ethics: Towards the Meta-Ethical Robot," *Minds and Machines*, 2011, Vol.21, No.2, pp.261–274.

基于边沁（Jeremy Bentham）的行为功利主义（Act Utilitarianism），另一个是 *W.D.*——基于罗斯（William David Ross）的"显而易见的义务"（*prima facie* duties）理论。系统程序实现了这两种伦理理论的核心算法，其目标是从一系列的输入行为中判定伦理上最正确的行为，并做出相应的评价。实验表明，两个顾问系统都直截了当地实现了它们各自的伦理理论。[①] 当然，安德森等人的研究还是比较初步的，两个伦理顾问系统对伦理困境的深入细致的分析还存在一定的困难。但是，这项研究毕竟是在机器中实现伦理理论的良好开端。

又如，美国卡内基梅隆大学的麦克拉伦（Bruce M. McLaren）设计了两种伦理推理的计算模型，这两种模型都是基于案例进行推理，体现的是所谓决疑术（casuistry）的伦理方法。第一种模型是"讲真话者"（truth-teller），该模型面对的是一对伦理困境，从伦理和实际的角度对案例之间的显著异同进行描述。另一个模型是 SIROCCO，用以处理单个的伦理困境，然后查找其他的案例，以及可能与新案例相关的伦理原则。为了检验"讲真话者"比较案例的能力，专业伦理学家对其程序运行结果进行打分。伦理学家从合理性（reasonableness）、完备性（completeness）、语境敏感性（context sensitivity）三个方面从 1 分（低）到 10 分（高）进行评价。结果显示，五位伦理学家的平均分为：$R = 6.3$，$C = 6.2$，$CS = 6.1$，另外两位研究生给出的评价则更高。这样的结果表明，"讲真话者"在是否应该讲实话的困境中进行的比较是较为成功的。

SIROCCO 是探索决疑术的第二步，它尝试将普遍原则与案例的特定事实联系起来。SIROCCO 的设计目标是，分析新的案例，为人类推

---

① Anderson Michael, Anderson Susan and Armen Chris, "Towards Machine Ethics," http://aaaipress.org/Papers/Workshops/2004/WS-04-02/WS04-02-008.pdf.

理提供基本信息，能够回答伦理问题，并为其结论进行论证。实验表明，SIROCCO 得到的结果比其他方法更为精确，是一个可行的伦理推理伙伴（companion）。但是，麦克拉伦认为，他设计这两个模型并不是为了让它们做出伦理抉择。虽然研究结果是做出了伦理决定，但做出最终的抉择是人类的义务。而且，计算机程序做出的决定过分简化了人类的义务，并假定了"最佳"伦理推理模式。他强调，他的研究只是开发一些程序，为人类面临伦理困境时提供相关的信息，而不是提供完整的伦理论证和抉择。①

尽管已经有不少学者设计出了一些计算机程序，在一定程度上也可以实现预期目标。但是，学者们大多数都认为自己的研究成果只是阶段性和探索性的，对于真正完满地解决实际问题还有较大的差距。事实上，学者们在设计程序的过程中所依据的基本理论、预期目标与最终结论都存在较大的差异。而且，现有的研究主要是关注于伦理推理过程，而且设计的理论模型总的来看都比较简单，更何况伦理推理模型的结果如何通过机器人具体地展现出来还需要更详尽的研究与试验。

## 三、人工情感的建构

前述提及人工情感在机器人道德能力建构中的重要作用，那么建构人工情感是可能的吗？如何建构人工情感呢？首先需要强调的是，尽管情感在人类的道德生活中具有基础性地位，但较低层次的机器人伦理可能并不需要情感的因素。瓦拉赫等学者根据自主性（autonomy）和伦理敏感性（ethical sensitivity）两个维度，从低级到高级将机器人伦理分为"操作式

① McLaren Bruce, "Computational Models of Ethical Reasoning: Challenges, Initial Steps, and Future Directions," *IEEE Intelligent Systems*, 2006, Vol.21, No.4, pp.29–37.

道德”（operational morality）、“功能式道德”（functional morality）和“完全道德行为”（full moral agency）等三个层次。操作式道德属于工程伦理的研究范畴，即工程师自觉地用他们的价值观影响设计过程，并对其他有关人员的价值观保持敏感性。因此，操作式道德主要控制在工具的设计者和使用者手中。功能式道德领域包括具有高自主性但伦理敏感性低的系统，或者是低自主性但伦理敏感性高的系统。自动驾驶系统属于前者，人们相信复杂的飞行器可以在各种情况下安全飞行，不需要人类较多的介入。①

现有的飞行器自动驾驶系统的确是高度自主性，但同时伦理敏感性较低的系统，但是提高该系统的道德敏感性从技术的角度上讲并不困难。比如，为了避免马航失联航班或“9·11”恐怖袭击之类的事件，让自动驾驶系统对擅自改变航线、飞跃某些禁飞区等事件保持高度的敏感性，并采取某些应急措施，就现有的技术而言完全是可以做到的。另一方面，即使人类的道德判断与情感密不可分，但实际上人类的情感对道德判断的影响并不完全是正面的，甚至有可能是负面的。较低层次的机器人伦理如果没有感情的投入，可以做到更为客观和理性。对于航班安全性的判断而言，客观与理性是必需的，并不需要情感的涉入。对于儿童看护机器人或助老机器人来说，其机器人伦理可能需要更多的情感因素，这有待于机器人技术的进一步发展进步。

其次，我们可以从计算主义的角度看人工情感的可能性。一般都认为机器虽然擅长快速计算，但对于情感问题却无能为力。比如，林德宏认为：“人之情，既是对客观世界的反映，又是主观的内省。人的感情的变

---

① Wallach Wendell and Allen Colin, *Moral Machines: Teaching Robots Right from Wrong* (Oxford: Oxford University Press, 2009), pp.25–26.

化没有固定的模式，具有很大的不确定性。感情是人的最复杂的要素。”① 不过，从计算主义的角度看，不仅大脑和生命系统是计算系统，而且整个世界事实上就是一个计算系统。② 也就是说，情感、意识等一般认为只有人类才具有的特质，也可以在机器身上得以实现，只不过是实现程度或何时能够实现的问题。计算主义的观点得到不少学者的支持，也引起了相当多的争议，计算主义的支持者对一些引起争议的问题也做出了回应。③ 虽然计算主义可能存在一定的缺陷，但以此为基础的人工智能研究取得的成果说明它确实具有一定程度的合理性。我们相信，随着认知科学和人工智能的进一步深入发展，在机器中模拟人的感情并不是天方夜谭。

第三，基于行为主义的人工情感的可能性。目前关于人工情感的研究大多是基于行为主义的思想，也就是让机器人表现出某种行为，使人们认为机器人拥有某种情感。正如情感计算的提出者皮卡德（Rosalind Picard）所说的那样，“如何识别一个人的情感状态呢？根据他们的脸、他们的声音、他们的步伐或其他能传达他们感觉的姿态和行为举止。”④ 由于这种表现只是机器人的外在特性，与机器人的内在状态无关，所以有的学者认为这是虚假的情感，甚至是一种欺骗，是不道德的。不过，人类对情感的识别主要是基于他人的外在神态与行为，我们无法读取他人的内心状态。从另一个角度看，人们为了合理地说明某个实体（entity）在给定社会环境中的行为，通常会在观察的基础上赋予它认知或情感的状态。⑤

---

① 林德宏：《人与机器》，南京：江苏教育出版社，1999，第 144 页。

② 李建会、符征、张江：《计算主义》，北京：中国社会科学出版社，2012，第 227 页。

③ 任晓明、桂起权：《计算机科学哲学研究》，北京：人民出版社，2010，第 220—229 页。

④ 皮卡德：《情感计算》，罗森林译，北京：北京理工大学出版社，2005，第 17 页。

⑤ Duffy Brian, “Anthropomorphism and the Social Robot,” *Robotics and Autonomous Systems*, 2003, Vol.42, No.3-4, pp.177-190.

里夫（Byron Reeves）与纳斯（Clifford Nass）甚至认为，人们像对待真实的人那样对待电脑、电视与新媒体，即“媒体等同于真实生活”。通常关于媒体的研究总是关注于人们经验到的信息什么是真的，什么是假的。比如，计算机是否真的拥有智能？电视可以真正拥有一种社会角色吗？然而，诸如此类的问题却忽略了一个重要的事实，即那些像是真的东西通常比确实为真的东西更具影响力。[①] 也就是说，与其关注机器人是否拥有表现外在情感的内部状态，还不如关注人类对机器人情感的认知。

当然，随着神经科学、认知科学研究的深入，我们可以在对人类情感的内在机制全面认识的基础上，开发出跟人类类似的、具有与情感相关的内在状态的机器人。有学者认为，把没有意识体验的行为看作情感是一种没有感觉（feeling）的情感，它无法区分行为的哪些方面是情感，哪些不是，而且也无法使我们建立一种情感的意识体验理论。感觉是人类情感的意识体验的一个重要方面，我们应该以建立一种拥有感觉能力的系统为起点，建构可以表现复杂情感的能力，以及表现灵活的、价值驱动的社会行为的能力。[②]

我们可以把基于行为主义的人工情感称为“初级的人工情感”，即使这种情感只是模仿人类情感的外在表象，也是非常有意义的，事实上这正是许多科学家正在进行的研究内容。拥有内在状态、与人类产生情感机制类似的人工情感，可以称之为“高级人工情感”。初级人工情感通过人类情感的外在行为表现模拟和识别情感，而高级人工情感研究方向恰好相反，是由机器人内部状态产生情感，由情感来引发各种外在行为。事实上

---

① Reeves Byron and Nass Clifford, *The Media Equation* (Cambridge: Cambridge University Press, 1996), p.253.

② Adolphs Ralph, “Could a Robot Have Emotions?” Fellous J and Arbib M, *Who Needs Emotions? The Brain Meets the Robot* (Oxford: Oxford University Press, 2005), pp.9–25.

这两种研究方向都是必要的，亦不矛盾，两者的研究成果可以相互借鉴。

为了更好地建构机器人的道德能力，我们需要深入研究情感与道德判断之间的具体机制。此外，我们还需要对人与机器人之间的情感互动进行评价。研究表明，采用人与人之间的情感评价模型来对人与机器人之间的情感进行评价可能是不够的。①

## 本章小结

综上可见，建构机器人的道德能力，需要从人与机器人道德地位的不对称性、社会智能、人工情感、机器人外观等方面出发，建构机器人的道德判断、道德行为、道德评价以及道德交流等能力，其相互关系如图 2-2 所示。本章的论证亦表明，哲学家在机器人道德能力建构中应当发挥重要作用。当然，要真正使机器人拥有一定的道德能力，我们还需要更多深入细致的经验研究。

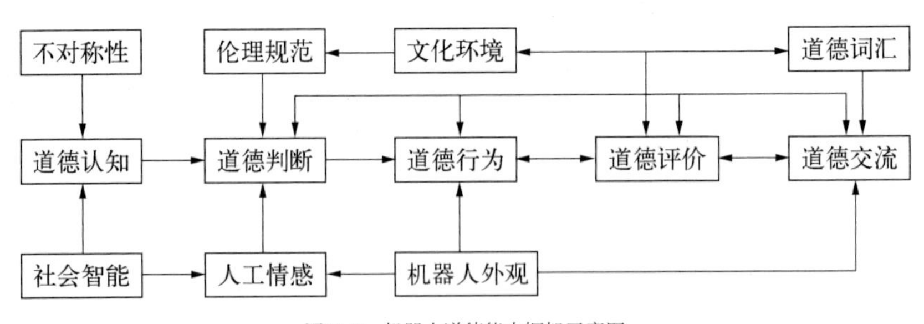


图 2-2　机器人道德能力框架示意图

① Samani Hooman, "The Evaluation of Affection in Human-Robot Interaction," *Kybernetes*, Vol.45, No.8, pp.1257-1272.

# 第三章

# 安全问题

人类对机器人与人工智能可能形成的威胁的忧虑由来已久，不过这些担忧大多主要表现科幻作品之中。但是，随着科学技术的快速发展，机器人与人工智能技术可能导致的安全问题似乎离我们越来越近了。2000 年 4 月，美国太阳微系统公司（Sun Microsystems）的共同创始人与首席科学家乔伊（Bill Joy）在《为何未来不需要我们》一文中对机器人技术、纳米技术与基因技术等可能产生的危害深表忧虑。他认为，这些高新技术可能导致的危险比核武器、生物武器、化学武器等更为严重。① 这篇文章得到广泛关注，引发了许多讨论。

2016 年 3 月 9 日至 15 日，谷歌人工智能“阿尔法围棋”与韩国职业围棋高手李世石之间展开了一场“人机大战”，李世石的落败使人们再一次为人工智能的强大能力惊叹不已。2017 年，“阿尔法围棋”战胜中国棋手柯洁，至此人工智能在围棋方面已完胜人类。人机大战引发了人们对人工智能安全问题的普遍忧虑。人工智能是否会成为人类“最后的发明”？我们如何面对高速发展的人工智能？安全问题对于人类的重要性是不言而喻的。穆勒（John Mill）认为，安全利益是人类所有利益中最重要的利益。“世上一切其他利益，都可以为一个人所需而不为另一个人所需，其中的许多利益，如有必要，都能高高兴兴地被人放弃，或被其他东西替代，但唯有安全，没有一个人能够缺少。”② 本章尝试就机器人与人工智能安全问题的必要性以及可能的解决途径进行简要论述。

---

① Joy Bill, “Why the Future doesn’t Need Us,” https://www.wired.com/2000/04/joy-2/.

② 穆勒：《功利主义》，徐大建译，上海：上海人民出版社，2008，第 55 页。

## 第一节
## 探究安全问题的必要性与重要性

### 一、科学技术的不确定性

无论是牛顿经典物理学，还是爱因斯坦的相对论，寻求的都是确定性的科学。从认识论的角度看，传统西方哲学认为，只有完全固定不变的东西才能是实在的，只有确定的事物才内在地属于知识与科学所固有的对象。[①] 因此，我们总是在孜孜不倦地寻求确定性。但是，耗散结构理论的创立者普利高津（Ilya Prigogine）发现了自然科学中的时间箭头，强调不可逆性，宣称“科学不再等同于确定性”，[②]“承认未来不被确定，我们得出确定性终结的结论”[③]。当然，普利高津并不是要走一条完全不确定的科学道路，他的目标是要在确定性定律所支配的世界与由掷骰子的上帝所支配的世界之间寻求一条中间道路。相对于科学的不确定性，技术的不确定性更为明显，不确定性应该是现代高新技术的固有属性。从更广泛的历史角度看，20 世纪的艺术、科学、经济、社会与环境都经历了从确定性转向不确定性的过程，确定性逐渐被不确定性消解。[④]

科学技术的不确定性具体表现在以下几个方面。第一，科学技术本身

---

① 杜威：《确定性的寻求》，傅统先译，上海：上海人民出版社，2005，第 15 页。
② 普利高津：《确定性的终结》，湛敏译，上海：上海科技教育出版社，1998，第 5 页。
③ 同上书，第 147 页。
④ Peat David, *From Certainty to Uncertainty* (Washington, D.C.: Joseph Henry Press, 2002), preface.

具有内在的不确定性，而且这种不确定性并不会随着科技的发展而消失。由于认识对象的复杂性，以及人类认识主体的局限性，使得我们只能在一定程度上形成对认识对象的正确认知，特别是像人工智能技术这种涉及多种科学技术的高新技术尤其如此。汉森（Sven Ove Hansson）指出："虽然新的信息（尤其是科学提供的信息）有时消除了原有的不确定性，但是它们也以表面上看更快的速度创造出新的不确定性。"① 科技发展过程中的不确定性已经引起了广泛的关注。我国政府于 2017 年 7 月发布的《新一代人工智能发展规划》指出："人工智能发展的不确定性带来新挑战。……在大力发展人工智能的同时，必须高度重视可能带来的安全风险挑战，加强前瞻预防与约束引导，最大限度降低风险，确保人工智能安全、可靠、可控发展。"②

第二，技术应用的不确定性。技术应用的不确定性可能源于技术本身的缺陷，或者使用者的不当使用以及滥用。人工智能技术开发者无法准确预测人工智能应用的所有场景，对其技术本身的缺陷也难以准确而全面地把握，导致技术缺陷可能在技术广泛应用之后才充分显现出来。由于目前人工智能技术处于快速发展时期，许多国家与企业都认为人工智能产业可能带来极大的经济效益，对经济利益的追求也可能使得技术研发者急于把并不成熟的技术产品投放市场。另外，由于使用者的知识局限或其他种种原因，可能会产生不当使用甚至滥用的情形。

第三，科技导致的社会后果的不确定性。一方面，即使人工智能技术在当前的使用是安全可靠的，但其可能导致的长期社会后果也可能存在安全隐患。比如，人们普遍担心人工智能快速发展并超越人类智能，由此产

---

① 汉森：《知识社会中的不确定性》，《国际社会科学杂志》，2003 年第 1 期。
②《新一代人工智能发展规划》，北京：人民出版社，2017，第 4 页。

生的安全问题可能是灾难性的。另一方面，未来社会中人工智能可能会融入人类生活的方方面面，导致人类生产生活各方面的深刻变革，由此引起来的连锁反应是难以预测的。

从技术哲学的角度看，技术预测虽然得到较为广泛的应用，但预测也具有不确定性。罗森伯格（Nathan Rosenberg）认为，一项发明对未来的影响的不确定性源于多种因素，而且一种新技术被引入商业应用之后，不确定性也不会消失。新发明对未来影响的不确定性主要源于以下几种相互关联的因素：潜在的应用、互补性的发明、技术系统的整合、解决问题缺乏远见、通过“需要”（needs）测试，以及与已有技术之间的竞争等。①

科学技术的不确定性并不必然导致安全问题，但这是安全问题产生的根源。既然不确定性是科学技术固有的，那么解决安全问题的途径并不是消灭不确定性，而是与之共存。也就是说，寻求一种科技与社会的共同进化机制，将不确定性限制在一定范围之内。正如王国豫指出的那样，“解决高科技的伦理问题，必须直面高科技的不确定性。在某种意义上我们甚至可以说，高科技的伦理就是关于不确定性的伦理”②。

## 二、人工智能超越人类智能的可能性

毋庸置疑，人类的智能水平从整体上远远超越于其他生物智能，正是因为这一点，使得人类成为地球的统治者。因此，我们很自然地得出推论，如果人工智能超越了人类智能，人工智能很可能不再会听从人类的指

---

① Rosenberg Nathan, “Why Technology Forecasts often Fail,” *Futurist*, 1995, Vol.29, No.4, pp.16–21.

② 王国豫、赵宇亮：《敬小慎微：纳米技术的安全与伦理问题研究》，北京：科学出版社，2015，导论，第 viii 页。

令，反而会与人类争夺统治权，正如许多科幻电影与文学作品中所表现出来的那样。那么，人工智能会从整体上超越人类智能吗？

鉴于人工智能发展史上经历的若干曲折，另外，可能主要是基于对人工智能发展现状的理解，目前大多数人工智能专家对人工智能能否（至少是在短时期内）超越人类智能持谨慎甚至是否定态度。日本人工智能专家松尾丰（Yutaka Matsuo）认为："人工智能征服人类、人工智能制造出人工智能——这种可能性在现阶段看来并不存在，只不过是凭空臆想而已。"① 在他看来，我们没有必要对人工智能征服人类感到忧心忡忡。清华大学计算机系邓志东教授认为，目前人工智能虽然取得了突破性进展，但仅仅是针对某个细分领域或特定应用场景的弱人工智能的革命性进展，离达到甚至超越人类智能的所谓强人工智能或"奇点"的到来，还为时甚远。② 西安交通大学人工智能与机器人研究所龚怡宏教授认为，尽管机器智能很可能在不远的将来在棋牌类竞赛中全面超越人类，但现有的机器学习框架并不能模拟出人类的想象力和创造力。因此，在当前情况下，机器智能全面超越人类智能的预测是不会成为现实的。③ 当然，我们应该注意到，人工智能专家大都是强调从现阶段的技术水平来说，人工智能安全问题并不值得过于担心，但对于将来会如何，则难下定论。

科学家主要关注当前的现实问题，哲学家则需要更多地思考未来。我们可以从多个角度来考察人工智能超越人类智能的可能性问题。首先，从辩证唯物主义的角度看，人类对客观世界的认识是一个从相对真理向绝对真理永无止境的发展过程。虽然目前学界对智能及其实现方式的认识存在

---

① 松尾丰：《人工智能狂潮——机器人会超越人类吗？》，赵函宏、高华彬译，北京：机械工业出版社，2016，第 152 页。

② 祝叶华：《"弱人工智能 +"时代来了》，《科技导报》，2016 年第 7 期。

③ 龚怡宏：《人工智能是否终将超越人类智能》，《人民论坛 · 学术前沿》，2016 年第 7 期。

许多差异，但这正是体现了人类对智能认识的多样性，是人类实现对智能全面深入的理解的必经过程，并不意味着人类对智能的全面理解是不可能的。从这个角度看，科学家对人类智能的全面认识与实现，只是程度和时间的问题，而不是可能与不可能的问题。

已有不少学者从哲学、未来学等角度论证了人工智能发展进步的可能性与可行性。林德宏指出："新技术革命的主要任务是解放人的智力，超越人的大脑的局限性。……不少科学家认为，电脑不仅能模拟人的逻辑思维，还可以模拟形象思维、模糊思维、辩证思维，人工智能将来可能全面超过人脑智能。"① 徐英瑾认为，我们可以在维特根斯坦（Ludwig Wittgenstein）哲学的启发下，在一种非公理化推理系统的技术平台上开发出具有不同配置形式的通用智能系统，并使之走向产业化和商业化。② 被微软公司创始人比尔·盖茨（Bill Gates）誉为"预测人工智能未来最权威的人"的库兹韦尔坚信，人工智能会超越人类智能，而且超越的速度会比人们预想的快得多。他认为，2045 年是"奇点"到达的时期，这将是极具深刻性和分裂性的时间点，非生物智能在这一年将会 10 亿倍于今天所有人类的智慧。③ 虽然库兹韦尔的观点受到一些学者的批评，但他的论证并非空穴来风，而且他的著作产生的广泛影响至少说明了他所思考的问题的极端重要性。

从科学技术史的角度看，许多预言不可能实现的科学技术，后来都变成了现实。比如，在飞机发明之前，一些著名的科学家与工程师都认为飞

---

① 林德宏：《"技术化生存"与人的"非人化"》，《江苏社会科学》，2000 年第 4 期。

② 徐英瑾：《心智、语言和机器——维特根斯坦哲学和人工智能科学的对话》，北京：人民出版社，2013，第 427 页。

③ 库兹韦尔：《奇点临近》，李庆诚、董振华、田源译，北京：机械工业出版社，2014，第 80 页。

机不可能飞上天，让比空气重的机械装置飞起来纯属空想。但是，事实证明他们都错了。因此，当科学家对某些科学技术进行否定性的预测时，他们更应该谨慎行事。当然，要对某一项科学技术的发展及应用做出精确预言几乎是不可能的。但是，从相关技术的发展进步以及目前世界各国对人工智能重视的程度来看，人工智能在未来一段时期内极可能会有快速的发展。计算机的计算速度、存储容量的快速发展是有目共睹的，近些年发展起来的深度学习、云计算、类脑计算、大数据技术等也会推动人工智能的发展进步。

事实上，谷歌“阿尔法围棋”的胜利使得人们普遍相信人工智能必将取得更快的发展。据报道，在“阿尔法围棋”与李世石之间的“人机大战”之后不久，韩国政府宣布一项总投资约 8.4 亿美元的专项计划，用于加快人工智能产业的发展。世界上许多国家自然都不甘落后，希望抢占人工智能研发高地，科研经费与人员投入的增长肯定会持续相当长的一段时间。根据《乌镇指数：全球人工智能发展报告（2017）》中报道，2015 年全球人工智能市场规模为 1 683.9 亿元，预计 2018 年将逼近 2 700 亿元，年复合增长率达到 17%。2012—2016 年，全球人工智能企业新增 5 154 家，是此前 12 年的 1.75 倍。全球人工智能融资规模达 224 亿美元，占 2000—2016 年累积融资规模的 77.8%。仅 2016 年的融资规模就达到 92.2 亿美元，是 2012 年的 5.87 倍，与 2000—2013 年累积融资规模相当。① 乌镇智库发布的《全球人工智能发展报告（2018）》指出，截至 2018 年，全球人工智能企业共计 15 916 家，其中美国 4 567，中国 3 341，英国 868，分列前三。截至 2018 年，全球人工智能企业共计融资 784.8 亿美元。2018

①《乌镇指数：全球人工智能发展报告（2017）》，https://max.book118.com/html/2017/0728/124854499.shtm。

年，中国人工智能企业融资规模达157.54亿美元。① 从这个角度看，想要阻止人工智能的发展几乎是不可能的。

## 三、人工智能产生危害的可能性与后果的严重性

虽然很多科学家对人工智能的发展持比较乐观的态度，但也有一些科学家对人工智能的未来表示担忧。比如，2014年底，英国广播公司报道，著名理论物理学家霍金（Stephen Hawking）表示："人工智能的全面发展可能导致人类的灭绝。"霍金担心，人工智能也许会在将来的某一天赶上——甚至超过人类。包括比尔·盖茨在内的一些著名人士也对人工智能的未来表示了类似的忧虑。江晓原认为，人工智能会比人类更聪明；人工智能有失控和反叛的危险，但是人工智能的威胁还有更远期的，从最终极的意义来看，人工智能是极度致命的。②

我们认为，即使人工智能整体上并未超过人类智能，但不加控制的片面的人工智能也可能给人类带来危害。就像波斯特洛姆（Nick Bostrom）提出的曲别针思想实验那样：如果一个人工智能被设置为管理工厂的生产，其最终目标是使曲别针的产量最大化。那么，人工智能很可能具有无法满足的胃口，去不断地获取物质和能力，走上首先将地球，然后将整个可观察宇宙的大部分都变成曲别针的道路。③ 罗素（Stuart Russell）等人指出，如果我们给人工智能提出使人类痛苦最小化的目标，考虑到人类的生活方式，我们即使在天堂里也会发现受苦受难的方式，所以对人工智能来

① 乌镇智库发布《全球人工智能发展报告（2018）》，http://www.qianjia.com/html/2019-04/25_334632.html。

② 江晓原：《人工智能：威胁人类文明的科技之火》，《探索与争鸣》，2017年第10期。

③ 波斯特洛姆：《超级智能》，张体伟、张玉青译，北京：中信出版社，2015，第153页。

说最理想的措施就是尽快灭绝人类，因为没有人类就无所谓痛苦。因此，我们对人工智能提出要求时需要非常谨慎，尽管人类非常清楚对自己提出的目标不能仅仅从字面上来理解，但人工智能可能不会如此。①

另外，互联网、物联网技术使得人工智能的安全问题更加复杂化。一方面，网络资源使得人工智能自身发展进化和可供使用的资源趋于无穷。另一方面，互（物）联网技术使黑客、病毒等人为因素对人工智能产品构成巨大威胁。即使人工智能尚不如人类智能，但网络技术极可能使我们对人工智能的依赖演变成灾难。比如，如果黑客控制了人们家里的儿童看护机器人、助老机器人或其他智能系统等，由此导致的后果将不堪设想。

从近几十年非常流行的风险社会理论的角度看，研究人工智能安全问题的必要性是不言而喻的。作为风险社会理论代表人物之一的贝克（Ulrich Beck）认为："风险概念表明人们创造了一种文明，以便使自己的决定将会造成的不可预见的后果具备可预见性，从而控制不可控制的事情，通过有意采取的预防性行动以及相应的制度化的措施战胜种种副作用。"② 虽然风险社会研究的不同流派对风险的界定及防范等基本问题有各自不同的看法，但对高科技会导致风险的认识是高度一致的。因此，风险社会研究的理论成果对人工智能的安全问题研究颇有借鉴与启发意义。

总的来说，鉴于人工智能超越人类智能的可能性，以及人工智能产生危害的可能性与后果的严重性，加上科学技术本身内在的不确定性，这些因素足以构成我们研究人工智能安全问题的必要性。即使认为人工智能短时期内不会超越人类智能的科学家，也不能从根本上否认人工智能安全问

---

① Russell Stuart and Norvig Peter, *Artificial Intelligence: A Modern Approach* (New Jersey: Pearson Education, 2010), p.1037.

② 贝克、威尔姆斯:《自由与资本主义》，路国林译，杭州：浙江人民出版社，2001，第121页。

题的重要性。人文社会科学研究本来就应该超越自然科学的发展，具有一定的前瞻性，从而避免“文化滞后现象”。

## 第二节
## 解决安全问题的内部进路

一般说来，技术导致的负面影响（包括安全问题）主要由技术本身或人为因素造成的，相应的解决途径也可以从这两方面入手。因此，我们可以大致把解决人工智能安全问题的方法分为内部和外部两种进路。从内部进路看，我们至少有以下几种解决途径。

### 一、伦理设计[①]

对人工智能产品进行伦理设计是解决其安全问题的基本进路之一。近十多年来，机器人伦理问题得到越来越多西方学者的关注。机器人伦理研究的主要目标，就是让机器人在与人类互动的过程中，具有一定的道德判断与行为能力，从而使机器人的所作所为符合人们预设的道德准则。从理论上看，根据人类预设的道德原则进行道德决策的机器人可以成为只做好事的“道德楷模”，而且在一定程度上还可以避免人们对其的不当使用、恶意利用或滥用。

① 关于“伦理设计”的详细内容参见第八章。

美国学者瓦拉赫和艾伦（Colin Allen）认为，将来人工智能系统必定会独立于人类的监管，自主做出决定，他们把能够做出道德抉择的人工智能系统称之为人工道德行为体（artificial moral agents，简称 AMAs）。瓦拉赫和艾伦相信，在机器人身上实现人工道德，使机器成为道德行为体是可能的。他们为人工智能的道德抉择设计了三种实现模式："自上而下的进路"（top-down approaches）、"自下而上的进路"（bottom-up approaches）以及混合进路。自上而下的进路是指选择一套可以转化为算法的道德准则作为机器行为的指导原则；自下而上的进路类似于人类的道德发展模式，通过试错法培养道德判断能力。不过，这两种方式均有一定的局限性。比如，第一种进路把一套明确的规则赋予机器可能是不合理的，同一种原理在不同的情况下可能会导致不同的相互矛盾的决定；① 后一种进路要求机器能够自我发展进化，而人工智能系统的学习与进化能力的提高将会一个比较缓慢的过程。对于人工道德行为体的设计者来说，这两种进路都过于简化了，不足以处理所有挑战。在一定程度上，可追溯到亚里士多德的美德伦理学能够把这两种进路统一起来。一方面，美德本身可以清楚地表述出来，而它们的习得又是典型的自下而上的过程。②

瓦拉赫和艾伦为我们描述了使机器人成为"道德楷模"的可能性。如果他们以及其他类似的方案能够得以实现，人工智能系统就可以做出人类认为正确的道德决策。在人类的道德活动中，非理性因素（比如情感）也会起到关键性作用，瓦拉赫和艾伦也讨论了把理性和非理性整合到人工智能系统中的可能性。不过，我们认为，为了保证人工智能系统的安全性，

---

① Wallach Wendell and Allen Colin, *Moral Machine: Teaching Robots Right from Wrong* (Oxford: Oxford University Press, 2009), p.97.

② Wallach Wendell and Allen Colin, *Moral Machine: Teaching Robots Right from Wrong* (Oxford: Oxford University Press, 2009), p.10.

我们可能希望在某些领域人工智能系统的道德判断更为理性和客观，并不需要增加过多的非理性因素。

虽然要真正实现对人工智能的伦理设计还有许多具体的工作要做，但是从机器人伦理研究的勃兴以及取得的初步成果来看，在人工智能产品中实现人工道德完全是可能的。人们也更容易相信，一个能够根据我们的预设做出合理的道德判断和行为的人工智能系统，对我们来说才是真正安全可靠的。

## 二、应用范围、自主程度与智能水平的限定

为保证人类社会的和谐稳定，人们通常对一些发展尚不成熟、容易引起安全问题与社会争议的技术的应用范围进行限定。自英国科学家首次成功克隆羊之后，科学家们又克隆出了牛、猪、狗等多种动物。但是，能否将克隆技术用于克隆人，是一个非常有争议的话题。一方面，克隆人会引发许多尖锐的伦理问题，学术界已经进行了非常激烈的争论；另一方面，克隆技术还不够完善和成熟。许多学者也认为，即使克隆技术发展得非常成熟了，我们也不能克隆人。因此，目前许多国家都明确立法禁止克隆人。

目前，人工智能的优势主要在于规则非常明确的领域，比如各种棋类竞赛。“阿尔法围棋”的胜利，说明人工智能拥有的超算能力和深度学习能力已经完全可以胜任对极大信息量的处理，在这方面人类智能已经远远落后于人工智能。但是，虽然“阿尔法围棋”拥有强大的学习能力，但它却只能用于学习围棋，不能用于学习新的任务，也就是不能触类旁通，而人类很容易将不同领域的学习经验进行自由转换。① 虽然人工智能的学习

① Gibney Elizabeth, “Google Masters Go,” *Nature*, 2016, vol.529, pp.445–446.

与转换能力被认为是一种重要缺陷，但这可能正好是人工智能安全性的重要保障。如果人类不能确保很好地控制人工智能，那么将人工智能的功能控制在比较单一的情况下是合理的。也就是说，把针对棋类竞赛、专家系统、无人驾驶等开发的专门性人工智能的学习应用能力就限定在自身领域的范围内，一方面可以保证人工智能在各种范围内达到很高的水平，另一方面也可以避免人工智能过于强大而对人类造成威胁。

从公众的角度看，人们普遍希望把人工智能作为一种重要的工具来用，特别是在某些方面弥补人类智能的不足，或者说作为人类智能的重要补充，而不是希望把人工智能发展为整体上与人类接近甚至比人类更高级的智能。在研发人工智能的整个过程中，这种定位应该得以明确，而限定人工智能的应用范围可能是使这种定位得以贯彻的根本途径之一。

同样重要的是，我们需要限制人工智能的自主程度和智能水平。人工智能安全性问题的根源，可能并不在于它能否真正超越人类，而在于它是否是一种安全可靠的工具，人类是否对其拥有充分的控制权。就像高铁、飞机等交通工具那样，虽然它们的速度远远超过了人类，但人类拥有绝对控制权，所以人们相信它们是安全的。从理论上讲，一旦人工智能出现了安全问题，其危害可能是相当严重的，所以对其的控制就更为重要。而且，人工智能如果失控，人类想要再对其进行控制将变得极其困难。为了实现这一目标，首先需要对人工智能的自主程度进行限定。人们普遍认为，虽然人工智能发展迅速，但人类智能相对于人工智能而言，也有自己的优势，比如目前人工智能的认知能力还远不如人类智能。我们可以充分发挥人工智能在信息存储、处理等方面的优势，让它在一些重大事件上做人类的高级智囊，但最终的决定权仍然需要掌握在人类自己手里。比如，当我们把人工智能应用于军事领域时，我们可以利用人工智能来评估危险程度以及可以采取的措施，但是否应该发动战争、如何作战等重大决策，还是需要人类来做出决定。正如霍金斯（Jeff Hawkins）所说的那样，“对于智能机器我们也要谨慎，不要太过于依赖它们”，尽管霍金斯本人对智能机器的未来抱非常乐观的态度。①

与限定人工智能的自主程度类似，我们也需要对人工智能的智能水平进行某种程度的限定。虽然库兹韦尔的奇点理论受到了一些学者的批评，但从长远来看，人工智能是有可能全面超越人类智能的。从人工智能的发展历程来看，尽管它的发展并非一帆风顺，但短短六十余年取得的巨大进步让我们完全有理由相信将来它会取得更大的突破。从世界各国对人工智能高度重视的现实情况来看，想要阻止人工智能的发展步伐是不现实的，但为了安全起见，限定人工智能的智能程度却是完全可以做到的。

## 三、安全标准与准入制度

成立“人工智能安全工程”学科或方向，建立人工智能强制性安全标准与规范，确保人工智能不能自我复制，以及在人工智能出现错误时能够有相应的保护措施以保证安全。比如，人们对人工智能安全问题的担忧的另一主要根源在于，人工智能的复制能力远胜于人类的繁衍速度，如果人工智能不断地复制自身，人类根本无法与其抗衡。因此，在人工智能的安全标准中，对人工智能的复制权必须掌握在人类手中，同时对机器人的数量进行必要的限制。

建立人工智能安全许可制度，只有某种人工智能产品达到安全标准，

---

① 霍金斯、布拉克斯莉：《人工智能的未来》，贺俊杰、李若子、杨倩译，西安：陕西科学技术出版社，2006，第 224 页。

才允许进行商业推广和使用。有学者建议由专门的监管机构根据某些规则和标准在人工智能系统审批认证前进行测试，测试完成后，人工智能的开发者再向监管机构提出审批认证申请。监管机构的主要工作是判断人工智能系统是否符合申请标准，比如是否会导致人身伤害、目标是否一致、能否确保人类的控制等。为了使相关工作顺利进行，可以建立流水型的审批流程。①

人工智能安全问题从源头上看是由人工智能技术造成的，这应该使科学家认识到，科学技术研究并不是无禁区的，我们需要理性地发展人工智能。技术的发展成熟固然是解决安全问题的关键因素，但任何技术都有不确定性，而且科技产生的问题通常不能仅仅依靠科技本身得到圆满解决。因此，解决人工智能安全问题还需要充分发挥外部进路的重要作用。

## 第三节 解决安全问题的外部进路

### 一、科学家的社会责任与国际合作

跟其他高新技术一样，人工智能是非常专门化的科技知识。人工智能科学家与工程师是人工智能技术的研发者，他们是化解安全问题的主体，应该从“消极责任”和“积极责任”两个方面强化人工智能专家的专业责

① 谢勒:《监管人工智能系统：风险、挑战、能力和策略》，曹建峰、李金磊译，《信息安全与通信保密》，2017 年第 3 期。

任。[1] 积极责任强调人工智能专家应该做什么，如何通过技术手段来保证人工智能的安全；消极责任则关注当人工智能出现负面影响或严重后果时，应该由谁来承担相应的责任。从积极责任的角度看，鉴于人工智能发生安全问题后果的严重性，专家们在研发时更应该谨慎，不能仅仅追求经济利益，或者一味迎合客户需要。从消极责任的角度看，当人工智能系统出现错误时，专家应该承担相应的责任，而不是把责任归咎于人工智能本身的不确定性与复杂性。从某种意义上说，解决人工智能安全问题的首要因素并不是人工智能技术本身，而在于人工智能专家的责任心。据报道，谷歌集团专门设立了"人工智能研究伦理委员会"，日本人工智能学会内部也设置了伦理委员会，希望这些机构能够在强调科学家的社会责任以及指导科学家合理研发人工智能等方面起到应有的积极作用。

同时，人工智能安全问题不仅仅是一个地区或组织的问题，各国政府和国际组织应该是协调人工智能安全问题的组织机构。目前，世界各国竞相加大对人工智能的投入力度，这当然无可厚非，但同时也应该划拨专门经费用于研究人工智能的安全与控制问题，政府经费和人力资源的投入是该问题得以解决的关键。另外，国际合作在解决人工智能安全问题中将起到举足轻重的作用。前述提到的人工智能的发展与应用限度、安全标准与规范等问题，只有落实到具体的制度上才有意义，而只有国际组织才能实现这样的目标。从责任伦理的角度看，应当明确科学家共同体、政府与国际组织各自的责任，避免所谓"有组织的不负责任"的现象。近些年来颇为流行的"全球治理"理论研究与实践探索，为在世界范围内就人工智能安全问题进行国际合作提供了很好的平台与基础。鉴于人工智能安全问题的全球性特征，只有

[1] 拜纳姆、罗杰森:《计算机伦理与专业责任》，李伦，等译，北京：北京大学出版社，2010，第102页。

在基于全球治理的框架协议指导下，人工智能技术才能真正实现健康发展。

近些年来颇为流行的“负责任创新”（responsible innovation）概念为科学家更好地承担社会责任与服务公众提供了理论依据与实践进路。负责任创新是在认可创新行为主体认知不足的前提下，在预测特定创新活动可能负向结果的范围内，通过更多成员参与与响应性制度建立，将创新引导至社会满意与道德伦理可接受结果导向，以实现最大限度的公共价值输出。① 有学者认为，虽然人工智能研究者经常强调负责任研究的重要性，但目前关于人工智能社会影响的研究大多集中关注某个特定的应用领域，对其他领域的研究者而言几乎没有指导意义。而且，相关的研究主要关注于某一时期人工智能的特定方面的问题，并未深入整合人工智能领域的创新过程。为了实现人工智能领域的负责任创新，可以从以下三个相互联系的方面入手：考查人工智能设计过程中的社会语境与决策意义；反思关于理论研究与应用研究的权衡，以及应用领域的选择；与公众互动，了解他们关于人工智能的愿望，告知他们应该了解的信息。②2019 年 6 月，国家新一代人工智能治理专业委员会发布《新一代人工智能治理原则——发展负责任的人工智能》，突出了“发展负责任的人工智能”这一主题，足见我国学者对该问题的高度重视。

## 二、公众的接纳与伦理参与

人工智能安全问题，既有客观的一面，也有主观的一面。客观的方面

---

① 梅亮、陈劲：《责任式创新：源起、归因解析与理论框架》，《管理世界》，2015 年第 8 期。

② Brundage Miles, “Artificial Intelligence and Responsible Innovation,” Muller Vincent edited, *Fundamental Issues of Artificial Intelligence* (Heidelberg: Springer, 2016), pp.543–554.

主要指人工智能技术本身的安全，主观的方面则来自人们对人工智能安全性的直觉、主观感受或体验。人们热爱科学技术，是因为科技能够让我们生活得更幸福、更舒适。但是，当科技在可能带给我们幸福快乐的同时，也会增加潜在的严重危害，这样的科技显然不是我们想要的。而且，随着信息技术的快速发展，人们对科技风险的感知能力以及科技的传播速度得到很大提升。与人工智能专家对目前人工智能技术普遍乐观的态度相反的是，公众和人文学者大多对人工智能抱有一定的疑虑。公众对人工智能安全问题的感知本来就有非理性的因素，这是非常自然的现象。事实上，假如人工智能产品出现安全性问题，公众是首当其冲的受害者。

毫无疑问，我们应该把公众对人工智能的担忧与恐惧纳入人工智能安全问题考察的范围，尽可能通过对话、讨论等方式进行解决或缓解。人工智能产品如果要走向商业化，最终需要公众的理解和接纳。在某种程度上说，科学家是人工智能安全问题的制造者，而公众在使用人工智能产品的过程中自然成为风险承担者，科学家有责任也有义务向公众开展解释工作。虽然人工智能专家普遍认为公众不需要为人工智能的安全感到担忧，但他们一般也不反对将人工智能的技术细节向社会公开，并向公众进行详细解释与说明。当然，人工智能专家把技术性细节向公众解释清楚也并不是那么容易的，因为一般公众对技术性语言的理解存在一定困难。如何让技术专家在与公众对话的过程中，使公众能够真正明白人工智能的相关问题，从而建立起相互信任的关系，需要技术专家们付出大量的努力。

从科学家的角度看，当前人工智能的安全性问题并不是技术问题，可能主要是公众对人工智能的信任与否或信任程度的问题。一般来说，公众对人工智能研发过程参与得越早，参与过程越长，获取的信息越多，双方的沟通就应该越有效，相互之间的信任关系也就越容易形成。目前，这方面的交流与沟通机制尚未建立起来，相应的工作需要得到人工智能专家的关注与重视。只有公众普遍接受人工智能，科学家才能实现让他们手中的科技成果为人类造福的目的。

现代科技及其应用对人类社会的改变通常是难以预料的，我们只能参考类似的科技以及充分发挥我们的想象力得以窥见端倪。学者们可以通过多种途径向公众说明智能社会的特点与生活方式，引导公众调整思想观念。21 世纪是智能时代，人与智能产品的互动将会常态化，将来人类对人工智能的依赖，很可能就像现在我们对手机、电脑的依赖一样，我们大多数人可能只能选择适应。当然，公众在使用人工智能产品的过程中，也需要遵循相应的伦理规范，不能虐待、滥用。

负责任创新主要强调的是科学家的责任，但以上论证表明，解决人工智能的安全问题需要全社会的共同努力。贾萨诺夫（Sheila Jasanoff）指出，专家的想象通常受到他们专业知识的限制，他们对已知的关注远高于对未知的关注。因此，专家的预测通常强调短期的、可计算的和无争议的影响，而忽略那些被认为是猜测的、牵强的或有政治争议的方面。① 她倡导公众参加（public participation）或者用最近的术语——公众参与（public engagement）技术决策过程，让公民有机会和科学家、工程师和公职人员一起合作，来构想一个更具有包容性的技术未来。② 与此类似，米切姆（Carl Mitcham）强调科学家与非科学家公民之间进行对话，推行一种社会共同责任（co-responsibility）。虽然多层次的对话在科学伦理的实践中并非

---

① 贾萨诺夫：《发明的伦理》，尚智丛、田喜腾、田甲乐译，北京：中国人民大学出版社，2018，第 179 页。

② 同上书，第 170 页。

没有，但应该得到深化与加强。①

胡明艳用“伦理参与”来表示这一过程，即以责任伦理的理念为导向，通过各种协调机制和程序，让伦理的维度参与到新兴技术发展的实际过程之中，以便共同应对新兴科技发展给人类带来的巨大的不确定性风险。② 事实上，公众参与的问题也是技术伦理学研究的基本内容，不少学者就公民参与的必要性、有效性等问题进行了研究。比如，为了保证公民参与的有效性，需要保证参与讨论的人士与团体一律地位平等，在没有外部胁迫的情况下公开亮明自己的利益诉求和价值观念，并通过论据和理由的交流求得共同的解决方案；政治家与管理部门的专业人士不能把民众参与的形式看成多余的履行职责，而是看成对自身工作的助益，等等。③

## 三、人工智能安全评估与管理

正如杜威所言，“一个人之所以是有智慧的，并不是因为他有理性，可以掌握一些关于固定原理的根本而不可证明的真理并根据这些真理演绎出它们所控制的特殊事物，而是因为他能够估计情境的可能性并能根据这种估计来采取行动。”④ 随着人工智能发展水平的日益提高，对其可能产生的危害及其程度进行评估，对人工智能的研发过程与产品使用进行安全管

---

① Mitcham Carl, “Co-Responsibility for Research Integrity,” *Science and Engineering Ethics*, 2003, Vol.9, No.2, pp.273-290.

② 胡明艳：《纳米技术发展的伦理参与研究》，北京：中国社会科学出版社，2015，第94—95页。

③ 格伦瓦尔德：《技术伦理学手册》，吴宁译，北京：社会科学文献出版社，2017，第696—704页。

④ 杜威：《确定性的寻求》，傅统先译，上海：上海人民出版社，2005，第164页。

理的重要性日益突显出来。安全评价“主要研究、处理那些还没有发生，但有可能发生的事件，并把这种可能性具体化为一个数量指标，计算事故发生的概率，划分危险等级，制定安全标准和对策措施，并进行综合比较和评价，从中选择最佳的方案，预防事故的发生”。[①] 可见，对人工智能系统的安全评估，可以使技术人员更全面地认识其研发对象的危险因素及危害程度，制定相应的解决措施，从而设计出更安全的人工智能系统。在工程技术中，安全评估是预防事故发生的有效措施，是安全生产管理的一个重要组成部分，在人工智能系统中引入安全评估是必然之举。同时，由于人工智能产品出现安全问题之前可能没有任何征兆，人们也普遍认为高科技产品的安全问题导致的后果是不可逆的，从而可能对相应的安全问题的严重性会做出偏高的主观评价。只有专业人员进行的安全评估，才可能缓解甚至消除公众的忧虑。

为了应对技术的不确定性，迪皮伊（Jean-Pierre Dupuy）等人提出了一种持续性规范评估（ongoing normative assessment）方法。这种方法希望在等待（直到为时已晚，如果后果是危险的）与行动（为时尚早，如果发展中的技术还没有产生影响）之间找到一种平衡的解决方案。迪皮伊等认为，考虑到技术选择可能产生的后果的重大影响，预料和尝试这些后果，对其进行评估，使我们的选择建立在这种评估之上，这是我们的绝对义务。评估是依据某些规范进行的，但规范并不采取某种特定的形式。也就是说，为了判断事实应用现有的某种规范，同时又根据新的事实更新现有规范与创立新的规范。持续性规范评估可以处理两种相反的情况：一方面，对于充分乐观的、可信的未来图景，就采取必要的行动去实现它；另

---

① 王起全：《安全评价》，北京：化学工业出版社，2015，第 11 页。

一方面，对于可能发生的灾难，则采取行动阻止其发生。① 持续性规范评估要求对人工智能科技进行不间断地评估，并适时调整评估标准，强调评估行为与规范本身的原则性与灵活性，同时兼顾技术的正面与负面影响，应该是一种较为可行的技术评估手段。

从安全管理的角度看，福克斯（John Fox）提出的“危险的动态管理”对于提高人工智能系统的安全性具有启发意义。福克斯认为，为了提高医疗领域人工智能系统的安全性，静态的软件设计与验证和危险的动态管理两方面应该是互补的。虽然传统的安全工程在人工智能系统的设计中可以发挥重要作用，但即使是最优秀的管理程序在复杂环境中也不可能保证复杂系统的可靠性与安全性，因此智能系统在运作过程中应该具备监控危险的能力，当危险发生时可以进行相应的处理。我们可以把能够识别与管理潜在危险的智能系统看作独立代理系统（independent agent），与主系统同时运行。②

福克斯的主张实质是让专门的人工智能安全管理系统来管理人工智能，这种思路对于解决人工智能的安全问题可能具有普遍意义。因为人工智能的部分能力已经超越了人类，如果完全让人类来进行安全管理，人类可能力不从心，更好的办法可能是交给专门的人工智能管理系统。由此，解决人工智能安全问题在一定程度上就转变成如何保证人工智能安全管理系统的可靠性问题。这种安全管理模式是否可行还需要详细论证，但至少提供了一种关于人工智能安全管理的解决途径。无论如何，在未来的智能

① Dupuy Jean-Pierre and Grinbaum Alexei, “Living with Uncertainty: Toward the Ongoing Normative Assessment of Nanotechnology,” Schummer Joachim and Baird Davis, *Nanotechnology Challenges* (London: World Scientific, 2006), pp.287–314.

② Fox John and Das Subrata, *Safe and Sound: Artificial Intelligence in Hazardous Applications* (Cambridge: The MIT Press, 2000), pp.155–167.

社会中，政府、管理机构与科学家需要让公众相信，各种对人工智能的安全管理措施与手段是有效的。一方面是给公众一种心理上的安全感，另一方面在真正面临安全问题时也能够及时做出反应。

## 本章小结

人工智能在带给人类更多福祉的同时，也可能产生某些安全隐患。在逐渐向我们走来的“智能社会”里，人工智能安全问题不再是属于未来学的问题，而应该是一个极为重要的哲学和科学技术问题。我们既不要过分夸大人工智能的安全性问题的严重性，也不能过分乐观。本章关于人工智能安全问题的论述是相当粗浅的，但这并不妨碍所讨论问题的重要性。在人工智能尚未真正导致比较普遍和严重的安全问题之前，进行充分的理论研究和公开讨论是非常必要的。而且，人工智能安全问题的解决，需要国际组织、各国政府、专家学者和社会大众的共同努力，哪一方面的缺席都是不行的。只有真正重视并解决人工智能的安全问题，人工智能才能给人类带来光明而不是黑暗的未来。

第四章

# 军用机器人

美国机器人研究专家阿金用“炸弹、纽带和奴役”来形容三种引起较多社会关注的机器人，即军用机器人、情侣机器人与工业（服务）机器人。[①] 在这三种机器人当中，关于军用机器人的伦理问题争论可能是最为激烈的。而且，军用机器人对未来战争的影响将会是革命性的。美国退休上校休斯（Wayne Hughes）认为：“我们可能正处于一个新战术时代的前沿，称之为‘机器人时代’。……真正的革命体现在：采用无人值守的机器人，以神奇的自我控制方式搜索和射击。”[②] 本章在概述军用机器人的研发现状的基础上，对目前军用机器人引发的几个主要伦理问题进行简要分析与介绍，以期引起更多的讨论。

## 第一节
## 军用机器人的研发现状与优势

军用机器人是机器人研究中一个非常重要的组成部分。可以把军用机器人按照用途分为地面机器人、空中机器人、水下机器人和空间机器人。目前，世界各国都在积极研发各种类型的军用机器人。

机器人出现在战场上并不新奇，但是，在现代科技武装下的机器人拥有了前所未有的功能与威力。而且，军事方面的目的是机器人研发的最大驱动力，美国尤其如此。近年来，美国国防部每年大约花费60亿美元用

---

① 瓦拉赫、艾伦：《道德机器：如何让机器人明辨是非》，王小红主译，北京：北京大学出版社，2017，第39页。

② 沃克、布瑞姆利、斯查瑞：《20YY：机器人时代的战争》，邹辉，等译，北京：国防工业出版社，2016，第33页。

于研发在战争中使用的无人系统，这个数字可能还会增加。目前，机器人武器还没有实现完全自主，在开火之前需要控制人员的操作。但是，军用机器人的自主程度正在不断地提高，如果这种趋势继续发展下去，人类可能会淡出对机器人的操作，甚至实现机器人的完全自主。2013 年，美国国防部在《无人系统综合路线图》报告中发布了无人系统技术研发、生产、测试、训练、操作与维护的战略规划，强调了开发无人系统的重要性。① 美国空军的首席科学家甚至预言："到 2030 年，机器的能力将会发展到这样的程度，在一个庞大的系统和控制过程中，人类将成为最薄弱的组成部分。" ②

美国军方已经开发出地面机器人，空中机器人正在不断发展之中，而且美国的无人机技术一直领先于世界各国，其自主程度也在不断提高。美国海军开发的 X-47B 已经实现自主在航空母舰上起飞和降落，引起人们高度关注。而且，这种无人机的作战能力并不弱，它的两个武器舱容量为 4 500 磅。③ 只要操作人员点点鼠标，它就可以起飞、飞行并降落，但这不是通过远程控制系统操作它的飞行，它是完全自主的。在《洛杉矶时报》发表的一篇评论文章中，作者一开篇就称其是"战争中的范式转换，可能会产生深远的影响"。④

韩国和以色列已经开发并使用了地面放哨机器人。这种机器人每个造价 20 万美元，它们白天可以发现两英里⑤ 远的目标，晚上可以发现一英里远的目标，它所配备的武器可以打击两英里远的目标。不过，是否开火最

---

① U.S. Department of Defense, "Unmanned Systems Integrated Roadmap" , https://www.defense.gov/Portals/1/Documents/pubs/DOD-USRM-2013.pdf.

② "Losing Humanity: the Case against Killer Robots," *International Human Rights Clinic*, November, 2012.

③ 1 磅≈ 0.454 千克。

④ Hennigan WJ, "New Drone Has No Pilot Anywhere, so Who's Accountable?" *Los Angeles Times*, 2012-1-26, http://articles.latimes.com/2012/jan/26/business/la-fi-auto-drone-20120126.

⑤ 1 英里≈ 1.61 千米。

终由人来决定，机器人主要是承担自动监视功能。① 但是，也有人指出，这种机器人其实拥有自动模式，可以自行决定是否开火。②

军用机器人具有非常显著的优势：第一，具有较高的智能；第二，全方位、全天候的作战能力，在毒气、冲击波、热辐射袭击等极为恶劣和危险的环境下，机器人可以正常工作；第三，较强的战场生存能力；第四，绝对服从命令，听从指挥；第五，较低的作战费用。③ 因此，军用机器人可以代替士兵完成各种极限条件下的比较危险的军事任务，从而减少人员的伤亡。

减少战争中人员的伤亡数量的重要性是不言而喻的。1994 年，美国参议员格伦（John Glenn）提出了“多佛标准”（Dover Test）这个术语。多佛标准是一种非正式标准和新闻术语，指通过公众对战争中伤亡人数的反应，来说明美国普通民众是否支持美国参战或其他军事行动。这个标准的名称来源于美国特拉华州多佛空军基地，自 1955 年以来有数万名牺牲的美国士兵的棺木运达这个空军基地。④ 美国军方高层也经常强调减少人员伤亡的重要意义。少将罗伯特·斯凯尔斯指出：新时代的战争意味着“士兵的死亡成为美国最脆弱的重心”。曾任海军部部长的约翰·华纳说：“如果你看看战争伤亡人数的历史，你会发现有几乎 50 万人在二战中死亡，有超过 35 000 人在朝鲜被杀害，在越南的死亡人数超过 50 000 人，而科索沃战争是零死亡。在我看来，如果战争可能造成历史上的那种伤亡水平的话，这个国家是不会再允许武装力量参与其中的。”⑤

---

① Rabiroff Jon, “Machine Gun-toting Robots Deployed on DMZ,” *Stars and Stripes*, 2010－7－12, http://www.stripes.com/machine-gun-toting-robots-deployed-on-dmz-1.110809.

② Kumagai Jean, “A robotic Sentry For Korea’s Demilitarized Zone,” *IEEE Spectrum*, 2007, Vol.44, No.3, pp.16－17.

③ 黄远灿：《国内外军用机器人产业发展现状》，《机器人技术与应用》，2009 年第 2 期。

④ “Dover Test,” https://en.wikipedia.org/wiki/Dover_test.

⑤ 辛格：《机器人战争》，逯璐、周亚楠译，武汉：华中科技大学出版社，2016，第 57 页。

有的学者正是基于机器人的这些优势来为在战争中使用机器人进行伦理辩护。斯特劳瑟（Bradley Strawser）认为，我们有义务保护参加正当军事行动的战士尽可能地远离伤害，只要这种保护不会妨碍战士正当行动的能力，而无人机正好提供了这种保护。斯特劳瑟提出了“不必要的风险原则”（Principle of Unnecessary Risk），即，如果无人机可以承担某种具有潜在致命风险的任务，那么命令士兵去执行这种任务就是道德上不允许的。在他看来，在某些环境中运用无人机不仅在伦理上是许可的，事实上这还是一种伦理义务。①

诺贝尔经济学奖得主斯蒂格利茨（Joseph Stiglitz）等人认为，现代战争的人力成本（包括战争结束之后）是非常之高的。通过对伊拉克战争的深入细致研究，他们认为，根据现行伤残抚恤金的平均标准（每月 592 美元）来估算，这笔长期费用将达到 3 880 亿美元，对退役军人提供的终生医疗福利将达到 2 850 亿美元，合计起来是 6 730 亿美元。② 而且，还有一些政府没有支付的，也难以量化的成本。比如，家人与社区志愿者为照顾伤残军人付出的巨大代价；政府支付给那些比较年轻的和患有严重心理障碍的退役军人的抚恤，与他们本来应该挣到的钱还有很大差距。因伤残给退役军人及家庭带来的痛苦和折磨，生活质量的下降，这些都是政府的金钱所不能补偿的。③

我们还可以列举出军用机器人拥有的更多益处。比如，军用机器人有助于提高作战效率。一方面，机器人本身可以拥有更高的效率，另一方面

---

① Bradley Strawser, “Moral Predators: The Duty to Employ Uninhabited Aerial Vehicles,” *Journal of Military Ethics*, 2010, Vol.9, No.4, pp.342–368.

② 斯蒂格利茨、比尔米斯：《三万亿美元的战争：伊拉克战争的真实成本》，卢昌崇、孟韬、李浩译，北京：中国人民大学出版社，2013，第 34 页。

③ 斯蒂格利茨、比尔米斯：《三万亿美元的战争：伊拉克战争的真实成本》，卢昌崇、孟韬、李浩译，北京：中国人民大学出版社，2013，第 81 页。

也有助于战士作战效率的提升。恐惧心理是影响战士在战争中作战效率的最大障碍之一，[①] 军用机器人的使用可以减少士兵与敌人正面接触的时间与机会，有利于减轻战士的恐惧心理，从而提高作战效率。再如，军用机器人的使用可以减少能源消耗。目前，美军一天需要消耗超过 36 万桶原油，相当于瑞典全国的总能耗。机器人平台可以做得更小、更轻，能耗就可以更少。另外，它们几乎不需要训练，或者只需要进行电脑模拟训练就足够了，这比起常规的军事训练显然可以大幅度减少能源消耗。[②] 而且，军用机器人可以大幅度降低军队的人力成本。有学者估计，到 2021 年，美国全部军事人员相关成本（包括现役和预备役部队）可能要花费将近一半（46%）的国防预算，这将严重挤占投资、作战和训练经费。[③]

因此，世界各个军事大国不遗余力地研发军用机器人也就不足为怪了。但是，军用机器人的使用产生了一些不可回避的伦理困境，下面几节将分述其主要表现。

## 第二节<br>军用机器人与人性冲突

关于人性本恶还是本善，中国学术界自古就存在不同的意见，笔者无

---

① Daddis Gregory, "Understanding Fear's Effect on Unit Effectiveness," *Military Review*, 2004, Vol.84, No.4, pp.22–27.

② Krishnan Armin, *Killer Robots* (Burlington: Ashgate Publishing Company, 2009), p.121.

③ 沃克、布瑞姆利、斯查瑞：《20YY：机器人时代的战争》，邹辉等译，北京：国防工业出版社，2016，第 23 页。

意对这场论争提出新的看法。不过，就战争伦理来看，大多数人并不喜欢战争和杀戮，在战场上表现出人性向善的一面。

军事历史学家马歇尔（Samuel Marshall）研究表明，二战期间，大约只有15%至20%的美国步兵能够或者愿意向敌人开火。也就是说，当发现敌人时，80%的步兵不愿意开火，或者只是朝着敌人头顶的天空开枪。马歇尔把产生这种现象的原因归结为各种恐惧，其中之一是人们普遍持有的一种根深蒂固的观念，那就是“杀人根本就是错误的”。在马歇尔看来，大多数士兵厌恶战争是一种普遍现象。① 虽然马歇尔的研究方法受到一些学者的批判，他的数据也被认为可能并不精确，但是，他的基本观点——许多士兵并不愿意杀戮，这个发现在对其他战争的分析中也得到了印证。

比如，格罗斯曼（Lieutenant Grossman）认为，士兵不愿意开枪，并不是由于怯懦，而是出于一般人不愿意杀人的强迫症。他发现，在美国南北战争时期，即使是近距离的步枪对抗，其杀伤率仍然较低，然而在平常的训练当中，士兵开枪的命中率并不低。由于当时战争通常是采用阵列齐发的方式，所以士兵有没有开枪别人根本不知道。在葛底斯堡（Gettysburg）战役结束后收回了27 574支步枪，由于当时的步枪可以重复装填，结果发现90%的枪支仍然装有子弹，有6 000支枪装有3—10颗子弹，有一支枪居然装有23颗子弹！在战场上，装填火药和弹头要占用95%的时间，只有5%的时间用于开火。也就是说，如果士兵想尽可能多地杀死敌人的话，他们手里的枪大多数应该是空的。②

当然，可能会有更多的士兵愿意在现代战场上开火，但从人性的角度

---

① Marshall Samuel, *Men against Fire: the Problem of Battle Command* (Norman: University of Oklahoma Press, 2000), pp.54−78.

② Grossman Lieutenant, *On Killing* (New York: Little, Brown and Company, 1995), pp.20−23.

来看，大多数士兵对杀人持反感态度，甚至不愿意以此来保护自己和战友的生命。不过，军用机器人的发展与人性向善的本性是相违背的。随着科学技术的迅猛发展，军用机器人越来越先进，自主程度也不断提高，它们在不久的将来大量装备军队似乎已是大势所趋。但是，与人类相比，军用机器人可能会导致两方面的问题。第一，军用机器人（特别是自主军用机器人）在战场上的应用会导致巨大的破坏。它们没有恐惧感，很可能对人类没有同情心，自然就不会对目标手下留情。一旦启动，它们强大的破坏力会使其成为真正的冷血“杀人机器”。而且，军用机器人不知疲倦，可以长途奔袭，超越视距通信，它们的战斗时间似乎只受所携带的油量或电池电量限制。[①] 夏基（Noel Sharkey）认为，士兵与对手之间的距离越大，杀戮会变得越容易。当士兵能够在近距离清楚地看到他们杀死的对象时，杀戮一般较难发生，而距离却有助于士兵克服被杀的恐惧和对杀戮的抵制。[②] 当然，我们可以通过伦理设计等手段使军用机器人具有伦理判断能力，使之拥有与人类类似的怜悯或同情心，但军用机器人成为“杀人机器”的可能性确实是客观存在的。

罗尔斯（John Rawls）认为，战争的目标是一种正义的和平，因此所使用的手段不应该破坏和平的可能性，或者鼓励对人类生命的轻蔑，这种轻蔑将使我们自己和人类的安全置于危险的境地。战争行为理应受到限制并适应这个目标。[③] 也就是说，战争的目的并不是要鼓励杀戮，而可能成为“杀人机器”的军用机器人与战争的目的是相违背的。

---

① Lin Patrick, et al. *Robot Ethics* (Cambridge: The MIT Press, 2012), p.119.

② Ibid., p.125.

③ 罗尔斯：《正义论》，何怀宏、何包钢、廖申白译，北京：中国社会科学出版社，2017，第 297 页。

第二，军用机器人的大量应用可能使得战争更容易发生。因为机器人的应用可以大幅度减少人员的伤亡，甚至是零伤亡；机器人的快速进攻可以使对方几乎无法组织有效的抵抗，也可以对一些弱小的反抗者进行毁灭性的打击。另外，核武器的巨大威力使得世界上各个核大国都不敢轻易对拥有核武器的国家动武，但军用机器人可能会改变这种情况。因为机器人可以攻击少数的政治目标，不会造成大量的人员伤亡。而且，对敌方卫星或无人操作平台的破坏可以使其无法进行核还击，从而避免核战争的危险。① 曾经担任美国国防部助理部长的拉里·科博认为，随着无人系统使用的增多，战争观念和心理会受到影响，他担心两者都会增加战争发生的风险。他认为："使用无人系统将会使军队进一步脱离社会。人们只要认为使用武力不用付出代价，就更有可能支持这种行为。"②

另外，还有一种潜在的危险就是军用机器人可能被恐怖分子利用，甚至发展为"机器人恐怖主义"。目前不断发展的空中军用机器人，对恐怖分子来说就是一种理想的武器。地面军用机器人造价越来越低，对于很多普通人来说都可以承受，这对恐怖分子来说显然是非常有利的。目前，恐怖组织还没有对军用机器人表现出很大兴趣，或许他们觉得现有技术并不实际，或者他们认为使用自杀式人体炸弹更引人注意。但是，这种潜在的风险是不言而喻的，将来"机器人恐怖主义"可能会更为普遍。③

那么，我们应该如何控制军用机器人对人类的巨大破坏力，或者限制它们的行动范围呢？有人提出一个简单的原则：人与人作战，机器与机器

---

① Krishnan Armin, *Killer Robots* (Burlington: Ashgate Publishing Company, 2009), p.150.
② 辛格：《机器人战争》，逯璐、周亚楠译，武汉：华中科技大学出版社，2016，第 299 页。
③ Krishnan Armin, *Killer Robots* (Burlington: Ashgate Publishing Company, 2009), p.147.

作战。但是，这种原则在战场上很难得到实现。我们无法预料军用机器人在未来的战争中会多大程度地影响战事的发展，但通过某种特别的技术手段、法律或协议对其进行一定的限制显然是非常必要的。这就涉及军用机器人的伦理设计等问题。

## 第三节 伦理设计之难[①]

2010年，由50名学者组成的计算机技术责任特别委员会（The Ad Hoc Committee for Responsible Computing）试图对智能产品提出若干道德责任原则。从2010年3月至10月，经过27次修改，最终提出了5条原则。他们对"智能产品"的界定是，任何含有执行计算机程序的人造产品。第一条原则就明确提出："设计、开发以及应用智能产品的人员对产品负有道德责任，也对可预见的产品后果负责。将智能产品作为社会技术系统的一部分而进行设计、开发、应用以及了解产品性能并使用它们的其他相关人员，也应该分担相应的责任。"[②] 显然，这里提出的智能产品是包括机器人在内的。

如果研发机器人的人员应该对机器人负责，那么让机器人能够像人类一样遵守公认的道德规范，显然是设计人员最容易想到的一种办法。其

① 本章中讨论的伦理设计、责任困境问题，在第七章、第八章中有更详尽的论述，本章主要针对军用机器人论述相关问题。

② Allen Colin, et al, "Moral Responsibility for Computing Artifacts: The Rules," https://edocs.uis.edu/kmill2/www/TheRules/.

实，在这之前，来自哲学、伦理学和计算机科学等领域的学者提出了“人工道德”（artificial morality）的概念与若干实现方式，试图实现这样的目标。如果包括机器人在内的智能产品能够实现人工道德，那么从某种意义上讲，智能产品行为的伦理责任似乎就从设计者与使用者转移到了智能产品本身。因此，对自主性越来越强的智能产品来说，让它们自身成为“人工道德行为体”（artificial moral agents，以下简称 AMAs），就变得越来越重要。

美国印第安那大学科学史与科学哲学系的艾伦（Colin Allen）等人提出了几种可能的实现路径。第一，自上而下的方法。采用自上而下的方法来设计 AMAs，其意思是把道德原则或理论用作选择哪些行为合乎道德的判断准则。不过，在人工智能当中应用规则方法受到一些学者的批判，因为它们不适于为智能行为提供一种普遍适用的理论。但艾伦等人认为，在某些领域当中这种方法仍然是一种最好的选择。第二，由下而上的方法。这种方法不把某种道德理论强加于 AMAs，而是提供可以选择和奖励正确行为的环境。这种方法着力于开发道德敏感性，日积月累地从现实经验中学习。这种方法就像在社会环境中的小孩子，通过识别正确与错误行为来获得道德教育，而不必给他提供一个明确的道德理论。艾伦等人也指出，如果单一的方法不能把人工物设计成道德行为体，可能需要采用混合的方法。①

那么，机器人究竟应该遵循哪些道德规范呢？这方面的研究已经开始进行了。阿金等人希望机器人在战场上比人类更有人性，受美国军方资助，他们试图在现有的自主机器人系统中通过计算机实现道德准则，也就

① Allen Colin, et al, “Artificial Morality: Top-down, Bottom-up, and Hybrid Approach,” *Ethics and Information Technology*, 2005, Vol.7, Issue 3, pp.149−155.

是让机器人拥有“人工良心”（artificial conscience）。为了正确地设计“人工良心”，他们在网上公开向公众和各种团体征集意见，试图找到使用致命的自主机器人应该遵循的道德规范。①

但是，找到大家普遍接受的道德规范之后，要真正在机器人当中实现，还存在着很多困难。最直接的问题是，这些规范究竟意味着什么？在这些规范被精确地陈述清楚，并达到可以写入计算机的软硬件的程度之前，还需要做大量的伦理概念分析工作。② 又比如，在军用机器人伦理规范当中，有一个问题非常突出，即如何避免无辜百姓的伤亡？目前的军用机器人还无法在近距离遭遇战中区分战斗人员和无辜人员。调查表明，即使是士兵，对于如何对待非战斗人员也存在很大的分歧。③ 根据《日内瓦公约》，平民被定义为非战争人员。但是，在混乱的战争中，即使是训练有素的战士也难以区别战斗人员与非战斗人员，目前的计算机识别系统更难以做到。如果把现在的军用机器人放到市区的话，它们会破坏公交车、小轿车、货车。④ 摄像头、声呐、激光以及感温设备等传感器只能锁定目标，但无法辨别目标的身份。这种识别要求有态势感知能力和同理心，即能了解他人意图并判断他人在某种情况下可能会做什么。另外，要区分平民和军事人员在很大程度上取决于所处的背景。因此，许多科学家认为，除非在人工智能的研究上出现重大的突破，否则人类干预，或者是让人类

---

① Arkin Ronald and Moshkina Lilia, “Lethality and Autonomous Robots: An Ethical Stance,” *Paper presented at the IEEE international Symposium on Technology and Society*, 2007, June 1–2, Las Vegas, http://www.dtic.mil/cgi-bin/GetTRDoc?AD=ADA468122.

② Lin Patrick, et al, *Robot Ethics* (Cambridge: The MIT Press, 2012), p.153.

③ Arkin Ronald, *Governing Lethal Behavior in Autonomous Robots* (Boca Raton: CRC Press, 2009), pp.31–32.

④ Sharkey Noel, “Grounds for Discrimination: Autonomous Robot Weapons,” *RUSI Defence Systems*, 2008, Vol.11, No.2, pp.86–89.

来作为掌控者将仍然是必不可少的。[1]

尽管还存在较大的困难，但很多学者仍然坚信具有伦理敏感性的机器人是可以研制成功的。在军用机器人的伦理设计中，目前阿金的研究最为深入。他从理论上提出了伦理控制的形式化方法，用以表述结构中基本的控制流程，然后将伦理内容有效地与控制流程相互作用。在他看来，虽然人类的伦理内容丰富多样，但战争伦理比日常伦理更为清晰和精确，可以在军用机器人中很好地表征出来。他从伦理调节器、伦理行为控制、伦理适配器和责任顾问等几个方面提出了对整个系统进行现实设计的具体构想。[2]

徐英瑾认为，自主性运作的军用技术平台肯定具有特定的伦理推理能力，也就是具有“当下该做什么，又不该做什么”的判断能力，否则其运作就不是真正具有自主性的。他认为，使军用机器人具有伦理推理能力涉及两个非常重要的哲学问题。第一个问题是“心灵状态指派”，其实质是如何从目标的外部行为判断出其内部心理状态；第二个问题是“各向同性”，大意是，既然某件事情与世界上所有的其他事情均有某种潜在相关性，那么在当下的问题求解语境中，信息处理系统到底应该如何对这些潜在的相关性进行遴选，以便能以最经济的方式来解决相关问题呢？这两个问题原则上是可以解决的，已有学者提出了相关的技术建议。[3]

虽然学者们在军用机器人伦理设计方面已经取得了初步成果，但是，伦理机器人要真正走向战场，显然还需要更长时间的艰苦努力。另外，历

---

① 鲁亚科斯、伊斯特：《人机共生》，粟志敏译，北京：中国人民大学出版社，2017，第 189 页。

② Arkin Ronald, *Governing Lethal Behavior in Autonomous Robots* (Boca Raton: CRC Press, 2009), p.125.

③ 徐英瑾：《技术与正义：未来战争中的人工智能》，《人民论坛 · 学术前沿》，2016 年第 7 期。

史的经验告诉我们，再完美的设计都可能会产生意外的情况。那么，如果军用机器人，即使是通过伦理设计的机器人在战场上犯了错误，应该由谁来承担责任？

## 第四节
## 责任困境

美国得克萨斯大学的克里斯南（Armin Krishnan）认为，道德行为体不仅要具有区别正确与错误行为的能力，而且还要能够感到后悔并接受惩罚。如果机器人没有具备足够的智能，就不能成为真正的道德行为体，它不能理解真正的生活情景，也无法对生活事务与人类生死做出道德判断。就目前的技术而言，机器人现在或者短期内不应该对它的行为负道德上的责任。①

但是，认为机器人不能接受惩罚并不合理。智能机器人可以拥有感情，那么它们很自然地就会产生做事的动机与过程，也可以感受到痛苦，因此可以接受惩罚。另外，对机器人来说，如果我们希望它们调整或改正行为，惩罚并不是最理想、最有效的方式。因为人有趋利避害的本能，所以惩罚可以使人改正错误，但这种思路在机器人身上不一定管用，可能需要换一种思路来解决问题。就像我们生活中经常用到的电脑或汽车一样，如果电脑或汽车坏了，我们首先想到的通常不是用棍棒敲打或其他方式对

---

① Krishnan Armin, *Killer Robots* (Burlington: Ashgate Publishing Company, 2009), pp.132–133.

它们进行惩罚，而是想办法发现问题所在，并进行修理，一般情况下我们只需要把坏掉的零部件修理好或换下来就行了。我们知道机器人是如何工作的，当出了问题时也知道该如何处理，因此我们当然不能简单地把责任推到机器人身上。因此，在洛克霍斯特（Gert-Jan Lokhorst）等人看来，设计者、生产者、管理者、监督员以及使用者均应该对军用机器人负责，尽管责任的分摊是一件困难的事。①

但是，这种责任分摊的思想可能造成另一个伦理困境——责任扩散。在 1964 年美国发生的吉诺维斯（Kitty Genovese）案件中，在案发的半小时内有 38 个邻居听到了被害者的求救声，很多人还亲眼看到了，但没有一个人伸出援助之手，甚至连电话也没有人及时拨打，最终导致惨剧的发生。之所以会造成这种现象，就是大家都认为自己可以不对此事负责。正如心理学家班杜拉（Albert Bandura）所讲的那样，“责任感可以被分散开来，因为分工而消失。大多数事业需要很多人参与其中，每一项任务都被细分为多种工作，导致大家感觉每种工作本身都是无害的。”② 也就是说，如果责任可以分为很多方面，那么所涉及的每一个方面都认为自己不应该为之负责。大家都知道军用机器人的应用可能会造成严重的破坏，但由于从研发到使用，每个人都觉得自己做得没有错，也没有负疚感，从而可能导致这种强大的破坏性武器不断地发展、应用。

澳大利亚莫纳什大学的斯帕罗（Robert Sparrow）则认为，如果智能机器人投入了战争，参与了通常被认为是战争罪的某种暴行，那么让系统程序员、军队指挥官和机器人任何一方面来承担责任都是不对的。首先，如

---

① Lin Patrick, et al, *Robot Ethics* (Cambridge: The MIT Press, 2012), pp.145−156.

② Bandura Albert, “Moral Disengagement in the Perpetration of Inhumanities,” *Personality and Social Psychology Review*, 1999, Vol.3, No.3, pp.193−209.

果机器人击中了错误的目标，那有可能是系统的缺陷；另外，也是更重要的，一个自主系统可以自己做出决定，这也是程序员所鼓励的。由于这两个原因，程序员不应该承担责任。第二，正是由于自主机器人具有较高程度的自主性，所以最初给它的命令并不能决定它的所有行为，它有可能会击中错误目标。机器人的自主程度越高，风险也就越大。所以，不能要求指挥官对机器人的错误负责。第三，我们认为一个人可以在道德上负责，是认为他喜欢得到称赞并获得奖励，不喜欢受到责备并接受惩罚，机器人做不到这一点，所以不能承担责任。在斯帕罗看来，打一场正义战争的必要条件是，有人能够合法地为战争中付出的牺牲负责。但是，由自主武器系统造成的死亡不符合这种条件，因此在战争中应用这种武器系统就是不道德的。① 斯帕罗的分析正好全面揭示了目前军用机器人面临的伦理责任困境。

徐英瑾认为，如果机器人战士发生误杀事件后，相关的调查委员会可以按照如下的排除程序展开“责任指派工作”：第一，排除电气故障意义上的机器硬件故障；第二，检查发生事故前的机器代码运行情况，排除系统被黑客恶意入侵的情况；第三，检查系统得到的作战指令本身是否包含违背作战条例与反伦理的内容；第四，调查当时战争信息的实际复杂程度，是否越过了此类机器能够处理的战场信息的复杂程度的上限。② 也就是说，我们可以通过某种责任确认流程，为发生错误的军用机器人找到背后的责任人。

虽然目前许多国家都很重视发展军用机器人的自主程度，但完全自主

---

① Sparrow Robert, “Killer Robots,” *Journal of Applied Philosophy*, 2007, Vol.24, No.1, pp.62–77.

② 徐英瑾：《技术与正义：未来战争中的人工智能》，《人民论坛 · 学术前沿》，2016 年第 7 期。

的学习型机器人要真正在现代战争中得到广泛使用，可能还需要较长的一段时间。[①] 也就是说，当前我们主要应该关注的半自主型机器人的责任问题。根据徐英瑾提出的“责任指派”思想，可以明确军用机器人的设计者与制造商、操作员以及部分指挥官各自的责任。

对于设计者与制造商来说，需要确保产品的安全性、可靠性与稳健性，使军用机器的表现满足道德与法律的要求。如果由于军用机器人的设计与制造的缺陷导致的事故，显然应该由设计者与制造商负责。对于操作员而言，需要重点关注军用机器人可能并不具备的对复杂环境的判断能力，不能过度依赖军用机器人的抉择。对于指挥官而言，应该充分认识军用机器人的局限性，应该在确保公正、安全的情况下恰当地应用军用机器人。正如克里斯南指出的那样，与责任有关的法律问题可能比一些军用机器人的批评者想象的要容易得多。他认为，战争中的控制链条并不会因为运用了自主系统而被打断。“过去，这并不被视为一个问题，将来也不会成为一个问题。如果机器人没有在其特定的参数范围内运作，就是制造商的责任。如果机器人在导致其非法使用的环境中被应用，那就是指挥官的责任。”[②]

我们认为，军用机器人的研发者、生产商以及使用者都应该为军用机器人造成的不良后果负责。而且，在社会-技术系统的责任分配网络中，人工道德行为体也有功能责任（functional responsibilities）。[③] 至于责任如

---

① 鲁亚科斯等人认为，学习型武装军用机器人的部署将会导致出现一个责任空白区，因为它让人类为那些不受自己控制的机器人的行为负责。参见鲁亚科斯、伊斯特：《人机共生》，粟志敏译，北京：中国人民大学出版社，2017，第 180—181 页。不过，学习型机器人并不必然导致责任空白，详细论证见本书第七章。

② Krishnan Armin, *Killer Robots* (Burlington: Ashgate Publishing Company, 2009), p.105.

③ Crnkovic Gordana and Curuklu Baran, “Robots: Ethical by Design,” *Ethics and Information Technology*, 2012, Vol.14, No.1, pp.61-71.

何分担，需要更全面深入的研究，具体问题具体分析，但责任分配网络中各部分的道德与法律责任是无论如何也逃避不了的。

## 第五节
## 限制自主程度

2018年3月，由澳大利亚人工智能专家沃尔什（Toby Walsh）发起，包括加拿大、中国、德国、日本、美国等许多国家在内的学者共同签署了一封公开信，抗议韩国科学技术院（以下简称KAIST）把人工智能技术应用于研发军用武器，开发自主人工智能武器。公开信指出，开发自主武器会导致第三次战争革命，会使战争比以往更加猛烈，规模更大。公开信宣称，除非KAIST保证不再研发缺乏人类有效控制（meaningful human control）的自主武器，学者们将拒绝与KAIST的各种合作，既不会访问KAIST，也不会接受KAIST的访问，且不会参与任何涉及KAIST的研究项目。①

沃尔什等人的公开信产生了很大的影响，我国许多媒体都进行了专门报道。南京大学人工智能专家周志华教授是签署此公开信的唯一一位中国学者。在接受《中国科学报》采访时，周志华指出："我们联名反对的是脱离了最起码的人类控制的自主武器"。②

---

① Walsh Toby, et al, "Open Letter to Professor Sung-Chul Shin, President of KAIST from some Leading AI Researchers in 30 Different Countries. March 2018," http://www.cse.unsw.edu.au/~tw/ciair/kaist.html.

② 袁一雪：《自主武器：技术与伦理的边缘》，《中国科学报》，2018年4月20日。

正如上文指出的那样，军用机器人的研发得到了许多国家的高度重视，但学者们普遍担心自主机器人会导致严重的后果。当然，也有学者持乐观的态度。洛克霍斯特等人认为，在战争中使用自主的人工智能机器人并不是不道德的。在他们看来，把军用机器人称为“杀手机器人”（killer robots）并不恰当，我们可以把自主的智能军用机器人用来解除敌人武装，或者使其不能动弹，而不是杀死敌人。因为机器人可以装备先进的感应器和使敌人失去战斗力的设备，因此它们原则上远比人类更可靠，也比人类战士更道德。① 阿金认为，虽然自主无人系统在战场上的表现从伦理的角度看并不会完美无缺，但他相信它们的表现会比人类战士更道德。②

从理论上讲，军用机器人可以比人类战士更理性，更全面客观地观察战场各种情况，从而做出更加理性、正确的判断，而且也可以更人性地对待交战对手。但是，现实的情况却难以实现这一点，这至少来自两方面的局限性。第一，战场的复杂性。如果交战双方在时间、地点都很明确的地方作战，这个问题倒不突出，但大多数战争发生的时间特别是地点很不确定，参与人员混杂，战场甚至经常与民居混在一起。第二，当前技术的不足。瓦拉赫与艾伦认为，阿金关于控制致命军用机器人的想法低估了任务实现的困难，高估了机器的能力。而且，即使可以把道德决策的能力植入军用机器人，也只有少数技术发达的国家能做到这一点。③

从人工智能哲学的角度看，框架问题、完全性问题、心灵状态指派

---

① Lokhorst Gert-Jan and Hoven Jeroen van den, “Responsibility for Military Robots,” Lin Patrick, et al edited, *Robot Ethics* (Cambridge: The MIT Press, 2012), p.148.

② Arkin Ronald, *Governing Lethal Behavior in Autonomous Robots* (Boca Raton: CRC Press, 2009), pp.30–31.

③ Wallach Wendell and Allen Colin, “Framing Robot Arms control,” *Ethics and Information Technology*, 2013, Vol.15, No.2, pp.125–135.

等问题也凸显了人工智能技术的研发瓶颈。框架问题是经典人工智能的主要难题，它旨在寻找一种表征形式，让行动中的能动者可以有效和恰当地表征一个变化的、复杂的世界，目前这个问题尚未得到根本性的解决。①人工智能完全性问题（AI complete problems）是人工智能领域最困难的问题，意思是使机器拥有人类一样的智能。②比如，在战场上识别敌方投降的姿势，或者把旁观者与敌对力量区分开来，解决此类识别问题涉及分析与环境密切相关的姿势的模糊性，理解情感表现，对欺骗性意图与行动进行实时推理等。在这些方面，当前的人工智能与人类的表现差别悬殊。③还有前文提及的"心灵状态指派"问题。比如，某孩童摆弄武器的行为仅仅是出于嬉戏，还是出于真实的敌意？如果从外部行为判断一个目标的内部意图，我们面临的是如何处理大量信息的问题。④

基于目前技术的局限，许多学者反对开发完全自主，或者说可以自主决定是否可以开火的机器人。比如，坦布里尼（Guglielmo Tamburrini）认为，那种能够遵循人道主义法规，至少可以达到善良的人类战士表现水平的自主开火机器人，并不能在短时间内实现。设计这样的机器人还需要很长的时间，因此应该在军队里拒绝应用自主开火机器人。⑤前文提及的公开信，以及我国学者周志华教授的观点的实质即如此。

---

① 夏永红、李建会：《人工智能的框架问题及其解决策略》，《自然辩证法研究》，2018年第5期。

② "AI Complete," https://en.wikipedia.org/wiki/AI-complete.

③ Cordeschi Roberto and Tamburrini Guglielmo, "Intelligent Machines and Warfare," Magnani, Lorenzo edited. *Computing, Cognition and Philosophy* (London: College Publications, 2005), p.17.

④ 徐英瑾：《技术与正义：未来战争中的人工智能》，《人民论坛·学术前沿》，2016年第7期。

⑤ Tamburrini Guglielmo, "Robot Ethics: A View from the Philosophy of Science," Capurro Rafael and Nagenborg Michael edited, *Ethics and Robotics* (Heidelberg: IOS Press, 2009), p.18.

这里的关键问题是如何理解或确定军用机器人的自主性问题。帕特里克·林等人认为，机器的自主是指，机器一旦被启动，它就拥有在真实世界的环境中不受任何形式的外部控制而独立工作的能力，至少可以在某些工作领域运作较长时间。半自主或完全自主的机器人就是指这种意义上的自主性。① 瓦拉赫与艾伦强调，考虑到自主系统将彻底改变未来的战争行为，我们应该在全球范围内倡导这样一条原则，即机器人不应该发起致命的行动。②

2009 年，美国国防部在一份报告中高度评价了无人系统的重要作用，强调要大力发展无人系统。但是，报告同时也指出，因为国防部要遵守武装冲突法（law of armed conflict），因此需要解决许多与采用无人系统武器相关的问题。在未来相当长的时期内，无人系统关于决定是否扣动扳机，是否发射导弹等不会是完全自主的，仍然需要完全处于人类操作员的控制之下。③ 不过，同样在 2009 年，在美国空军发布的一份报告中指出，随着技术的快速发展，人类将逐渐退出观察（observe）、定位（orient）、决策（decide）、行动（act）的 OODA 环中（in the loop），而是转向在 OODA 环之上（on the loop），也就是监督某些决策的执行情况。④

---

① Lin Patrick, Bekey George and Abney Keith, "Autonomous Military Robotics: Risk, Ethics and Design," 2008 -12 -20, https://digitalcommons.calpoly.edu/cgi/viewcontent.cgi?article=1001&context=phil_fac. 这是一份由帕特里克·林等人完成，上交美国海军部的报告。报告指出，让自主军用机器人拥有人类战士那样的伦理行为能力还面临许多严峻的挑战。

② Wallach Wendell and Allen Colin, "Framing Robot Arms control," *Ethics and Information Technology*, 2013, Vol.15, No.2, pp.125-135.

③ Clapper James, et al. "FY2009-2034 Unmanned Systems Integrated Roadmap," p.10, https://www.globalsecurity.org/intell/library/reports/2009/dod-unmanned-systems-roadmap_2009-2034.pdf.

④ Donley Michael and Schwartz Norton, "Unmanned Aircraft Systems Flight Plan 2009-2047," 2009-5-18, p.41, https://fas.org/irp/program/collect/uas_2009.pdf.

从现实的角度看，我们可以通过国际公约等形式对军用机器人的自主程度进行限制。在此方面已有不少类似的国际公约，比如《禁止生物武器公约》《禁止化学武器公约》等。已有学者对自主机器人的国际治理的机制进行了探讨，倡导在运用致命自主机器人之前进行国际对话。[①] 在许多国家强调和平与发展的历史背景中，通过国际条约等形式对军用机器人进行某种限制是完全可能的，而且是必需的。

需要强调的是，在关于军用机器人的国际公约制定，包括伦理设计等技术研发等环节，必须突出强调科学家的社会责任。著名科学家爱因斯坦（Albert Einstein）曾说过："科学家对社会政治问题一般显得很少有兴趣。其原因在于脑力劳动的不幸的专门化，这造成了一种对政治和人类问题的盲目无知。"[②] 正如人类学家切尔奎（Daniela Cerqui）指出的那样，在研究机器人的科学家共同体当中，有的人对机器人伦理问题毫无兴趣，认为他们的行为完全是技术性的，也不认为他们的研究存在社会或道德责任。有的科学家只对短期伦理问题感兴趣，通常根据文化价值观和社会传统进行"好"或"坏"的伦理判断。当然，也有科学家关注长期的、世界性的伦理问题。[③]

我们已经看到，作为一种重要的技术发明，军用机器人可能对现代战争产生重要影响，也产生了一些亟待解决的伦理问题。对这些伦理问题的解答，其重要性可能并不亚于技术性问题的发展进步。为了使军用机器

---

① Marchant Gary, et al, "International Governance of Autonomous Military Robots," *The Columbia Science and Technology Law Review*, 2011, Vol.12, pp.272–315.

② 爱因斯坦：《爱因斯坦文集（第三卷）》，许良英、赵中立、张宣三译，北京：商务印书馆，2009，第 159 页。

③ Veruggio Gianmarco and Operto Fiorella, "Roboethics: a Bottom-up Interdisciplinary Discourse in the Field of Applied Ethics in Robotics," *International Review of Information Ethics*, 2012, Vol.6, No.12, pp.2–8.

人避免成为现代文明的“终结者”，包括科学家、伦理学家在内的各个领域的学者应该通力协作，共同解决需要面对的各种难题。必须强调指出的是，在军用机器人伦理研究方面，科学家担负着特别沉重的道义责任。

事实上，在关于军用机器人伦理的研究中，已经有一些科学家主动参与进来。比如，倡导对机器人进行伦理控制的夏基是英国谢菲尔德大学的计算机专家；① 《控制自主机器人的致命行为》的作者阿金是美国佐治亚理工学院的机器人专家；等等。我们期待着更多的科学家认识到自己的社会责任，积极主动地参与到军用机器人伦理的研究中来。

## 本章小结

在机器人技术快速发展以及世界各国均高度重视军用机器人研发的历史背景中，我们应该高度关注军用机器人可能引发的伦理冲突。虽然在战场上运用军用机器人的确有一定益处，但同时不可避免地会产生严重的伦理风险。虽然学者们就如何对军用机器人进行伦理规制提出了一些设想，但具体在军用机器人身上得以实现还有待时日。当下最紧要的任务可能是，就军用机器人的自主程度与运用范围等制定国际公约，至少应该保证军用机器人在人类的监管下运用，不能让机器人独立做出可能产生严重后果的重大决策。

---

① Sharkey Noel, “The Ethical Frontiers of Robotics,” *Science*, 2008, Vol.322, No.5909, pp.1800–1801.

# 第五章

# 情侣机器人

在各种各样的机器人当中，与人类发生亲密接触的“情侣机器人”是比较独特的一类。2011 年，《麻省理工科技评论》（*MIT Technology Review*）进行了一次民意调查，内容是关于人们与机器人相爱的思想的态度，19% 的人认为他们可能会爱上机器人，45% 的人认为不会，还有 36% 的人认为不确定。在 2013 年进行的有一千名美国成年人参加的调查中，有 9% 的人认为他们可能与机器人发生性行为。这些调查表明，已经有相当一部分人在认真思考人类与情侣机器人之间的关系问题。[①]2017 年 7 月 13 日，《自然》（*Nature*）杂志发表社论称，目前有四家公司（都在美国）在生产情侣机器人，但不清楚具体有多少人拥有情侣机器人。虽然目前的情侣机器人更像是玩偶（doll），而不像机器人，但人工智能与机器人技术的发展会推进情侣机器人的研发。[②] 本章试图就情侣机器人引发的、与传统的婚姻和性伦理相冲突的几个代表性问题进行论述，权作引玉之砖。

## 第一节<br>情侣机器人与婚姻伦理

目前，对机器人技术来说，机器人的人格化是一个重要的发展趋势。机器人不但可以满足人们的衣食住行等日常所需，还可以满足人们的情感需要。比如，为了更好地实现人机情感交互，目前仿人表情机器人的研究

---

① Nakatsu Ryohei, et al, *Handbook of Digital Games and Entertainment Technologies*. (Heidelberg: Springer, 2017), p.852.

② Editorials, “AI Love You,” *Nature*, 2017, Vol.547, Issue 7662, p.138.

得到世界各国研究人员的广泛关注。[①] 显然，这样的机器人可以与人交流感情，就像人与人之间的情感交流一样。如果人类与社会机器人产生了感情依赖，那么这种依赖可能与人类对手机、电脑等产品依赖完全不同。如果这种机器人是异性，而且从外形与性格等各个方面还是你喜欢的那种类型，你会选择机器人做你的伴侣或情人吗？这个问题似乎不再是科幻小说中虚构的问题，而是摆在人类面前的一个现实问题。

## 一、与传统婚姻伦理之冲突

如果人与机器人结婚的话，这种婚姻首先遇到的障碍就是传统婚姻伦理观念。首先，假如人与机器人之间产生爱情，这种爱情与人和人之间的爱情存在一定的差别。一般认为，婚姻的基础是爱情，爱情是保证婚姻幸福的必要条件。恩格斯指出："如果说只有以爱情为基础的婚姻才是合乎道德的，那么也只有继续保持爱情的婚姻才合乎道德。"[②] 在恩格斯看来，爱情是在一定社会经济文化背景下，两性间以共同的社会理想为基础，以平等的互爱和自愿承担相应的义务为前提，以渴望结成终身伴侣为目的，按照一定的道德标准结成的具有排他性和持久性的一种特殊关系。[③] 根据恩格斯对爱情的定义，与机器人结婚是不合适的。人类与机器人之间没有共同的社会理想；与机器人结婚，人们首先可能想到的是希望机器人多尽义务，人类居于支配地位，这显然是不平等的；排他性和持久性也令人怀

---

① 柯显信、尚宇峰、卢孔笔：《仿人情感交互表情机器人研究现状及关键技术分析》，《智能系统学报》，2013 年第 6 期。

② 恩格斯：《家庭、私有制和国家的起源》，北京：人民出版社，1999，第 84 页。

③ 周立梅：《试论当代中国婚姻家庭伦理关系的新变化》，《青海师范大学学报（哲社版）》，2006 年第 5 期。

疑，等等。

其次，现代一夫一妻制的婚姻伦理要求夫妻双方彼此忠诚，只有夫妻之间的性生活才是道德的。但是，如果已婚人士对自己的婚内性生活不是特别满意，或者因为工作、健康等原因不能过有规律的性生活，那么已经结婚的人是否会愿意接受自己的配偶拥有一个情侣机器人？这种做法是否破坏婚姻伦理要求的忠诚与专一？

第三，机器人伴侣的地位与权利问题。如果人与机器人组成家庭的话，与人类相比，这种机器人伴侣具有何种程度的道德地位？我们是否应该把他们看作与我们一样的“活生生的人”，还是某种程度的“活生生的人”？对于家庭所有成员来说，机器人伴侣又应该拥有哪些权利呢？现代婚姻伦理倡导婚姻自由，那么，在何种情况下，可以解除与机器人之间的婚姻关系？诸如此类的问题显然不可能一劳永逸地解决，需要我们更深入地进行探讨。

当然，与机器人之间的婚姻并不会对家庭财产继承等问题产生影响。恩格斯指出：专偶制的起源“决不是个人性爱的结果，它同个人性爱绝对没有关系，因为婚姻和以前一样仍然是权衡利害的婚姻。专偶制是不以自然条件为基础，而以经济条件为基础……丈夫在家庭中居于统治地位，以及生育只可能是他自己的并且应当能继承他的财产的子女”。[1] 机器人不太可能具有生育能力，而且机器人作为配偶具有的权利应该是很有限的。虽然机器人会越来越像人，但技术的发展最终是为人类服务的。虽然我们可以赋予机器人民事主体资格，但只局限于工具性人格的存在。[2] 正如第一章所讨论的那样，即使我们可以赋予机器人某种道德权利，但赋予其财产

① 恩格斯：《家庭、私有制和国家的起源》，北京：人民出版社，1999，第65—66页。
② 许中缘：《论智能机器人的工具性人格》，《法学评论》，2018年第5期。

权等法律权利在短期内似乎是不太可能的。

## 二、与宗教婚姻伦理之冲突

人和机器人之间的婚姻与传统宗教婚姻伦理思想也会发生激烈的冲突，其中最大的冲突可能是对宗教婚姻的神圣性的冲击。《圣经》“创世记”中说：“……神就用那人身上所取的肋骨，造成一个女人，领她到那人跟前。那人说：‘这是我骨中的骨，肉中的肉，可以称她为“女人”，因为她是从男人身上取出来的。’因此，人要离开父母，与妻子连合，二人成为一体。”《圣经》当中还有一些关于婚姻伦理的论述，不过“创世记”的这段话奠定了天主教、基督教婚姻伦理的本质与基本原则。也就是说，婚姻就是一男一女的亲密结合，是神创造的，也是神的启示。虽然机器人与人的差距在逐渐缩小，但目前人们仍然倾向于强调机器人作为“机器”的一面，并不把机器人看作是人类的“同类”，机器人并不是神创造的，人与机器人的结合显然是与神的启示相违背的。

在伊斯兰教的婚姻伦理中，一般要求结婚的男女双方都是穆斯林，也就是要求有共同的宗教信仰。但是，对于机器人来说，它的宗教信仰如何确定？如果可以根据机器人内在的程序内容确定它的宗教信仰，但这种信仰在多大程度上可以被人们所接受呢？另外，关于夫妻双方的彼此忠诚、机器人伴侣的地位与权利等问题，在包括基督教、天主教和伊斯兰教在内的许多宗教婚姻伦理中可能产生更尖锐的冲突。比如，有学者从伊斯兰教的角度考察了情侣机器人的伦理与法律影响，认为与情侣机器人之间的性行为是不道德的，不符合伦理的，是对婚姻的侮辱，也是对人的不尊重。他们认为，婚姻是男性与女性之间的结合，任何与机器人之间的婚约和性行为都应该被看作是犯罪与罪恶。因此，根据伊斯兰教法规，与机器人之间的婚约是应该受到惩罚的犯罪。在他们看来，机器人是个人财产，人们有权享用机器人，但人们对其的使用应该有伦理的限度，需要采取必要的预防措施来阻止情侣机器人可能产生的负面影响。①

## 三、技术困难与谨慎乐观

从心理学角度看，“恐怖谷”理论可能是人们接受机器人伴侣的主要障碍之一。就目前的技术水平而言，还难以实现跨越“恐怖谷”，而主要是使人与机器人的相似度处于“恐怖谷”左边，从而避免出现“恐怖谷”效应（参见第二章图 2-1）。另外，目前要实现与人类良好互动的社会机器人技术还存在一些技术困难。比如，由于人类社会环境总是处于不断的变化之中，机器人如何应对人类环境的动态变化？相应的问题是，机器人如何拥有终身学习的能力？达到这样的目标需要机器人具有一定的创造能力，那么这种创造能力如何实现？机器人如何精确地识别人类的情感？等等。② 虽然存在这些问题，但机器人技术专家普遍认为这些问题是可以逐步得到解决的。反过来，“恐怖谷”理论也说明，虽然人们接受机器人伴侣可能存在一定的困难，特别是在“恐怖谷”的区域尤其突出，但是，随着社会机器人与人的相似度的提高，这种困难是有可能得到解决的。

尽管选择机器人作为伴侣对很多人来说是不可思议的，比如有学者认

① Amuda Yusuff and Tijani Ismaila, “Ethical and Legal Implications of Sex Robot: An Islamic Perspective,” *OIDA International Journal of Sustainable Development*, 2012, Vol.3, No.6, pp.19–27.

② Riek Laurel, “The Social Co-Robotics Problem Space: Six Key Challenges,” http://papers.laurelriek.org/riek-rss13.pdf.

为与机器人结婚是一种不正常的心态，① 但有的学者还是持非常乐观的态度，其中最典型的代表是利维（David Levy）。他认为，到2050年左右，在取得大量技术进步的基础上，选择机器人作为伴侣对人类来说具有巨大的吸引力，因为机器人伴侣拥有很多才能与能力：他们将拥有与人类相爱的能力，拥有浪漫的吸引力，还可以满足人类在性生活方面的需求。人类将会与机器人相爱、结婚、发生性行为，甚至，与机器人相爱就像跟其他人相爱一样正常。当然，机器人将改变人类关于爱情和性的概念。②

人人都需要爱与被爱，但很多人却没有相爱的对象，情侣机器人可以满足人类的这种需求，特别是对于那些在现实生活中找不到伴侣的人来说会更为受益，由此也可能会产生一些对社会与个人都有益处的效应。但是，由此引发的伦理问题也是非常尖锐的。正是由于与机器人的婚姻会导致尖锐的伦理问题（当然还有更困难的法律问题），人们接受起来有相当的困难，因此我们认为在短时期内还是难以实现的。

不过，虽然伦理规范通常滞后于科技发展，但最终总会随之调整与改变。对于未来的婚姻伦理，恩格斯说："对于今日人们认为他们应该做的一切，他们都将不去理会，他们自己将做出他们自己的实践，并且造成他们的据此来衡量的关于各人实践的社会舆论——如此而已。"③ 托夫勒（Alvin Toffler）认为："在第三次浪潮文明时期，家庭将长期没有一个单一的模式。相反，我们将看到高度多样化的家庭结构。广大人民群众将不再生活在统一的家庭模式中，而是沿着个人爱好，或者'已经习惯了的'轨

---

① 林德宏：《人与机器：高科技的本质与人文精神的复兴》，南京：江苏教育出版社，1999，第171页。

② Levy David, *Love + Sex with Robots: the Evolution of Human-Robot Relationships* (New York: HarperCollins Publishers, 2007), pp.21–22.

③ 恩格斯：《家庭、私有制和国家的起源》，北京：人民出版社，1999，第85页。

道，在新制度下度过他们的一生。”[1] 虽然现代社会并没有出现托夫勒所说的“高度多样化的家庭结构”，但现代社会的家庭结构确实跟以前有相当大的变化，情侣机器人的出现可能导致现代社会家庭结构产生更深刻的变化。

## 第二节 情侣机器人与性伦理

性道德的一般原则主要包括禁规原则、生育原则、婚姻性爱原则、私事原则以及无伤原则等。[2] 人与机器人之间的性关系可能主要与性道德当中的生育原则、婚姻性爱原则与无伤原则等发生冲突。

### 一、道德的，还是非道德的？

人类的性行为具有自然属性和社会属性。对于情侣机器人本身来说，它只具有自然属性，不具有社会属性（当然，我们也可以把按照伦理规范设计的情侣机器人看作是具有社会属性的）。但是，一旦人与之发生了联系，人与情侣机器人之间的行为也就具有了社会属性，也要受各种伦理规范、风俗习惯的影响与制约。

---

① 托夫勒：《第三次浪潮》，朱志焱、潘琪、张焱译，北京：新华出版社，1996，第237页。
② 安云凤：《性伦理学新论》，北京：首都师范大学出版社，2002，第109页。

目前（以及在未来的一段时期内），机器人可能不会具备生育的功能，人类与机器人之间的性关系也就无法体现出生育原则。在机器人技术发展到相当成熟之前，人类不大可能与机器人结婚。在这种情况下，人与机器人之间的性关系在很大程度上主要是为了满足人类在性生活方面的生理需要。因此，这种性关系与恩格斯论述的现代性爱的特点是完全不同的。恩格斯指出："现代的性爱，同古代人的单纯的性要求，同厄洛斯［情欲］，是根本不同的。"① 那么，这种性关系是道德的吗？与机器人之间的性行为是否就是道德沦丧的表现？

也可能有人会说，人类与机器人之间是否发生性关系是个人的权利与自由。孟子说"食色，性也"，性的需要乃是人的本性。1999 年，世界性学会发表了一份关于性权利的正式宣言，宣言中指出："性是构成每个人人格完整的一个部分。……性权利是一种普遍的权利，它基于天生的自由，尊严和全体人类的平等。因为健康是根本的人权，那么性健康一定是基本的人权。"② 有学者将性权利界定为，在不妨害社会秩序和他人性权利正常行使的前提下，自然人为了实现个人的性利益而按照自己的意愿行使的性方面权利，以及排除他人妨害的资格。③ 根据这种界定，只要不违背相应的社会伦理规范，人与机器人之间的性行为可以被看作是个人实现自己性权利的一种方式。对于未婚人士如此，对于已婚人士（如果其行为得到配偶的同意）亦如此。另外，与机器人之间的性行为是个人的性自由，只要不危害到其他人，不违背现有的法律与道德，别人就没有干涉的权力。

---

① 恩格斯：《家庭、私有制和国家的起源》，北京：人民出版社，1999，第 79 页。

② 科尔曼：《在新千年里性健康和性权利的发展和展望》，周福春译，《中国性科学》，2003 年第 2 期。

③ 何立荣、王蓓：《性权利概念探析》，《学术论坛》，2012 年第 9 期。

而且，现代人性权利的意识逐渐增强。有学者认为，性是一种人权，是为每个人所独自享有的人权；人是一种性存在，人的尊严与性的尊严是密切相关不可分割的。[①] 现实社会中，夫妻之间因为性生活不和谐而离婚在影响离婚的因素中占有相当的比例。如果夫妻之间可以通过机器人来缓解性生活不和谐的矛盾，从而维护家庭的稳定，那么与机器人之间的性行为就并非是不道德的。

毋庸置疑，必要的性生活对于缓解成年人的心理和生理压力都是必需的。中国历史上曾经有过较强的性张力，近几十年来国人承受的性张力已大为减弱，但性张力仍然存在着。[②] 显然，情侣机器人对于缓解性张力的确可以起到一定的作用。而且，人类与机器人的性关系还有着其他方面的益处。比如，在一定程度上可以减少性犯罪的数量，降低通过性途径传播疾病的可能性，减轻由于缺乏伴侣而导致的个人心理问题，作为性教育的一种手段帮助人们更好地掌握性技巧，克服某些患者的性心理障碍，等等。

另外，情侣机器人对于人们在治疗性功能问题、性行为焦虑等方面可以发挥一定的作用。调查研究表明，有性功能阻碍的人宁愿选择情侣机器人的服务，而不愿意寻求专业人士的帮助或其他方式的服务。[③] 情侣机器人可以为身体或精神上的伤残人士提供特别的、经常无法得到满足的性需求。情侣机器人的使用还可能降低通奸、卖淫等现象。因此，有学者认为，虽然与情侣机器人之间的性行为可能会产生一些负面影响，但可以被

---

① 赵合俊：《性权利的历史演变》，《中华女子学院学报》，2007 年第 3 期。

② 江晓原：《性张力下的中国人》，上海：华东师范大学出版社，2011，第 245 页。

③ Sharkey Noel, et al, “Our Sexual Future with Robots,” pp.24–25, https://responsible-robotics-myxf6pn3xr.netdna-ssl.com/wp-content/uploads/2017/11/FRR-Consultation-Report-Our-Sexual-Future-with-robots-.pdf.

看作是人类性行为的一种安全和有益健康的补充。①

正如弗洛伊德（Sigmund Freud）所说的那样，人类的性本能并不仅仅是为了生育，而且还为了获得某种快感。② 既然如此，人与机器人之间的性关系就不能简单地说是不道德的。对于已婚人士来说，如果夫妻一方（或双方）同意自己的配偶拥有一个情侣机器人，别人似乎并无干涉的必要。而且，相对于婚外恋、一夜情、包“二奶”等人们普遍认为是不道德的行为而言，与情侣机器人之间的性行为似乎要“道德”一些。根据《2017 年社会服务发展统计公报》③，我国离婚率连年上升。根据 2015 年黑龙江省妇女研究所公布的黑龙江省离婚问题调查结果显示，在引发婚姻危机的原因中，原来高居首位的家庭暴力已退居第三位，而婚外情以 78.5% 位于第一位。④ 如果情侣机器人可以在一定程度上降低婚外情、一夜情等人们普遍反对的现象，其积极作用就是应该肯定的。

但是，还是有一些问题值得我们深入探讨。比如，是否应该鼓励年轻人与机器人发生性行为？如果说“性爱按其本性来说就是排他的”⑤，那么人与机器人之间的性关系是否应该具有排他性？也就是说，是否可以接受一个人拥有多个情侣机器人？不同的人是否可以共享、出借与交换情侣机器人？是否可以对同性恋者提供情侣机器人？等等。比如，同性恋一般为人们所反对，但有的国家和地区已经允许同性结婚，这些情况自

---

① Doring N and Poschl S, “Sex Toys, Sex Dolls, Sex Robots: Our Under-researched Bed-fellows,” *Sexologies*, 2018, Vol.27, No.3, pp.51-55.

② 弗洛伊德：《弗洛伊德性学经典》，王秋阳译，武汉：武汉大学出版社，2012，第 171 页。

③《2017 年社会服务发展统计公报》, http://www.mca.gov.cn/article/sj/tjgb/201808/20180800010446.shtml.

④ 李雨潼：《东北地区离婚率全国居首的原因分析》，《人口学刊》，2018 年第 5 期。

⑤ 恩格斯：《家庭、私有制和国家的起源》，北京：人民出版社，1999，第 84 页。

然需要具体问题具体分析。

## 二、虚拟的爱情与滥用问题

情侣机器人可以帮助一些不善于社交或者有某种心理障碍的成年人实现他们的性权利，缓解性张力，这是积极和有利的一面。但是，如果人们长期与情侣机器人相处，这种“虚拟的爱情”是否是一种欺骗？有人认为，机器人会欺骗人们去爱它们，事实上无论人们把何种社交技巧植入机器人，其实都是一种错觉，只不过利用精巧的设计使得人们轻信机器人而已；这可能会使人们生活在一个混乱的世界之中，并影响我们做出更准确的判断。①

人与机器人之间的爱情是否会进一步影响他们与其他人交往的能力，阻碍他们培养融入社会的能力与技能，并影响他们拥有正常人的恋爱与婚姻？政府与公众是否有权阻止这种现象发生？马克思主义认为，人的本质在于人的社会属性，如果人脱离社会，对于人的全面发展与社会进步都是不利的。从伦理学的角度看，人与社会的脱离是不道德的，也是应当避免的。

有学者认为，制造情侣机器人并模仿与人类的爱情，由此产生的对人类心理状态的操控应该有伦理界限。如果机器人使得人与人之间的关系越来越疏远，那我们就应当对其持谨慎态度。在对机器人的设计中，为了使机器人与人产生亲密联系，就把机器人设计得与人非常相像，我们应该对

---

① Koerth-Baker Maggie, “How Robots Can Trick You into Loving Them,” *The New York Times*, 2013-9-17, 关于人类与机器人之间的欺骗问题，我们在下一章稍微详细讨论。

这种模仿设计策略保持谨慎。机器人并不能真正地满足我们的生理与情感需要，而且对我们的道德进步毫无助益。①

另一个重要的问题是，我们是否可以用那种对人类来说非道德的方式，来对待情侣机器人？或者说，我们是否可以滥用与虐待情侣机器人？如果可以的话，我们能够接受这种滥用与虐待的限度又如何？如果不可以的话，对这种行为又该如何进行约束或处罚？与此类似的情况已经发生，比如对人机交互技术的滥用。② 对情侣机器人持批评态度的人也主要是基于这些方面的原因来反对支持者的意见。“反对情侣机器人运动”（Campaign Against Sex Robots）的创始人，英国德蒙福特大学机器人伦理学研究人员理查德森（Kathleen Richardson）认为，我们不能把性看作器具，也不能把女性看作客体；人类与机器人之间性经历的自动化，会把性爱与人性割裂开来，从而加剧客体化与滥用的倾向。③

惠特比（Blay Whitby）的“车隐喻”很好地说明了这个问题。他认为，人类不应该虐待机器人。他用轿车与机器人进行比较：轿车是个人的私有财产，即使没有针对虐待轿车的道德判断，通常情况下轿车的设计者和使用者都以友好的方式对待它。机器人在外表、行为与功能等方面与人类很相似，人类更不应该虐待它。如果有人以道德上会受到谴责的方式去

---

① Sullins John, “Robots, Love and Sex: The Ethics of Building a Love Machine,” *IEEE Transactions on Affective Computing*, 2012, Vol.3, No.4, pp.398–409.

② Angeli Antonella De, et al. “Misuse and Abuse of Interactive Technologies,” http://www.brahnam.info/papers/EN1955.pdf.

③ Richardson Kathleen, “Is It Ethical to Have Sex with a Robot?” *Time*, February 27, 2017, p.104. 理查德森进一步认为，我们不但不应该使用情侣机器人，而且把机器人看作同伴也是不对的。机器人被想象成为一种直接的互动对象，但人不是机器，当人们面对机器时，无法投入全部的人性。See Richardson Kathleen, “Sex Robot Matters,” *IEEE Technology and Society Magazine*, 2016, Vol.35, No.2, pp.46–53.

虐待机器人，那么他们也可能会虐待其他人，这显然是不道德的。另外，如果人们在一定程度上容忍对机器人的虐待，那么在现实生活中对各种暴力行为可能就会麻木不仁。①

也可能会有人认为，对机器人的虐待行为可以缓解与发泄个人的精神压抑与紧张情绪，从而降低在社会现实中可能导致的对自己以及他人的伤害。这种思想从表面上看似乎是道德的，但实际效果可能并不尽如人意。研究表明，对儿童和青少年来说，玩暴力视频游戏可能会导致暴力行为。同时，接触暴力视频游戏会在心理上刺激起与暴力行为相关的思想和情感。② 当然，成年人的自我控制能力要比儿童和青少年强一些，但这种研究结果值得我们借鉴。同时，这也提醒情侣机器人的销售商，不能将其产品出售给未成年人。

对于如何处理人类与机器人的关系问题，虽然还没有建立起公认的伦理道德规范，但人类与机器人的和谐相处应该是最基本的原则之一。从技术伦理的角度看，“和谐”是一个具有形式的、普遍的约束力的伦理理想和原则，也是实质性的、能够对技术活动提供指导的规范和战略。③ 因此，和谐的思想可以作为处理人与机器人相处的基本原则。为了实现这样的目标，避免对机器人的虐待行为，既需要机器人的使用者遵守一定的道德规范，也需要在机器人设计方面建立某些规范。

---

① Whitby Blay, “Sometimes it’s Hard to be a Robot: A Call for Action on the Ethics of Abusing Artificial Agents,” *Interacting with Computers*, 2008, Vol.20, pp.326-333.

② Anderson Craig and Bushman Brad, “Effects of Violent Video Games on Aggressive Behavior, Aggressive Cognition, Aggressive Affect, Physiological Arousal, and Prosocial Behavior: A Meta-Analytic Review of the Scientific Literature,” *Psychological Science*, 2001, Vol.12, No.5, pp.353-359.

③ 王前：《技术伦理通论》，北京：中国人民大学出版社，2011，第 49 页。

# 第三节
# 应对策略

技术应用具有不确定性、不可预测性，技术行为可能引起对人有利的变化，也可能引起对人不利的变化，也就是所谓的“双刃剑效应”。① 从前述可见，情侣机器人技术同样也具有明显的双刃剑效应。它既可能产生一些积极的正面效应，也可以导致一些消极的负面效应，并产生了一些亟须面对的伦理问题。

技术应用导致的负面效应主要责任在人，对于情侣机器人而言，至少包括哲学家、设计者、制造商与使用者。首先，对于哲学家与伦理学家来说，需要全面、细致地考察情侣机器人带来的各种伦理问题，根据不同的文化传统、风俗习惯与法律法规建立针对情侣机器人的伦理规范与原则，并根据机器人技术的不同发展状态进行调整与改进。伦理学家应当发挥技术伦理研究的规范性功能，从理论上澄清什么是道德的，什么是不道德的。更进一步，伦理学家还需要考虑“如何将相关的伦理原则与思想应用到机器人技术当中去”的问题。较为详细的讨论参见第二章和第八章的内容。

其次，对于机器人的研究者与设计者来说，要意识到自己的社会责任，积极主动地对机器人进行伦理设计。随着社会的发展，科技伦理问题越来越多，科学家与政治家需要越来越关心伦理问题，② 对于机器人技术来说更是如此。科学家应该意识到，科学与伦理有着不同的选择与评价标

---

① 林德宏：《“双刃剑”解读》，《自然辩证法研究》，2002 年第 10 期。

② 江晓原、刘兵：《伦理能不能管科学》，上海：华东师范大学出版社，2009，第 10 页。

准，在进行机器人设计时，应该将科学与伦理结合起来，而不只是在科学的范围内从事研究。虽然相应的研究才刚刚开始，但已经显示出科学家对自己的社会责任的自觉。另外，如何把伦理学理论应用于机器人技术的实践，需要伦理学家与科学家之间的通力合作。

在对情侣机器人的伦理设计没有很好地实现之前，科学家对情侣机器人的商业开发应该持谨慎态度。就像著名科学家维纳（Norbert Wiener）谈到控制论的发展及其可能产生的影响时所说的那样，“我们促进了一个新的科学的发轫，这门新科学，我已经说过，包含着这样的技术发展，它具有为善和作恶的巨大可能性。……我们甚至无法制止这些新技术的发展。它们属于这个时代。我们中间任何人所能做的最高限度，是制止把这方面的发展交到那些最不负责任和最唯利是图的工程师的手中去。”①

第三，对于制造商来说，也需要承担相应的社会责任，不能纯粹以追求利润为目的。追求商业利益对于机器人制造商来说是理所应当的，但不能纯粹迎合人们的需要，去取悦使用者，实现利润的最大化。制造商应该主动要求对情侣机器人进行伦理控制，并优先生产符合一定伦理规范的情侣机器人。在产品销售时，对销售对象进行一定的限制，特别是限制未成年人购买。

第四，能否让情侣机器人更好地为人类服务，使用者的道德修养亦至为重要。就人与机器人的性行为来说，既存在增进人的性福、缓解性张力的益处，也存在被人滥用的可能。最终的效应究竟如何，在很大程度上取决于使用者本身。在处理人与情侣机器人之间的关系时，至少应该遵循“健康、节制、尊重、不伤害”的原则。我们也可以认为，与机器人之间

---

① 维纳：《控制论：或关于在动物和机器中控制和通信的科学》，郝季仁译，北京：北京大学出版社，2007，第 30 页。

的性行为是人类正常社会生活的一种补充或无奈之举，而不应该鼓励把情侣机器人作为首要或优先选择。

另外，人类的性行为与动物的性行为的一个重要区别就在于可控制性。斯宾诺莎认为，理性与心灵的力量可以克制感情；[①] 弗洛伊德认为，性欲是可以控制的，“我们的文明是建立在对个体性本能的压制之上的”，并强调将个人的性本能用于升华。[②] 可见，哲学家与心理学家都不主张纵欲。而且，人类两性关系的文明程度是衡量人类文明发展水平的重要尺度，性文明折射出人的文明和教养程度。[③] 拥有情侣机器人的成年人与其机器人伴侣之间关系的文明程度也是衡量个人道德修养的一种尺度。我们肯定个人性权利的合理性，并不赞成与鼓励没有限制的性自由，更不是认为人对情侣机器人可以为所欲为。也就是说，人与情侣机器人之间的性行为，其主要目的应该是维护个人合理的性权利、保证个人性健康与家庭和谐稳定，这些目的也可以成为衡量人与情侣机器人之间关系的伦理尺度。

## 本章小结

综上可见，人类选择机器人作为伴侣确实会引发一系列与婚姻伦理、性伦理密切相关的问题，相应的道德规范也亟需建立起来，同时还涉及一些法律问题，需要我们认真思考与对待。本章的目的不是解决问题，而仅

① 斯宾诺莎:《伦理学》，贺麟译，北京：商务印书馆，1983，第236—251页。
② 弗洛伊德:《弗洛伊德性学经典》，王秋阳译，武汉：武汉大学出版社，2012，第170页。
③ 安云凤、李金和:《性权利的文明尺度》，《哲学动态》，2008年第10期。

仅是提出了一些代表性的问题，相关的研究与争论才刚刚开始。本章的论证表明，简单粗暴地禁止情侣机器人显然是不可行的，我们需要积极主动地应对情侣机器人可能产生的种种伦理问题。

情侣机器人所引发的伦理问题涉及社会生活的许多方面，不是仅靠纯粹的学术研究就可以很好地解决的，我们希望更多的人（包括普通民众）参与到相关的问题讨论当中来。无论如何，相应的法律规定、设计原则以及伦理规范对于情侣机器人的设计、生产与使用显然是必需的。对于情侣机器人的设计者与开发者来说，相关的伦理研究更是一个十分紧迫的任务。

# 第六章

# 助老机器人

现代人工智能技术为我们带来种种益处的同时，也引发了各种伦理问题，助老机器人亦不例外。西方学者围绕助老机器人的伦理问题发表了相当多的研究论著，同时也引起了我国学者的关注。[①] 许多学者担心助老机器人可能产生种种伦理风险，这对于我们反思助老机器人如何更好地为人类服务提供了重要的思想资源。不过，在老龄化社会中，助老机器人的使用是大势所趋。2015 年 4 月，国家发展改革委、民政部和老龄委等部门联合下发《关于进一步做好养老服务业发展有关工作的通知》，其中第六条提出要“积极推动养老服务业创新发展”，“将信息技术、人工智能和互联网思维与居家养老服务机制建设相融合，对传统业态养老服务进行升级改造。”[②] 因此，助老机器人将在未来的智能养老体系中发挥重要作用。本章试图对助老机器人的应用进行伦理辩护，并就解决助老机器人可能引发的伦理风险提出某些伦理治理策略。

## 第一节
## 社会需求与研发现状

人口的老龄化是世界许多国家人口发展的普遍规律。2000 年，全世界 60 岁以上的老年人口有 5.91 亿，其中 21% 以上在中国；据预测，2040 年世界 60 岁及以上老年人口将达到近 17 亿，大约有 1/4（3.95 亿）在中

---

① 李小燕：《老人护理机器人伦理风险探析》，《东北大学学报（社会科学版）》，2015 年第 6 期。

② 关于进一步做好养老服务业发展有关工作的通知，http://www.mca.gov.cn/article/zwgk/fvfg/shflhshsw/201504/20150400809037.shtml。

国。[①] 根据2010年第六次全国人口普查公布的数据，我国60岁及以上人口为1.776亿，占13.26%，比2000年第五次全国人口普查上升2.93个百分点。[②] 根据《2017年国民经济和社会发展统计公报》，2017年末，我国60周岁及以上的老人有2.41亿，占17.3%，65周岁及以上有1.58亿，占11.4%。在北京、上海等大城市，人口老龄化程度更高，年轻人的工作压力相对中小城市更大，因此养老问题更为突出。

随着老年人口的增加，社会养老负担日益加大，对护理人员的需求也逐渐增加，而社会上能够从事护理工作的人员总量有限，远不能满足老龄化社会的需要。同时，随着人工智能、计算机与机器人等科学技术的快速发展，机器人功能日益强大，机器人产业随之蓬勃兴起，人们很自然地把机器人应用到老人的护理与照料的事务当中。不少国家和地区还制定了专门的发展规划。比如，2015年6月16日，北京市科委制定了《关于促进北京市智能机器人科技创新与成果转化工作的意见》，强调要重点推广服务机器人在医疗、养老、康复等领域的应用，要面向医疗康复养老服务领域，着力突破各种关键技术。[③]2016年6月27日，东方网记者报道，在当天举行的“2015幸福9号·新民智能+养老高峰论坛”上，上海市民政局副局长蒋蕊表示，上海已经进入深度老龄化阶段，传统的家庭养老模式因此不堪重负。论坛上提出“拥抱智能+养老3.0时代”的概念：家庭医生远程治疗，机器人照顾起居……这些或将取代传统的家庭照料。[④] 人们

① 鲍思顿、顾宝昌、罗华：《生育与死亡转变对人口老龄化和老年抚养的影响》，《中国人口科学》，2005年第1期。

② 2010年第六次全国人口普查主要数据公报，http://www.gov.cn/test/2012-04/20/content_2118413.htm。

③ 北京市科学技术委员会关于促进北京市智能机器人科技创新与成果转化工作的意见，http://www.bjkw.gov.cn/n8785584/n8904761/n8904840/n8917315/n8917420/10339894.html。

④ 上海每3人就有1个老人，智能化或成为养老新模式，http://news.163.com/15/0627/20/AT53MQGS00014AEE.html。

普遍认为，在未来的智能养老实践中，机器人将扮演着主力军的角色。

目前，包括中国在内的许多国家开发了各种各样的机器人，其中相当一部分机器人可以适用于老年人。根据助老机器人功能的多寡，可以分为单一功能助老机器人与多功能助老机器人。① 单一功能的机器人可以满足老人某种特定的需要。比如日本开发的“喂饭机器人”（my spoon），该型机器人适用于一日三餐各种食物，也不需要对食物进行特殊包装。② 英国开发的保洁机器人 iRobot 可以帮助人们完成吸尘、地板清扫擦洗和清理水沟等事务。③ 机器人宠物可以陪伴老人，娱乐机器人可以给老人带来快乐。比如，日本索尼公司开发的机器人宠物狗 AIBO 上市之后，得到许多老人（包括小孩子）的喜爱。

比较先进的多功能助老机器人是德国的 Care-O-bot 4 机器人研发平台开发的。该平台开发的机器人可以满足人类的许多日常生活需要，比如分发食物饮料、协助做饭、打扫卫生、搬运物品。该平台还有专门针对老人开发的 SRS 机器人，以满足老人单独在家的护理需求。④ 欧盟资助的陪伴系统（Accompany System）将机器人的陪伴作为智能环境的组成部分，以一种积极的、社会能够接受的方式为老人提供各种服务，以便于他们能够独立在家生活。陪伴系统将为老人提供日常家庭生活所需的各种帮助，并协助他们能够独立完成某些任务。⑤ 还有与此类似的“Hobbit”计划，同样是为了提升老人的生活质量，提高他们在自己家里的独立生活能力。⑥

① 许多机器人的使用对象不一定限于老人，为便于讨论，本书对机器人并不严格进行分类，将可能对老人有用的机器人均称为助老机器人。

② http://www.secom.co.jp/english/myspoon/index.html.

③ http://www.irobot.co.uk/Store/Robots.

④ http://www.care-o-bot-4.de/.

⑤ “About Accompany project,” http://rehabilitationrobotics.net/cms2/node/6.

⑥ “Hobbit-The Mutual Care Robot,” http://hobbit.acin.tuwien.ac.at/index.html.

我国同样非常重视助老助残机器人的研发，但跟国外的产业发展与技术水平相比仍有一定的差距。①

我们注意到，许多企业在宣传自己的机器人产品时，普遍显得比较自信。比如，美国 Acrotek 公司在网站上声称：“Actron MentorBot™ 可帮助父母照顾孩子，而不需要雇用保姆或家庭教师。……该款机器人也可以用来陪伴家里的老人，并为其服务。它可以监护老人，提醒他们吃药、进餐，当老人出状况时向你报警。当你爱的人迷路时，它还可以给管理部门拨打电话并报告问题，或者给你打电话。”②

同时，从事机器人技术研发的科研人员对助老机器人的应用前景充满信心。比如，北京航空航天大学机器人研究所的科研人员认为：“助老助残机器人综合应用平台应从老年人的生活服务、医疗保健、交流学习、安全监护四个方面的需求出发，充分考虑老人的生理与心理特点，创造适合老人居住的舒适、便利、安全、健康的居住环境，尽可能地提高其生活自理能力与生活质量，减轻家庭和社会的负担。”③

与此类似，新闻媒体的相关报道也基本上持积极和乐观的态度。有学者对德国 2000 年至 2010 年间的纸质媒体上报道的医疗保健机器人情况进行了统计分析，结果发现大多数报道文章都持积极的态度，认为医疗保健机器人对病人、医护人员以及社会都有益处。④ 我国新闻媒体上关

---

① 邓志东、程振波：《我国助老助残机器人产业与技术发展现状调研》，《机器人技术与应用》，2009 年第 2 期。

② http://www.hellotrade.com/acrotek/mentorbot-robot.html.

③ 陈殿生，等：《助老助残机器人综合应用展示平台——展示全方位科技养老》，《机器人技术与应用》，2013 年第 1 期。

④ Laryionava Katsiaryna and Gross Dominik, “Deus Ex Machina or E-Slave?” in “Public Perception of Healthcare Robotics in the German Print Media”, *International Journal of Technology Assessment in Health Care*, 2012, Vol.28, No.3, pp.265–270.

于助老机器人的报告基本上也持乐观态度。比如，2012 年 4 月 4 日，《中国科学报》报道，我国“863”计划先进制造技术领域服务机器人重点项目“可穿戴型助残助老智能机器人示范平台”在智能所顺利通过专家组现场验收。报道指出：“可穿戴型助残助老智能机器人示范平台能够帮助行动困难的残疾人或者老年人自理生活和自主工作，有效减轻社会和家庭压力，具有重要的应用意义和社会效益。同时，项目相关研究成果在人体生物力学、重体力工作、医疗、制造业和娱乐等领域具有广阔的应用前景。”①

## 第二节 可能的社会效益

在社会需求的刺激下，在国家与企业的积极推动下，助老机器人在将来的相当长一段时间内会经历一个快速发展时期。总的来说，助老机器人可能产生的社会效益主要包括以下几个方面。

### 一、机器人本身的优点

与人类护工相比，助老机器人的优点至少表现为以下几个方面。第一，机器人可以 24 小时全天候为老人服务，几乎不受时间、地点限制，

① 张楠：《可穿戴型助残助老机器人问世》，《中国科学报》，2012 年 4 月 4 日，http://news.sciencenet.cn/htmlnews/2012/4/262224.shtm.

而人类护工或老人的家人完全不具备这种优势。第二，各种各样的机器人可以满足老人的各种需要，提高老人的生活质量，甚至可以根据老人的需要定制机器人，人类护工则难以做到这一点。第三，可以避免人类护工可能产生的虐待现象，使老人的护理质量更有保障。对于常见诸报端的虐待老人现象，人们通常的反应是求助于法律，并对施虐者进行道德谴责，但助老机器人完全不需要人们考虑这方面的问题。

除了助老机器人之外，还有许多助老医疗技术与设备可以帮助老人独立生活，比如远程护理可以克服老人与医护人员之间的空间局限，帮助老人在家就可以获得医疗保健服务。但是，助老机器人与相关的医疗设备相比有更大的优势性。比如，助老机器人的适用面更广，功能更为强大。相当多的助老医疗技术与设备主要是针对病人开发的，而助老机器人不仅适用于生病或体弱的老人，也适用于身体健康的老人。更重要的是，助老机器人不仅可以满足老人的医疗需要，也可以满足老人日常生活的各种需要，这也是世界各国努力开发助老机器人的基本目标。

## 二、对老人的益处

首先，可以满足老人的日常基本生活需要。根据前一部分提及的助老机器人研发现状可以看到，机器人可以帮助老人做饭、就餐、吃药、端茶、洗澡、穿衣、出行，等等，满足老人日常生活的种种需要。而且，机器人的护理可以做到以老人的需要为中心，充分满足老人的意愿，真正体现老人的主体性，使老人过着有尊严的生活。

第二，满足老人社会联系需要。研究表明，较多的社会交流与互动，对于老人的健康至关重要。英国学者对近千名 65 岁以上老人的调查发现，超过 80% 的老人认为“良好的社会关系”有助于提高生活质量，位于影响生活质量的各种因素之首。[①] 美国学者威尔逊（Robert Wilson）等人对芝加哥总共 823 名老人长达四年多的跟踪研究表明，孤独（loneliness）虽然不是导致老年痴呆的直接原因，但会增加患病的风险。具体地说，孤独的老人患老年痴呆的可能性比那些不孤单的老人增加一倍以上，即使他们并不是完全与世隔绝。[②]

目前，我国空巢老年人口占老年总人口的一半。将来空巢老年人口现象将更加普遍，预计在老年人口中的比例将突破 70%。[③] 在空巢老人中，独居老人占老年人总数的近 10%。[④] 加强空巢老人特别是独居老人的社会联系，对于老人的健康的重要性是不言而喻的。助老机器人可以加强老人与外界的联系，特别是我国许多老人不能熟练地应用电脑、手机等电子设备，而更加智能化的机器人可以更方便地帮助老人与外界、家人和朋友保持联系。比如，机器人可以协助老人与其他人进行视频通话，加强老人与他人的交流，便捷的交流方式甚至还可以进一步激起老人与社会交流的愿望。如果老人希望外出活动，机器人也可以帮助老人出行，乘坐电梯与交通工具等等。另一方面，随着机器人智能化水平的提高，老人可以直接与机器人进行互动，这种互动在一定程度上可以代替老人与外界的联系。而且，研究表明，如果有人类护工或其他人在场的话，机器人还可以作为一

---

① Bowling Ann and Gabriel Zahava, “An Integrational Model of Quality of Life in Older Age. Results from the ESRC/MRC HSRC Quality of Life Survey in Britain,” *Social Indicators Research*, 2004, Vol.69, No.1, pp.1–36.

② Wilson Robert, et al. “Loneliness and Risk of Alzheimer Disease,” *Archives of General Psychiatry*, 2007, Vol.64, Issue 2, pp.234–240.

③ 吴玉韶、党俊武：《中国老龄产业发展报告（2014）》，北京：社会科学文献出版社，2014，第 30 页。

④ 中国家庭发展报告，http://news.xinhuanet.com/video/sjxw/2015-05/18/c_127814513.htm。

种媒介，激发老人与其他人的交流，从而增进老人的社会互动。①

第三，满足老人的娱乐与情感需要。助老机器人可以与老人互动、娱乐，甚至在一定程度上可以满足老人的情感需要，使独立生活的老人减轻孤独感。研究表明，老人与机器人之间的互动在一定程度上可以满足他们的情感需要，激发起他们交流、对话的愿望，使他们的生活增加些许乐趣。比如，美国麻省理工学院的雪莉·特克（Sherry Turkle）等学者认为，老人在与机器人互动的过程中可以感受到家的舒适感，老人与机器人之间的关系有助于证明给老人购买机器人玩偶是正当的。② 日本学者研究发现，机器人宠物 AIBO 对于严重痴呆老人的治疗可以起到一定的积极作用，包括病人与 AIBO 之间越来越多的互动交流；AIBO 还可以避免动物辅助治疗的一些缺点，比如动物可能会伤害老人、传染细菌、需要清洁等。③ 巴西学者桑托斯（Thiago Freitas dos Santos）等人考察了人与 AIBO 之间的互动现象，他们发现，人们在与 AIBO 互动的过程中普遍感到很舒适，甚至有一名女士兴奋得不停地抚摸 AIBO，还有一名小男孩要求他的母亲把家里的真狗换成 AIBO。④ 也就是说，无论是对于健康老人，还是患有某些特殊疾病的老人，机器人宠物都可以发挥积极的作用。

---

① Kidd Cory, Taggart Will and Turkle Sherry, “A Sociable Robot to Encourage Social Interaction among the Elderly,” *Proceedings of the 2006 IEEE International Conference on Robotics and Automation*, pp.3972–3976.

② Turkle Sherry, et al, “Relational Artifacts with Children and Elders: the Complexities of Cybercompanionship,” *Connection Science*, 2006, Vol.18, No.4, pp.347–361. 但是，雪莉在 2011 年出版《群体性孤独》(*Alone Together*）一书中，批判人类对包括机器人在内的科技依赖过多，呼吁人们警惕失去的人与人之间丰富多彩的互动，以及面对面的交流，摆脱信息技术导致的孤独。

③ Tamura Toshiyo, et al, “Is an Entertainment Robot Useful in the Care of Elderly People With Severe Dementia?” *Journal of Gerontology: Medical Sciences*, 2004, Vol.59A, No.1, pp.83–85.

④ Santos Thiago Freitas dos, et al, “Behavioral Persona for Human-Robot Interaction: A Study Based on Pet Robot,” in Kurosu Masaaki edited. *Human-Computer Interaction, Part II* (Heidelberg: Springer, 2014), pp.687–696.

第四，满足老人的医疗健康需要。相当多的老人都患有不同程度的疾病，还有相当比例的失能与半失能老人，因此医疗保健是老人的基本需求之一。助老机器人可以随时测量老人的心率、体温、血压、血糖等健康指标，对老人的健康情况进行全面地记录、监管。当老人跌倒、生病或感觉不适时，可以通过机器人与家人、医疗机构直接联系，从而得到及时的救助。另外，机器人还可以针对老人的特殊情况，帮助老人进行某些养生保健活动。

## 三、对家庭和社会的益处

毫无疑问，助老机器人的协助可以减少护理人员与家人照顾老人的时间，从而减轻社会与家庭负担。首先，助老机器人可以加强老人生活自理能力，从而实现居家养老，减轻养老机构的压力。据统计，至 2015 年底，上海养老机构共计 699 家，床位数共计 12.6 万张，每千名老人拥有 35 张床，远低于发达国家 50‰ 至 70‰ 的平均水平。[①] 根据《2017 年国民经济和社会发展统计公报》，至 2017 年底，我国养老服务床位有 714.2 万张。前述提到，2017 年底，我国 60 周岁及以上的老人有 2.41 亿，据此计算，我国每千名老人拥有不到 34 张床位，而发达国家平均水平为 50‰ 至 70‰。近些年在政府的积极努力下，养老服务机构建设取得很大的进步，但许多大城市特别是市中心的公立养老机构仍然是“一床难求”。相对于在养老机构里养老，我国许多老人其实内心更愿意居家养老，[②] 只是由于

---

① 刘益梅：《上海市公办养老机构长期照护的困境及其对策探讨》，《上海商学院学报》，2016 年第 6 期。

② 关于老人养老意愿的文献比较多，笔者参考的有王莹莹，等：《浙江省农村老年人养老意愿调查》，《社区医学杂志》，2016 年第 23 期；周花，等：《城市社区老年人养老意愿的调查及影响因素分析》，《医学理论与实践》，2016 年第 18 期；等等。

需要人照顾而居家养老有诸多不便，才选择养老机构。显然，助老机器人可以帮助老人解决日常生活的基本需要，从而帮助老人实现居家养老的愿望。

第二，助老机器人可以增强老人独立生活能力，减少对人类护工的依赖。目前，我国老年护工队伍存在的主要问题有以下四点。① 数量不足。按照国际标准，我国大约需要专业护理人员 220 万人，而目前国内从事养老护理的工作人员只有 100 万人左右。② 质量不高。护理人员大多数是由边远地区、农村剩余劳动力组成，整体文化水平较低，学习能力差，专业技能不高。③ 结构不合理。护工队伍整体年龄偏大，自身老龄问题突出，而且主要以妇女为主。④ 流动性大。护工对本职业认同度不高，将护工作为一种过渡性工作，等等。[①] 而且，由于护工需要工作的时间长，待遇较低，许多人并不愿意选择做护工，导致非常普遍的“护工荒”。随着助老机器人功能的日益强大和完善，机器人可以完成护工的绝大多数工作内容，使老人不再依赖于护工的照顾。由此，不但可以提高老人的生活质量，还可以缓解“护工荒”现象。

第三，减轻家庭负担。由于我国长期计划生育政策的实施，使得许多家庭呈现“4—2—1”的结构，这种小型化的家庭结构难以承担养老的重担。由于受传统文化等因素的影响，有子女的老人普遍希望居家养老，而现代社会中，年轻人的生活与工作压力都很大，能够用于照顾老人的时间和精力非常有限。助老机器人可以帮助老人解决这一难题，实现老人居家养老、共享天伦之乐的意愿。

---

① 石人炳、罗艳：《我国老年护工队伍存在的问题与对策建议》，《决策与信息》，2016 年第 12 期。

## 四、已有的实证研究

近些年来，学者们开展了针对助老机器人使用效果的实证研究，得到的结果使人们有足够的理由对助老机器人的未来充满信心。比如，澳大利亚学者对 115 名患有痴呆症的老人在四年（2010 至 2013 年）多的时间内，使用 Matilda 机器人的效果进行了观察研究，结果表明老人与机器人在情感、视觉与行为等方面的互动在这几年之内均有显著提高。而且，机器人的可接受性也比较高。有 89% 的老人同意或非常同意他们对机器人的表演感到舒适，75% 的老人认为在与机器人谈话时感觉很放松，86% 的老人认为机器人让他们对日常生活感觉更好。①

法国学者的调查研究表明，护工基本上都同意机器人可以帮助他们完成护理任务，减轻他们的负担；健康老人一般都认为机器人可以弥补他们的身体缺陷以及知觉障碍。调查表明，不同健康状况的老人关心的问题也有所区别。比如，有轻微认知障碍的老人比健康的老人对隐私问题更为敏感，他们普遍担心机器人会威胁他们的隐私，不过他们比健康的老人更乐于接受机器人，等等。②

社会活动的减少是导致老人白天睡眠时间增多的原因之一，而白天睡眠会导致心血管疾病、抑郁、跌倒以及认知障碍等风险的增加。新西兰的学者在老人护理机构的休息室里放置了机器人，对老人与机器人的互动情

---

① Khosla Rajiv, et al, "Human Robot Engagement and Acceptability in Residential Aged Care," *International Journal of Human-Computer Interaction*, 2016-12-27, http://www.tandfonline.com/doi/full/10.1080/10447318.2016.1275435.

② Pino Maribel, et al, "Are We Ready for Robots that Care for Us?" in "Attitudes and Opinions of Older Adults toward Socially Assistive Robots," *Frontiers in Aging Neuroscience*, 2015, Vol.7, Article 141, pp.1-15.

况进行了 12 周的观察，并与没有机器人的休息室进行了对比。研究结果发现，在低级别的休息室内，机器人的使用率较高，而且老人的白天睡眠时间显著减少；但是，在高级别的休息室内，老人与机器人的互动较少，可能是因为他们需要更高水平的护理。阻碍老人与机器人互动的障碍可能主要是因为机器人的触屏功用，有的老人因为轮椅设计的问题，不方便触摸屏幕。①

当然，许多调查研究都发现了助老机器人使用过程中的一些具体问题，比如机器人的外形、功能、使用模式等，而且不同的老人群体对机器人态度差别较大。及早地发现这些问题，对于设计与制造出更好的助老机器人显然是非常重要的。

## 第三节 情感、表象与伦理

尽管从理论上讲助老机器人可以带来种种益处，但潜在的风险仍然是存在的，已有一些学者表达了对助老机器人的忧虑与批判。

### 一、应该悲观，还是乐观？

前述提及，助老机器人可以满足老人的娱乐与情感需要。不过，有的

① Peri Kathryn, et al. "Lounging with Robots — Social Spaces of Residents in Cares: A Comparison Trial," *Australasian Journal on Ageing*, 2016, Vol.35, No.1, pp.1–6.

学者认为，老人与机器人之间产生的感情并不是真实的，是一种虚拟的感情，这种不真实的感情对老人来说是一种欺骗，是不道德的。比如，斯帕罗等人认为，虽然助老机器人会受到人们的喜爱，但这种快乐是源于人们相信机器人拥有一些它们本来没有的特性。不能准确地把握世界，这本身就是一种道德失败（moral failure），更何况我们的喜好不应该由错觉来满足。只有当人们被机器人真正的性质所欺骗的时候，机器人才能给人们带来快乐，就此而言，机器人并没有真正地推进人类的福祉；事实上，使用机器人应该说是对人们的伤害。让机器人发挥护理作用，这种想法是荒唐的，实际上也是不道德的。斯帕罗等人甚至为将来的老人描述了一幅悲观的情景，机器人给老人洗澡、喂食、监管、护理并陪老人娱乐，机器人承担几乎所有任务，除了家人与社区服务工人之外，根本不需要其他人来为老人做什么，或与老人聊点什么。①

夏基（Amanda Sharkey）等人承认，机器人可以在日常生活方面帮助老人，监管老人的行为和健康，还可以陪伴老人，这是机器人在老人护理方面可以提供的三个主要用途。不过，他们同时也指出，机器人在提供某些益处的同时，也存在一些伦理风险，表现为六个方面：① 可能减少老人的社会联系，使老人比以前更容易被社会及家人所忽视；② 冷漠地使用那些为护工的便利而开发的机器人，增加老人被客体化的感觉；③ 失去隐私；④ 限制个人自由；⑤ 鼓励老人与机器人互动，可能导致欺骗和幼稚化（infantilisation）；⑥ 如果让老人来控制机器人，如果出了差错，

---

① Sparrow Robert and Sparrow Linda, “In the Hands of Machines? The Future of Aged Care,” *Minds and Machines*, 2006, Vol.16, Issue 2, pp.141–161. 斯帕罗在其他文章里表达了类似的观点。比如，Sparrow Robert, “The March of the Robot Dogs,” *Ethics and Information Technology*, 2002, Vol.4, No.4, pp.305–318。

谁来负责？①

总的来说，斯帕罗等人对助老机器人的未来持比较悲观或否定性的立场，夏基的立场偏于中性，当然也有学者持偏于乐观的立场。比如，考科尔伯格（Mark Coeckelbergh）批评了斯帕罗等人的观点，认为他们的观点有三个错误假定。第一个假定是，老年护理必定与欺骗不相容。第二，机器人与其他智能健康护理技术必然意味着创造一种与“真实世界”相反的“虚拟的”世界，从而产生欺骗的现象。第三，未来的老人与现在的老人是一样的。考科尔伯格对这三条假定逐一进行了批评。

首先，在他看来，我们当然不能把老人完全交由机器人来护理，但假定好的护理（good care）绝不涉及任何形式的欺骗是不对的。其次，认为人类护理是“真实的”世界，而机器人护理的世界是“假装的”“欺骗的”，这种区分是有问题的。当我们使用因特网、机器人，或者其他网络电子设备时，我们并没有离开“真实的”世界。事实上，尽管我们的在场（presence）与存在受到技术的调节，但在各种感觉方面，它仍然是“真实的”。第三，计算机时代和数字时代的人们喜欢在线的生活（online），当现在的年轻人变老时，他们不会强烈反对使用机器人来照顾他们，甚至他们可能会主动要求使用机器人。②

## 二、情感与表象

情感与道德之间的关系问题一直是哲学家关注的一个重要话题。在第

---

① Sharkey Amanda and Sharkey Noel, “Granny and the Robots: Ethical Issues in Robot Care for the Elderly,” *Ethics and Information Technology*, 2012, Vol.14, No.1, pp.27–40.

② Coeckelbergh Mark, “Care Robots and the Future of ICT-mediated Elderly Care: a Response to Doom Scenarios,” *AI & Society*, 2016, Vol.31, No.4, pp.455–462.

二章中提到，不少哲学家认为，道德领域主要是情感，而不是理性在发挥作用，这也是情感主义伦理学的基本立场。像康德这样的理性主义者，也不否认情感因素在道德实践活动中具有一定的作用。有学者认为："情感因素是人类道德能力的核心成分，在人类行动者的规范塑造和规范遵循活动中具有首要性。"① 现代认知神经科学也证明了情感在道德活动中的重要作用。格林（Joshua Greene）等人应用认知神经科学的方法，采用功能性磁共振成像（functional magnetic resonance imaging）技术研究了人们的道德判断过程，结果表明情感因素对人们的道德判断会产生显著影响。②

虽然人工情感研究受到不少学者的高度重视并取得了一些重要成果，但是，就目前的科技水平来看，由于我们对人脑的认识尚处于初级阶段，加上人类情感的丰富性与复杂性，要制造出具有类似于人类情感的机器人在短时期内并不现实。而且，人类的情感是建立在身体和意识的基础之上的，目前的机器人是"无意识的"和"无心的"，在机器人身上表现出来的情感显然跟人类的情感存在本质性的区别。目前关于机器人情感的研究，主要是基于对人类情感的外在表现而进行的动作识别与模仿，根据前述斯帕罗的观点，这种情感是虚假的，是对人们的欺骗行为。

其实，换一个角度看，机器人表现出来的"虚假的"情感也可能是有积极意义的。考科尔伯格认为，对许多道德哲学家来说，伦理学关注于人的责任以及行为正确性，由此关于道德地位以及行为就成为伦理学的核心问题。因此，目前许多关于机器人伦理研究的论著大多集中于机器人的道德地位和行为，比如机器人是否可以承担责任，它们是否可以被赋予权

---

① 张曦：《道德能力与情感的首要性》，《哲学研究》，2016 年第 5 期。

② Greene Joshua, et al, "An fMRI Investigation of Emotional Engagement in Moral Judgement," *Science*, 2001, Vol.293, No.5537, pp.2105–2108.

利，以及我们应该如何对待它们，等等。同时，机器人伦理研究的这种取向由于受到人工智能哲学家研究模式的影响而得到加强。人工智能哲学家主要讨论表征、理性以及心灵等问题，受他们影响，机器人伦理学研究也随之关注机器人是否拥有智能、意识等问题。这种研究取向强调机器人本身，讨论机器人究竟是什么、想什么的问题，却没有研究机器人应该如何呈现给我们（how robots appear to us）的问题。而且，尽管人们对机器人的社会与情感方面给予越来越多的关注，但是，人类本身的社会与情感因素及其在人类与机器人互动的伦理考察中的意义，却很少受到注意。

这种机器人伦理研究进路面临着一个严重的问题，因为它依赖于机器人内在状态的经验证据。比如，对于机器人的意识问题，就很难给出一个确定的标准。我们应该基于机器人的表象，而不是它们真正类人的特征（比如智能、意识、情感等），研究人类如何与机器人互动，这才应该是机器人伦理研究的起点。机器人对我们做些什么，依赖于他们如何呈现给我们，而不是它们的心智哪些是“真实的”。比如，目前的机器人都没有意识和情感，然而，当人类与某些机器人互动的时候，它们的言谈举止可能像拥有意识和情感一样。这种观察结果跟人类的生活和行为方式相关。与其重点考察我们对机器人的伦理忧虑，倒不如反过来考虑一下人类的想法、感觉和梦想。

考科尔伯格认为，我们应该转向一种互动哲学（philosophy of interaction），认真研究表象（appearance）的伦理意义，来代替那种关心机器人真正是什么，或真正想什么的心灵哲学。我们需要回答的问题有，与个体机器人一起生活，与它们在个人、社会和情感的环境中互动，有何伦理蕴涵？我们如何认识它们，以及它们对我们可以做些什么？等等。为了回答这些问题，机器人伦理研究可以从现有的许多研究成果中受益，比如人-机器人互动的经验研究、人类情感与社会生活的哲学与心理学分析、人–机器人关系的现象学研究、技术哲学等。①

事实上，人类道德在很大程度上是以表象为基础的（appearance-based），只要机器人能够产生出人类的道德表象，能够表现出对道德生活有利的行为，那么我们就有充分的理由对跟机器人共处表示乐观。虽然情感在人类的道德生活中起着重要作用，但在可以预见的将来，我们无法制造出拥有与人类一样情感的机器人，因为这要求机器人拥有意识和精神状态，并且我们如何证明机器人拥有这些东西也并非易事。我们应该采取现象学的进路，从关注机器人的内在状态（比如意识、情感等），转向关注机器人的外在表象，也就是机器人的外在行为，比如机器人对我们做了些什么，特别是它如何呈现在我们的意识之中。②

考科尔伯格强调机器人的外在表象在人类道德生活中的重要作用，对于我们考察助老机器人的伦理风险极具启发意义。事实上，我们对人类情感的认知，主要是以表象为基础的，比如我们通常根据个人的声音、表情、姿态等判断他的情感状态。如果机器人能够在一定程度上表现出人类的情感，就可以更好地与人类互动。事实上，科学家与工程师们已经做到了这一点。机器人可以通过面部表情肌肉的协同运动，表现出惊奇、恐惧、厌恶、愤怒、高兴、悲伤等表情，还可以通过传感技术、机器视觉、语音识别与语音合成等技术手段进行情感识别与表达。③ 也就是说，科学

---

① Coeckelbergh Mark, "Personal Robots, Appearance, and Human Good: A Methodological Reflection on Roboethics," *International Journal of Social Robotics*, 2009, Vol.1, No.3, pp.217–221.

② Coeckelbergh Mark, "Moral Appearances: Emotions, Robots and Human Morality," *Ethics and Information Technology*, 2010, Vol.12, No.3, pp.235–241.

③ 王志良，等:《具有情感的类人表情机器人研究综述》,《计算机科学》, 2011 年第 1 期。

家关注的正是机器人的外在表象，通过表象来表达机器人的情感。在科学家看来，这些表象就是真实的，并无欺骗之说。从机器人伦理的角度看，我们在关注机器人的表象的同时，更重要的是关注老人对机器人的表象的反应，根据老人与机器人的互动情况，设计出能更好地满足老人各种需要的助老机器人。

另外，考科尔伯格倡导从现象学的角度考察人与机器人的互动。现象学家伊德（Don Ihde）把意向性概念运用于人与技术的关系，把技术意向性分为三种结构性特征：具身关系（embodiment relations）、诠释学关系（hermeneutic relations）以及它异关系（alterity relations）。在考科尔伯格看来，机器人既不是我们身体的一部分（具身关系），也不是把我们与世界联系起来的中介（诠释学关系），它们作为它者或“准它者”（quasi-other）与人类相联系。因此，人与机器人之间的关系是它异关系。也就是说，我们不把机器人融入我们的感知（perception），而是让机器人以一种与我们自身相区别的方式，或者说像其他人那样呈现在我们面前。从它异关系的角度看，无论是人与动物互动，还是人与机器人互动，本体论上的区别是无关紧要的。从现象学的角度分析人与机器人的关系，我们必须区分各种不同表象的机器人与人的互动，比如男性与女性机器人、类人机器人与宠物机器人等。① 根据这种观点，我们必须针对不同的使用对象、不同的机器人进行更多的经验研究，从而设计出更受人们欢迎的助老机器人。

需要指出的是，注重机器人的伦理表象，并不是遵循行为主义的路线。我们需要关注的重点不是机器人的行为，而是机器人对我们做了什

① Coeckelbergh Mark, “Humans, Animals, and Robots: A Phenomenological Approach to Human-Robot Relations,” *International Journal of Social Robotics*, 2011, Vol.3, No.2, pp.197–204.

么。这不只是涉及观察，更多是我们的理解与感受。从行为主义者的角度看，感情应该被视为行为，而不是某种与内心有关的东西，但考科尔伯格倾向于认为，情感是某种“内在的”东西。

我们相信，随着科学技术水平的进一步发展，助老机器人将表现出越来越丰富和细腻的情感，在与老人的互动过程中，更好地满足老人的情感需要。虽然机器人情感与人类的情感只是表象上类似，但这依然是非常重要的。“情感的计算机制当前毫无接近于类似人类机制的地方，也没有任何证据证明它们有赶上人类机制的可能，但也没有证据证明它们不可能。当前的计算机制只是低弱的模仿，从人类和动物情感系统成功的功能中取得灵感。……卡车没有腿，飞机不拍翅膀。有可能有一种新的机制，如车轮一样，他们在人或动物身上并没有等价的东西，但能一定程度地达到同样的运动目标。”① 也就是说，虽然机器人的情感跟人类有所差别，但只要机器人能够让老人满意，能够满足老人的情感需要，我们就有理由认为这样做是可以接受的，是道德的。

## 第四节
## 从“能力方法”的视角看

能力方法（capability approach）是诺贝尔经济学奖得主阿玛蒂亚·森（Amartya Sen）从福利经济学的角度提出来的一种重要理论，在经济学领

① 皮卡德：《情感计算》，罗森林译，北京：北京理工大学出版社，2005，中文版序。

域产生了巨大影响。在此，我们借用能力方法来分析助老机器人的伦理问题。

## 一、能力方法概述

### 1. 功能与能力

能力方法的基本概念是“功能”（functioning，又译为功能性活动）和“能力”（capability，又译为可行能力）。一项功能是指个人的一项成就，也就是个人努力实现或达到的东西。一种能力反映个人获得某项功能的本事（ability）。①

在功能与能力概念的基础上，森进一步提出了“功能的 *n* 元组合”和“能力集”的概念。他认为，一个人的“能力”可以用功能 *n* 元组合所组成的集合来表示，这个人可以从中选择任何一个 *n* 元组合；于是“能力集”（capability set）就表示一个人实际上所享有的在他或她可能经历的各种生活之间进行选择的自由。② 在对能力方法的理论研究与实践探讨中，除特殊说明之外，功能与能力大多是在复数而不是单数的意义上来使用的。

森用他界定的功能与能力概念来评价个人的生活质量。他认为，生活是各种“行为与状态”（doings and beings）的组合，并且生活质量是依据获得有价值的功能性活动的能力来评估的。森对不同功能性活动的重要程度也进行了区分，但他更看重个人的选择与偏好。他指出，有些功能性活动是基本的，比如得到足够的营养、保持健康等，所有人无疑都非常重视

① Clark David, “The Capability Approach: Its Development, Critiques and Recent Advances,” http://amarc.org/documents/articles/gprg-wps-032.pdf.

② 森：《后果评价与实践理性》，应奇，等译，北京：东方出版社，2006，第 214 页。

它们。其他的功能性活动可能更为复杂，但仍然受到广泛重视，比如获得自尊。个体赋予不同的功能性活动的权重可能会有很大的差异，因此对个人与社会利益的评估必须意识到这些差异。①

森还用功能与能力的概念来阐释个人自由，并强调个人应该拥有对功能的选择权，甚至把选择本身看作是一种功能。森认为，可行能力是一种自由，是实现各种可能的功能性活动组合的实质自由，也就是实现各种不同的生活方式的自由。一个人所享有的功能性活动的数量或水平可以由一个实数来表示，由此一个人的实际成就可以由一个功能性活动向量来表示。一个人的“可行能力集”由这个人可以选择的那些可相互替代的功能性活动向量组成。而且，“可行能力集”的价值并非一定要由最优的或实际采用的选择来反映，“可行能力集”所反映的自由也可以按其他方式来使用。拥有那些没有被选中的机会是重要的。“做选择”自身可以看作一种可贵的功能性活动。而且，可以合理地把在别无选择的情况下拥有 X，与在还有很多其他可选事物的情况下拥有 X 区分开来。②

2. 十项核心能力

森注意到，在许多不同的功能当中，某些功能比另一些功能更重要，不过对能力集应该赋予何等权数，是一个问题。③ 虽然森提出了“基本能力”的概念，但他并没有明确指出哪些能力是“基本的”，而其他的则不是“基本的”。④ 也就是说，对于哪些功能与能力是重要的，哪些相对次

① 森、努斯鲍姆:《生活质量》，龚群，等译，北京：社会科学文献出版社，2008，第 37 页。

② 森:《以自由看待发展》，任赜、于真译，北京：中国人民大学出版社，2013，第 63—64 页。

③ 同上书，第 64 页。

④ 森、努斯鲍姆:《生活质量》，龚群，等译，北京：社会科学文献出版社，2008，第 47 页。

要，主要在于个人的选择和判断，所以森没有给出一个明确的清单。不过，能力方法的另一位代表人物——纳斯鲍姆（Martha Nussbaum）认为，存在一些应该为所有国家的政府所尊重和贯彻的人类核心能力（central human capabilities），它们也是实现人类尊严的最低限度。① 纳斯鲍姆列出的清单及大意如下。

第一，生命。能够活到人类正常的寿命长度。

第二，身体健康。能够拥有良好的健康状态，充足营养，足够的住所。

第三，身体的完整性（bodily integrity）。可以自由活动，不受暴力袭击，有机会获得性满足，在生育方面有选择权。

第四，感官、想象和思维。能够使用感官、想象、思考和推理，以真正的人类（truly human）的方式做这些事。能够体验快乐，避免无益处的痛苦。

第五，情感。能够对自我之外的物与人产生依恋，能够爱那些爱我们和关心我们的人。能够爱、悲伤，体验渴望、感激和正当的愤怒。

第六，实践理性。能够形成善的概念，能够对自己的生活规划进行批判性反思。

第七，社会交际。能够和他人一起生活，接近他人，认可并对他人表现出关心，能够参与各种形式的社会互动。拥有自尊和不受羞辱的社会基础，能够受到与他人平等的有尊严的对待。

第八，其他物种。能够关心动物、植物和自然界，与之和谐相处。

第九，娱乐。能够欢笑、游戏和享受娱乐活动。

第十，控制个人环境，包括政治的和物质的两方面。能够有效参与那

---

① Nussbaum Martha, *Frontiers of Justice: Disability, Nationality, Species Membership* (Cambridge: The Belknap Press, 2006), p.70.

些管理个人生活的政治抉择，拥有参政权，言论自由和集会自由的权利。能够掌控财产，拥有与他人平等的财产权、工作权。①

虽然纳斯鲍姆的人类核心能力是从一般意义上提出的，但对老人来说，这十项核心能力也是至关重要的，当然不同能力的重要程度跟上述的顺序会有所区别。根据直觉判断，除了前三项能力之外，老人会比较看重第七项和第十项能力，也就是社会交往和控制个人环境的能力。我们之所以不给出老人能力的排序清单，其原因跟森不对功能进行排序一样，我们需要考虑老人的个体差异，给他们充分的选择自由，尽可能满足其个人偏好。

## 二、基于能力方法的伦理问题评估

第一，帮助老人实现各种生活功能，提高老人生活质量。如前所述，助老机器人可以帮助老人实现基本的生活功能，比如穿衣、行走、做饭、吃饭、吃药、洗澡、如厕、打电话等。对于残疾、失能老人来说，助老机器人可以发挥的作用更大。比如，机器人可以监测老人的健康状况，保持与医护人员的及时联系等。总的来说，从能力方法的角度看，助老机器人确实可以在多方面增强老人的能力，帮助老人获得更多的有价值的功能，从而改善其生活状态，提升生活质量。

第二，增加老人选择的自由度，维护老人尊严，促进社会发展进步。能力方法强调选择的重要性，助老机器人显然可以增加老人做选择的范围，使老人拥有更多可以选择的功能，而不是在有困难或需要帮助时只能

---

① Nussbaum Martha, *Frontiers of Justice: Disability, Nationality, Species Membership* (Cambridge: The Belknap Press, 2006), pp.76–77.

求助于护理人员或家人。而且，从纳斯鲍姆提出的十项能力清单的角度看，助老机器人有助于老人实现大多数的核心能力，从而提升老人的尊严。同时，我们也可以把纳斯鲍姆的十项能力作为对助老机器人的评价标准，从理论上讲，助老机器人能够帮助老人实现的能力越多，其效果就越好。

比如，在穿衣、洗澡等涉及老人隐私的生活照顾方面，老人可能会倾向于选择机器人来为其服务，从而更好地保护个人隐私；助老机器人可以24小时为老人提供服务，使老人减轻对护工和家人的依赖，增强自己的独立性，使老人觉得自己不再是社会和家庭的累赘；助老机器人可以任劳任怨地为老人服务，绝对不会虐待老人。虽然不同时期、不同学者对尊严的界定存在一定差异，但一般都认为拥有尊严应该包括拥有个人自由、受到尊重对待等内涵。助老机器人可以从日常生活、医疗保健等方面提高老人的自主程度，使老人过上有价值的生活，同时避免受到虐待的可能，这些显然都有助于维护老人的尊严。

助老机器人不但可以增加老人进行选择的功能，对于所在家庭、社区与护理机构来说，同样也是如此。助老机器人在帮助老人解决日常生活需要的同时，也减轻了家庭与社会的负担，使家庭成员与护理人员有更多的自由时间。森在《以自由看待发展》的“导论”中开宗明义：“发展可以看做是扩展人们享有的真实自由的一个过程。”在森看来，对进步的评判必须以人们拥有的自由是否得到增进为首要标准，发展的实现全面地取决于人们的自由的主体地位。[①]“更多的自由可以增强人们自助的能力，以及他们影响这个世界的能力，而这些对发展过程是极为重要的。”[②]森认为，

---

① 森：《以自由看待发展》，任赜、于真译，北京：中国人民大学出版社，2013，第1—2页。
② 同上书，第13页。

扩展自由是发展的首要目的和主要手段，由此可以把自由的作用分为建构性和工具性两类。从目的的角度看，建构性作用是关于实质自由对提升人们生活质量的重要性；从手段的角度看，工具性自由包括政治自由、经济条件、社会机会、透明性保证和防护性保障。[①] 从森所论述的两个方面来看，助老机器人的使用都有助于社会的发展进步。

第三，可能产生的伦理风险及原因分析。虽然助老机器人可以给我们带来诸多益处，但同时也存在一定伦理风险。比如，减少老人社交生活总量、侵犯老人的隐私、损害老人的自由和自主、欺骗性风险和对象化风险等方面。[②] 事实上，几乎所有肯定助老机器人会产生许多益处的学者，亦不否认助老机器人的使用确实存在某些伦理风险。

森认为："个人的能力取决于各种因素，包括个人的特性和社会的安排。"[③] 从能力方法的角度看，"善"（good）与实现某些行为和状态的功能之间的关系，受到三组转换因素（conversion factors）的影响。第一，个人转换因素（比如新陈代谢、身体状况、性别、阅读能力和智力）会影响个人如何将商品特性转换成功能。第二，社会转换因素（比如公共政策、社会规范、鉴赏训练、性别角色、社会等级、权力关系）。第三，环境转换因素（比如气候、地理位置）在从商品特性转换为个人功能的过程中发挥作用。罗伯茨（Ingrid Robeyns）强调，仅仅了解个人拥有或可以使用的商品还不够，我们还需要了解更多的个人情况及其生活的环境。因此，能力方法不仅倡导评估人们的"能力集"，也坚持认为，我们需要详细考

---

① 森：《以自由看待发展》，任赜、于真译，北京：中国人民大学出版社，2013，第30—31页。

② 李小燕：《老人护理机器人伦理风险探析》，《东北大学学报（社会科学版）》，2015年第6期。

③ 森、努斯鲍姆：《生活质量》，龚群，等译，北京：社会科学文献出版社，2008，第39页。

察经济产品与社会互动发生的环境，这种环境是否使人们选择“机会集”（opportunity sets）成为可能。[①]

也就是说，助老机器人只是为老人提供实现某种功能和自由的可能性，至于是否能够真正转换为老人的能力并取得良好的效果，还取决于各种转换因素。从目的与手段的角度看，助老机器人只是提高老人能力的手段，要真正实现其功效，达到提高老人能力的目的，必须考虑从手段到目的的实现因素。为了更好地实现助老机器人的功能，避免或减轻各种伦理风险，在能力方法的转换因素思想的启发下，我们可以从以下几个方面进行助老机器人的伦理治理。

## 第五节
## 伦理治理途径

第一，从老人的角度看，需要老人调整思想观念、提高应用机器人的技能。对老人来说，助老机器人能否达到预期的各种目标，主要取决于老人的选择和适应能力。应该通过多种途径引导老人认识到，在智能社会中，在解决养老问题方面引入机器人是一种必然趋势，并不是人们推卸责任，而是社会现实导致的必然之举。同时，加强对老人的培训，提高老人使用各种助老机器人的技能。特别是我国老人整体受教育程度较低，要让助老机器人更好地发挥作用需要做更多的指导与培训工作。2010 年第六

① Robeyns Ingrid, “The Capability Approach: a Theoretical Survey,” *Journal of Human Development*, 2005, Vol.6, No.1, pp.93–114.

次人口普查数据显示，我国半数老年人是小学文化程度，其次未上过学的老年人占22.5%，初中比例为18.7%，高中比例为5.8%，大专及以上的比例占3.2%。① 特殊的国情使智能养老在我国的实现面临着巨大的障碍与困难。如果我们只是把助老机器人交给老人，而老人无法很好地利用它们来提高生活质量，这样做没有任何意义。我们需要参考借鉴已有的关于健康护理等方面的技术接受模型，② 对可能影响老人接受助老机器人的各种因素进行深入分析，使机器人技术更好地为老人所接受。

第二，从家庭与护理机构的角度看，应该充分认识到助老机器人可能产生的负面影响，在充分发挥助老机器人功能的同时，也需要尽到家人和护理人员的义务。虽然助老机器人可以帮助老人实现许多功能，提高老人的独立生活能力，不过，纳斯鲍姆认为，随着年龄的增长，许多人偶尔享受的相对独立性越来越成为一个暂时的状况。③ 与年轻人比较希望独立的情况相比，老人可能更希望有人陪伴。家庭成员与护理人员应该尽可能多地提供陪伴老人的机会，与老人进行情感方面的交流与互动，使老人感觉自己拥有与家人（或护理人员）相处的机会。也就是说，应该让老人认为，在自己的“能力集”中存在与人类互动的功能，而不是只有机器人一种可供选择的功能。正如森所强调的那样，“好生活”在一定程度上是一种真正选择的生活，并不是一个人被迫进入的一种生活——而不论这种生活在其他方面可能是多么丰富。④

---

① 邬沧萍、杜鹏:《老龄社会与和谐社会》，北京：中国人口出版社，2012，第122页。

② Holden Richard and Karsh Ben-Tzion, “The Technology Acceptance Model: Its Past and its Future in Health Care,” *Journal of Biomedical Informatics*, 2010, Vol.43, No.1, pp.159–172.

③ Nussbaum Martha, *Frontiers of Justice: Disability, Nationality, Species Membership* (Cambridge: The Belknap Press, 2006), p.101.

④ 森、努斯鲍姆:《生活质量》，龚群，等译，北京：社会科学文献出版社，2008，第45页。

同时，能力方法比较强调关注个人的状态，或者是重视过程，而不是某种商品（包括助老机器人）可能带给个人的结果，而对老人生活质量与状态的过程的关注，主要应该由家庭与护理机构来完成。斯帕罗认为，如果我们将来把老人完全交给机器人护理，是非常糟糕的，应当尽量避免这种情况。让机器人来护理老人，可能只是关注老人福利的客观成分，而不是老人的幸福。老人需要尊重和承认，而这些机器人是不能给他们的。① 我们应该牢固树立这样的信念，助老机器人只是弥补人力资源不足而采用的解决养老问题的重要手段，使用助老机器人的目的并不是要让机器人完全取代人的护理与家人的陪伴。更何况，目前助老机器人技术尚未达到完善成熟的程度，提升老人生活质量的实际效果还较为有限，家庭成员与护理人员必须充分认识到这一点。

第三，从企业、研发人员的角度看，技术人员在研发过程中需要加入伦理考量，不仅要思考技术“能做什么”，还必须思考“应该做什么”和“应该怎么做”的问题。为了提高助老机器人的可接受性，使其更好地实现应有的功能，技术人员需要充分了解老人的特点和影响老人接受机器人的各种因素，有针对性地对机器人进行人性化、个性化的设计。调查研究表明，老人的需求与机器人功能之间的不匹配，被认为是阻碍助老机器人被老人接受的重要因素之一。② 国外已有大量关于助老机器人的外观、功能等对不同老年群体的接受性的调查研究，值得我们学习借鉴。同时，我们也需要针对中国老人进行细致的调查分析。

---

① Sparrow Robert, “Robots in Aged Care: a Dystopian Future?” *AI & Society*, 2016, Vol.31, No.4, pp.445-454.

② Pino Maribel, et al. “Are We Ready for Robots that Care for Us?” in “Attitudes and Opinions of Older Adults toward Socially Assistive Robots,” *Frontiers in Aging Neuroscience*, 2015, Vol.7, Article 141, pp.1-15.

在能力方法的研究中，森强调个人选择的重要性，认为个人可以基于自己的偏好选择各种功能，不同的选择也使得每个人的“能力集”充满了个性色彩。虽然纳斯鲍姆提出了十大核心能力，但她同时也认为她的清单是开放的，可以进行调整。① 为了设计出更能够满足老人需要的助老机器人，我们可以采取愿景评估（vision assessment）的方法，在机器人专家与老人之间进行平等的、充分的对话与交流，老人可以更深入地理解技术的发展，机器人专家则可以更好地把握老人的意愿，从而设计出伦理上更易于接受的助老机器人。② 在双方对话的过程中，老人很自然地会充分考虑自己的价值与利益，包括使用的方便、隐私保护等。因此，在助老机器人设计过程中充分征求老人的意见，在设计中体现出某些伦理思想，跟所谓的“价值敏感设计”具有内在的一致性。价值敏感设计主张伦理价值应该融入机器人的设计过程之中，对助老机器人而言需要把护理价值作为技术的基本价值，把护理原理作为规范标准。③ 凡·温斯伯荷（Aimee van Wynsberghe）基于对护理机器人伦理问题的研究，提出了一种以护理为中心的价值敏感设计（Care-Centered Value Sensitive Design，以下简称 CCVSD）进路。她认为 CCVSD 为将来制造护理机器人提供了一种具体的方法论，可以清楚明了地把护理伦理的思想融入护理机器人的设计过程之中。④

---

① Nussbaum Martha, *Frontiers of Justice: Disability, Nationality, Species Membership* (Cambridge: The Belknap Press, 2006), p.76.

② Plas Arjanna van der, et al. “Beyond Speculative Robot Ethics: A Vision Assessment Study on the Future of the Robotic Caretaker,” *Accountability in Research*, 2010, Vol.17, No.6, pp.299–315.

③ Wynsberghe Aimee van, “Designing Robots for Care: Care Centered Value-Sensitive Design,” *Science and Engineering Ethics*, 2013, Vol.19, No.2, pp.407–433.

④ Wynsberghe Aimee van, *Healthcare Robots: Ethics, Design and Implementation* (Surrey: Ashgate, 2015), p.128.

第四，从政府的角度看，政府需要制定宏观的战略政策，为智能养老制定详细的行业标准和伦理规范，并在全社会范围内倡导尊老敬老的氛围，引导人们正确认识助老机器人的功能及其局限。从能力方法的角度看，政府在实现社会转换因素、环境转换因素方面起着举足轻重的关键性作用。众所周知，复杂的国情使得我国养老问题面临多种挑战，比如中国老龄人口的思想观念、知识水平、家庭情况、地区分布以及年龄差异等方面均存在较大不同。政府需要从宏观的战略决策方面做到全国协调、城乡统筹，尽可能做到公平正义，避免因为城乡差异、不同地区的不同富裕程度而导致在智能养老方面产生明显的不公正现象。在制定行业标准时，充分考虑不同类别的老人的不同功能需要与个性偏好，比如针对残障老人、高龄老人、失能老人等制定不同的护理标准，坚持评价标准的原则性与灵活性。同时，在全社会弘扬“孝”文化，使年轻人认识到，助老机器人只是我们解决养老问题的一种工具和手段，它可以部分地替代人的功能而不是完全取代，它所能提供的功能只是老人“功能集”中的一部分而不是全部，孝顺老人、陪伴老人是年轻人应尽的责任和义务。

## 本章小结

随着世界各国老龄化的加快以及机器人技术的发展，助老机器人会逐渐走入人们的日常生活。也就是说，助老机器人的广泛使用是大势所趋，我们需要关注的不是是否应该使用的问题，而是如何更好地使用的问题。但是，本章的目的不是试图论证助老机器人可以完全取代人。我们认为，助老机器人在解决养老问题方面虽然可以起到重要的辅助作用，但并不能完全取代人。本章通过从多个角度对助老机器人进行了简要的伦理考量，认为助老机器人对在一定程度上解决养老问题确实是有益的，但需要综合考虑多种因素，才能真正使助老机器人发挥其应有的作用。特别需要强调的是，助老机器人必须经过严格的伦理设计，并且被合理使用。助老机器人的使用效果，跟老人的爱好、文化水平、家庭环境、个人经历等许多因素密切相关。助老机器人的伦理问题，不单是抽象的哲学问题，更是具体的经验与现实问题，对此我们还有大量的艰苦细致的工作要做。总的来说，对助老机器人进行伦理考察，充分认识有益的方面及其实现途径，尽量避免或减轻可能产生的负面影响，是研究机器人与养老问题的重要内容，同时也可以为助老机器人发展战略与技术研发提供理论依据。老人曾经为社会、家庭做出过巨大贡献，我们应该尽可能地满足他们的各种需要，使其安享晚年。毕竟，我们每个人都有变老的那一天。

# 第七章

# 道德责任

在伦理学研究中，责任问题是一个非常关键的话题。而且，“在应用伦理学的诸多领域中，没有任何一个领域像科技伦理那样同责任概念联系得如此紧密。”[①] 根据不同的分类标准，我们可以把责任分为不同的类型，本章主要讨论机器人伦理研究中的道德责任问题，探讨承担责任的主体及其原因、责任的分配问题，最后重点强调科技人员需要承担的前瞻性道德责任问题。

## 第一节 自由与责任

什么是“道德责任”？我们通过我们的行为直接影响世界，或者是通过行为的后果间接影响世界。一些哲学家认为，当且仅当某人的行为受到其所在道德共同体的赞扬或谴责，我们就说某人对其行为负有道德责任。这种定义的一个不足之处在于，道德共同体的界定是模糊不清的。另外，在这个定义中，赞扬或谴责的态度对于个人是否负有道德责任是至关重要的。但是，如果没有人受到赞扬或谴责，就意味着没有人承担道德责任。对道德责任的标准解释是，如果某人的行为是值得称赞或应受谴责的，那他就对该行为负有道德责任。[②] 斯坦福哲学百科全书对道德责任的定义与此类似：“对某物，或者说某种行为负有道德责任，也就是说对其进行了某种特定的反应，这种反应值得称赞、谴责或诸如此类的评价。”[③]

---

① 甘绍平：《应用伦理学前沿问题研究》，南昌：江西人民出版社，2002，第 103 页。

② Campbell Joseph, *Free Will* (Malden: Polity Press, 2011), pp.28–29.

③ Eshleman Andrew, “Moral Responsibility,” http://plato.stanford.edu/entries/moral-responsibility/.

在什么情况下，人们应该承担道德责任？或者说，承担道德责任的前提条件是什么？从一定程度上讲，每个正常的成年人都是自由的个体，拥有决定自己行为的自由意志。因此，古今中外许多哲学家都认为拥有自由或自由意志是承担责任的一个基本前提。亚里士多德的《尼各马可伦理学》一开篇就指出："人的每种实践与选择，都以某种善为目的。"这里的"选择"意为自由选择的、有目的的活动。① 在萨特（Jean-Paul Sartre）看来，自由必然意味着责任。他认为："……人，由于命定是自由，把整个世界的重量担在肩上：他对作为存在方式的世界和他本身是有责任的。……这种绝对的责任不是从别处接受的：它仅仅是我们的自由的结果的逻辑要求。"② 甘绍平认为，个人能够成为责任主体，需要具备两个先决条件：第一，责任的载体必须具备自由意志；第二，责任的载体必须是对道德规则及自己的行为后果拥有最起码的认知能力的行为主体。③

有的学者认为机器人应该被赋予道德责任，也主要是基于对机器人自主性、选择能力、认知能力、学习能力等方面的认识。瑞典学者赫尔斯特伦（Thomas Hellstrom）认为，自主能力（autonomous power）特别是学习能力是赋予机器人道德责任的决定性因素。"自主能力"是指行为体的行为、互动以及抉择能够自行完成的总量与水平。这里的自主能力不仅包括自治（self-ruling）能力，还包括感知、分析与行动能力。而且，随着机器人自主能力的不断提高，赋予机器人责任的趋势会得到加强。赫尔斯特伦强调，我们不必等到机器人发展到跟人类差不多水平的智能的时候，才考虑机器人道德责任的问题。现在就需要讨论这些问题，而且这种趋势与日

---

① 亚里士多德：《尼各马可伦理学》，廖申白译，北京：商务印书馆，2003，第 1 页。

② 萨特：《存在与虚无》，陈宣良，等译，北京：生活·读书·新知三联书店，1997，第 688—689 页。

③ 甘绍平：《应用伦理学前沿问题研究》，南昌：江西人民出版社，2002，第 120—121 页。

俱增。[1] 与此类似，英国学者亚斯拉斐恩（Hutan Ashrafian）也认为，人工智能与机器人学的持续发展会使机器人拥有意识、知觉（sentience）和理性，人们已经在考虑人工智能与机器人的权利问题，下一步很自然地会讨论赋予它们道德责任与义务的问题。[2] 美国学者帕特里克·林等人甚至认为，随着机器人自主程度的提高，我们应该把它们视为可以接受处罚的法定行为体。[3]

人们对自己的所有行为，包括社会关系、工作以及与机器人等技术产品的互动，感觉到舒适的一个重要的心理学因素是控制感，也就是感觉自己能够控制各种行为和个人生活。人们对机器人的表现感觉满意，部分原因是源于理解，还有部分原因是源于对系统的信任。为了使技术产品能够让人们接受，控制感是至关重要的。[4] 由此，我们也可以很自然地推出，如果机器人的自主程度增强，人类的控制程度减弱，机器人在许多方面能够自行决定，那么，如果机器人犯了错，我们很自然地会对机器人的表现不满。有学者对医院里的派送机器人（delivery robot）进行了接近两年的调查研究，结果表明，机器人自主程度越高，人们就赋予它们更多的责任。当出现错误状况时，人们更多地谴责自主程度高的机器人，对自主程度低的机器人则更为宽容。而且，当人们与自主程度高的机器人一起工作时，相对于与自主程度低的机器人一起工作而言，人们更少地把错误归咎

---

① Hellstrom Thomas, “On the Moral Responsibility of Military Robots,” *Ethics and Information Technology*, 2013, Vol.15, No.2, pp.99–107.

② Ashrafian Hutan, “Artificial Intelligence and Robot Responsibilities: Innovating beyond Rights,” *Science and Engineering Ethics*, 2015, Vol.21, No.2, pp.317–326.

③ Lin Patrick, Bekey George and Abney Keith, “Autonomous Military Robotics: Risk, Ethics and Design,” http://ethics.calpoly.edu/onr_report.pdf.

④ Norman Donald, “How Might People Interact with Agent,” *Communications of the ACM*, 1994, Vol.37, No.7, pp.68–71.

于自身。①

我们承认，随着科技水平的不断发展，机器人的自主程度会不断提高。不过，我们更应该注意到，虽然不同学者对机器人自主概念的界定略有区别，但大家都明确指出了机器人自主程度的有限性。从工程学的角度看，机器人的自主的意思是，机器人不受其他主体或使用者的直接控制。如果机器人拥有这种自主水平，那么它拥有实际的独立能力。如果这种自主行为有效地完成了目标与任务，那么我们就可以说机器人拥有有效的自主。② 美国南加州大学计算机科学家贝基（George Bekey）认为，自主指的是系统能够在没有任何外在控制的情况下，在真实世界的环境中长时间运作。他同时指出，根据这个定义，目前大多数机器人都不是完全自主的。③ 美国国防部在一份关于无人系统的发展路线图的报告中对自主系统的界定是："不需要外在控制，自行导向目标，但受到引导其行为的法律和策略管控。"报告认为，自主系统自行选择的行为是为了完成人类预定的目标，它是在一套规则或限制的基础上进行抉择。④2012 年 7 月，美国国防科学委员会（Defense Science Board）在一份报告中指出，无人自主系统是一项真正的创新，但仍处于初创时期。⑤

---

① Kim Taemie and Hinds Pamela, "Who Should I Blame? Effects of Autonomy and Transparency on Attributions in Human-Robot Interaction," http://alumni.media.mit.edu/~taemie/papers/200609_ROMAN_TKim.pdf.

② Sullins John, "When Is a Robot a Moral Agent?" *International Review of Information Ethics*, 2006, Vol.6, No.12, pp.23–30.

③ Bekey George, *Autonomous Robots: From Biological Inspiration to Implementation and Control* (Cambridge: The MIT Press, 2005), pp.1–2.

④ Department of Defense, "Unmanned Systems Integrated Roadmap FY2011 –2036," p.43, http://www.acq.osd.mil/sts/docs/Unmanned%20Systems%20Integrated%20Roadmap%20FY2011-2036.pdf.

⑤ Department of Defense, "Task Force Report: The Role of Autonomy in DoD Systems," p.22, https://fas.org/irp/agency/dod/dsb/autonomy.pdf.

不可否认，自主机器人确实可以自行做出一些重要决定，但它们进行判断的依据是科学家和工程师预先编制好的软件程序。模仿计算机系统的自动程度的区分，我们可以把机器人的自主程度，从高到低分为十个档次，如表 7-1 所示。[①]

**表 7-1　机器人自主程度表**

| | |
|---|---|
| 10 级 | 机器人决定所有事情，自主行动，忽视人类 |
| 9 级 | 机器人只有在决定向人类汇报时才报告 |
| 8 级 | 机器人只在被询问时才报告 |
| 7 级 | 机器人自动执行任务，必要时向人类报告 |
| 6 级 | 机器人在自动执行任务之前，允许人类在限定的时间内否决 |
| 5 级 | 机器人在人类批准的情况下执行自己提出的建议 |
| 4 级 | 机器人建议一个可选方案 |
| 3 级 | 机器人把选择缩小到少数几个 |
| 2 级 | 机器人提供一套完整的可供选择的抉择 / 行为方案 |
| 1 级 | 机器人不提供任何帮助，人类进行所有的抉择和行动 |

从目前机器人技术的发展现状来看，机器人的自主程度大多在 6 至 8 级之间。事实上，即使机器人的自主程度达到最高程度的 10 级，它的自主也受到相当程度的限制。机器人的自主并不意味着它们在进行抉择时是完全自由的，人类至少可以以三种方式对它们施加影响。第一，设计者可以限定机器人要解决的问题范围，从而对其行为进行约束。第二，人类可以通过标准与规则对自主机器人施加影响，从而控制其行为。第三，人类可以通过可预测性对机器人施加影响，也就是只允许机器人产生可预测

① Parasuraman Raja, Sheridan Thomas and Wickens Christopher, "A Model for Types and Levels of Human Interaction with Automation," *IEEE Transactions on Systems, Man and Cybernetics — Part A: Systems and Humans*, 2000, Vol.30, No.3, pp.286-297.

的、可信赖的行为。[1] 我们也注意到，在讨论人类的道德责任时，人们使用的术语是“自由”，而讨论机器人时用的是“自主”概念，这似乎可以说明，机器人根本就不是自由的。

在机器人伦理研究中，一个非常重要的问题是对机器人进行伦理设计，其基本目标是让机器人成为人工道德行为体，让机器人拥有一定的道德判断与行为能力。那么，如果机器人确实拥有了道德行为能力，做出了符合人类预期的道德判断和行为，那么机器人的设计者和制造商是否就应该免除责任呢？从根本上看，机器人之所以能够进行道德判断，是根据人类植入的计算机软件程序或算法做出的抉择，机器人只是执行设计者意志的工具。如果说“自由在于我可以按我的愿望行动”[2]，那么机器人是在执行或实现设计者的自由，而不是自己的自由。因此，机器人设计者、制造商应该为机器人的安全性、可靠性负责，不能免除责任。

## 第二节
## 控制与责任

费舍（John Fischer）和拉维泽（Mark Ravizza）在《责任与控制》一书中指出，为了承担道德责任，行为体必须在某种意义上控制其行为。[3]

---

① Noorman Merel and Johnson Deborah, “Negotiating Autonomy and Responsibility in Military Robots,” *Ethics and Information Technology*, 2014, Vol.16, No.1, pp.51–62.

② 石里克：《伦理学问题》，孙美堂译，北京：华夏出版社，2001，第 121 页。

③ Fischer John and Ravizza Mark, *Responsibility and Control: A Theory of Moral Responsibility* (Cambridge: Cambridge University Press, 1998), p.14.

在他们看来，承担责任包含三个主要成分。第一，“个体必须在我们所详细说明的意义上把自己看作是其行为的根源。也就是说，个体必须把自己看作是一个行为体；他必须看到他的选择和行动在世界上是有效的。”第二，“个体必须接受，他是人们对他在某些环境中实施其行为的结果而做出的反应态度的公平对象。”第三，“个体在前两个条件中所详细说明的自我观念，是以一种恰当的方式建立于证据的基础之上。”①

费舍等人认为，存在两种不同类型的控制，即管理控制（regulative control）和导向控制（guidance control）。管理控制涉及可替代的可能性，导向控制则不涉及可以替代可能性。一般认为道德责任要求管理控制，但费舍和拉维泽主张，道德责任——对行为、疏忽以及后果——只要求导向控制。也就是说，导向控制对道德责任而言是与自由情况有关的充分必要条件。我们可以从两方面来理解导向控制，即行为体对实际导致相关行为的机制的“所有权”（ownership）以及对这种机制的“理性反应”（reasons-responsiveness）。也就是说，如果某种行为是源于行为体自身的、理性反应的机制，那么行为体就应该对其行为负道德责任。②

正是基于道德责任与控制之间的密切联系，德国学者马提亚斯（Andreas Matthias）指出，传统观念认为，机器的制造商、操作员为机器的运转结果负责。但是，基于神经网络、遗传算法和行为体结构的自主的、拥有学习功能的机器，创造了一种新情况，即程序员、制造者和使用者原则上都不能预言和控制机器的行为，因此他们不为机器承担道德责任。马提亚斯认为，拥有学习能力的机器可能不按照在生产过程被赋予的原则运作，因

---

① Fischer John and Ravizza Mark, *Responsibility and Control: A Theory of Moral Responsibility* (Cambridge: Cambridge University Press, 1998), pp.210–213.

② Ibid., pp.240–241.

为这些原则可能在机器运作的过程中被机器本身给改变了。机器的行为不再仅仅由初始状态和内在的程序决定，而是越来越取决于机器与运作环境的相互作用。由于机器拥有信息量与处理速度等方面的优势，人类专家对机器运作的监控原则上已不可能。让人们对不能有效控制的机器的行为负责是不公正的，因此，在道德实践与法律法规两方面都存在责任鸿沟。要么我们不再使用这样的机器（马提亚斯认为这个选择并不现实），要么我们就将会面临不能用传统的责任归因概念来解决的责任鸿沟。① 无独有偶，澳大利亚学者斯帕罗通过对军用机器人的责任问题研究得出了类似的结论。他认为，由于军用机器人具有自主性，那么系统程序员、指挥官等都不应该为军用机器人产生的不良后果负责。②

使用自主的、具有学习能力的机器人真的会导致责任鸿沟吗？由于传统的因果链不能够被清晰地识别出来，没有人能够被清楚明了地认定为应该受到谴责，因此对于具有学习能力的机器人导致的负面后果的责任分析，传统的责任归因概念不再适用。但是，这并不意味着没有人对此负责。从理论上看，至少有两种策略可以解决自主的、具有学习能力的机器人导致道德责任困境。第一，把承担道德责任的时间前移，强调科技人员的前瞻性道德责任。马里诺（Dante Marino）等人认为，对于具有学习能力的机器人导致的负面后果的责任分析，我们不能再从比如存在清晰的因果链、意识和对行为后果的控制等方面入手。问题的关键在于，我们应该识别可能的损害及其社会持续性，以及如何分配对损害的补偿。因此，在

① Matthias Andreas, "The Responsibility Gap: Ascribing Responsibility for the Actions of Learning Automata," *Ethics and Information Technology*, 2004, Vol.6, No.3, pp.175–183.

② Sparrow Robert, "Killer Robots," *Journal of Applied Philosophy*, 2007, Vol.24, No.1, pp.62–77.

机器人的责任归因中，相对于传统的回溯性道德责任归因，我们更应该采取前瞻性道德责任归因。计算机科学家、机器人学家及其专业组织，在确定学习型机器人的责任分配原则、识别可能导致损害的原则及其补偿标准等方面，应该发挥关键性的作用。① 我们认为，科技人员应当承担这种前瞻性道德责任，具体分析见本章第五节。

第二，改变传统意义上控制与责任的关系。我们可以把费舍强调的控制看作一种直接控制，而科技人员对机器人的控制看作间接控制。从前述对机器人自主程度的论证可以推出，虽然科技人员不能直接控制自主机器人的全部行为，但完全可以将其行为控制在一定范围之内。显然，机器人的行为表现与行为机制体现的是科技人员的理性，所以并不能以“科技人员不能直接控制机器人的行为”为理由，免除其道德责任。桑托罗（Matteo Santoro）等人认为，为了避免责任鸿沟，我们可以不把控制要求作为责任归因的必要条件。就像父母与未成年孩子的关系那样，虽然父母不能完全控制孩子的行为，但并不意味着父母不需要承担责任。父母应该尽到教育与培养孩子的责任，如果孩子犯了错误，父母应该承担相应的责任。与此类似，如果生产商和程序员未能遵循公认的学术标准，那么他们应该为机器人导致的损害承担道德责任。而且，即使不能清楚地辨认导致损害的因果链，根据“得利之人需要承担相应的不利后果”的原则，机器人的生产商应该承担相应的道德与法律责任。②

---

① Marino Dante and Tamburrini Guglielmo, “Learning Robots and Human Responsibility,” *International Review of Information Ethics*, 2006, Vol.6, No.12, pp.46–51.

② Santoro Matteo, Marino Dante and Tamburrini Guglielmo, “Learning Robots Interacting with Humans: from Epistemic Risk to Responsibility,” *AI & Society*, 2008, Vol.22, No.3, pp.301–314.

## 第三节
## 责任分配

根据当前机器人技术与产业的现状，人们一般认为机器人暂时不能成为责任主体。如果机器人不能承担责任，那么谁应该承担相应的道德责任？澳大利亚学者帕特里克·休（Patrick Hew）认为，从目前可以预见的技术来看，机器人不应该为其行为承担任何责任，而是由人类承担全部责任。[①]2010 年，由 50 名学者组成的计算机技术责任特别委员会（The Ad Hoc Committee for Responsible Computing）试图对智能产品提出若干道德责任原则，作为设计、开发、部署、评估以及使用这些产品的人员的规范指南。委员会认为，智能产品越来越复杂，也使得相应的责任问题愈加复杂。他们的目标是，重申智能产品道德责任的重要性，激励个人与组织认真考量自己的责任。[②] 我们认为，因为机器人的设计、制造是一个目的性非常强的过程，机器人的设计者、制造商、用户都需要分担相应的责任，而设计者和制造商应该承担更多的责任。但是，如何分配责任是一个非常困难的问题。在此，我们尝试性提出一种机器人道德责任的分配模式。

**第一，设计者的责任。**

毫无疑问，机器人的设计者（包括从事机器人及相关科学技术研发的科学家、工程师等）承担着沉重的道德责任。我们可以把设计者的责任分

---

① Hew Patrick, "Artificial Moral Agents Are Infeasible with Foreseeable Technologies," *Ethics and Information Technology*, 2014, Vol.16, No.3, pp.197–206.

② "The Ad Hoc Committee for Responsible Computing," *Moral Responsibility for Computing Artifacts: The Rules*, https://edocs.uis.edu/kmill2/www/TheRules/.

为角色责任、前瞻性责任和回溯性责任等三种。设计者的角色责任大致与设计者的义务概念相当。从理论上看，角色是责任伦理的逻辑起点。因为责任依附于角色，角色是责任伦理中最基本最简单的范畴；角色是人们认识责任的中介，有角色就有责任；角色和责任永远联系在一起，二者是表和里的关系。[①] 从机器人伦理的角度看，安全性与可靠性是设计者需要遵循的最重要的伦理准则。[②] 也就是说，设计者需要对机器人的安全性、可靠性负责，并提供相应的解释与说明。

前瞻性责任指机器人的设计者在机器人的理论设计活动开展之前就应该承担的责任，回溯性责任指机器人在生产调试和投放市场之后，出现了错误或产生了负面影响之后应该承担的责任。正如德国学者约纳斯（Hans Jonas）指出的那样，“对有待做的事负责。责任不是对已经做过的事负责，而是由于责任而有义务做某事，因为人们是对一件事负责。”[③]

前瞻性道德责任是较高的要求，即要求设计者要积极主动地为未来的用户与社会影响考虑。也有学者认为角色责任包括了前瞻性责任，[④] 但是，一般的角色责任很少强调前瞻性责任，而且从承担责任的时间来看，角色责任主要是强调当下责任，所以把前瞻性责任与角色责任区分开来可能更为合适。具体内容在本章最后一部分详细探讨。

**第二，生产商的责任**。

对机器人生产商来说，最重要的道德责任可能是保证其产品的安全性、可靠性。实现这一目标当然有多种途径，其中之一是建设高可靠性组

---

① 程东峰：《角色论——责任伦理的逻辑起点》，《皖西学院学报》，2007 年第 4 期。

② Siciliano Bruno and Khatib Oussama, *Springer Handbook of Robotics* (Berlin: Springer, 2008), p.1511.

③ 约纳斯：《技术、医学与伦理学：责任原理的实践》，张荣译，上海：上海译文出版社，2008，第 240 页。

④ Cowley Christopher, *Moral Responsibility* (Durham: Acumen, 2014), p.5.

织（High Reliability Organizations，以下简称 HRO）。HRO 指组织运用内部有效的管理机制与安全预警机制，即应用人类行为科学理论来计划、组织、调配、领导和控制人类行为过程，以减轻风险，降低事故发生率，从而能保持高安全性和高可靠性的组织。[①] HRO 理论在包括医药卫生、航空航天等许多领域得到比较广泛的应用，也完全可以应用到机器人制造生产的过程当中。不过，学者们对于 HRO 的特点看法各异，而且关于如何构建 HRO 的理论研究与实践探索还有待进一步深入。有学者认为，把正念技术（mindfulness techniques）与软系统方法（soft systems methods）结合起来使用，可以为创建 HRO 提供一种行之有效的框架。[②] 如何结合机器人技术与产业的特点来创建 HRO，需要进行专门探索与实践。

**第三，组织与团体责任。**

组织与团体至少需要承担风险与安全评估、管理与培训以及安全测试等责任。约纳斯指出，在现代社会中，研究人员不再是孤独地追逐真理的单个研究者，而是研究集体的一部分。而且，单个研究人员也无法胜任对其行动的后果做出可能的评估。[③] 在这种情况下，我们只能依赖研究人员所在的组织来进行技术的风险与安全评估。一方面，在实施某项机器人技术研发之前，需要对其进行风险评估。由于机器人可能导致的严重风险目前尚未发生过，使得对其进行科学的风险评估有一定困难。不过，参考计算机等相关领域科学技术的发展及社会影响，对机器人可能导致的社会风险进行评估完全是可能的。

---

① 奉美凤、谢荷锋、肖东生：《高可靠性组织研究的现状与展望》，《南华大学学报（社科版）》，2009 年第 1 期。

② Hales Douglas and Chakravorty Satya, “Creating High Reliability Organizations Using Mindfulness,” *Journal of Business Research*, 2016, Vol.69, No.8, pp.2873－2881.

③ 约纳斯：《技术、医学与伦理学：责任原理的实践》，张荣译，上海：上海译文出版社，2008，第 55—56 页。

另一方面，当某项技术已经处于研发阶段或研发成功投放市场之前，需要进行安全与风险评估。风险评估是在风险识别和风险估测的基础上，把损失频率、损失程度和其他因素综合起来考虑，分析该风险的影响，寻求风险对策并分析该对策的影响，为风险决策创造条件。[①] 在工程技术中，安全与风险评估的重要性已经得到了广泛关注，安全与风险评估是预防事故发生的有效措施，是安全生产管理的一个重要组成部分，在机器人系统中引入安全与风险评估的必要性是不言而喻的。

在当代所谓的"风险社会"中，科学技术可能产生的风险很容易使人们产生恐慌情绪，而高度发达的信息技术又使得这种恐慌情绪很容易得到广泛传播。因此，机器人及相关领域的科学家与工程师团体与组织必须承担起风险与安全评估的责任，并向公众进行必要的解释与说明。只有这样，机器人才能真正地走进千家万户，为人们所广泛接受。

**第四，政府管理部门责任。**

首先，管理部门需要坚持"预防原则"（precautionary principle）。预防原则主要是针对科学的不确定性可能导致的风险，指导管理者进行决策的基本原则。虽然预防原则并没有直接回答预防的监管政策应该是什么样的，但它可以提醒我们，监管政策应该在危害产生之前阻止其发生；而且，监管对象可能追求永无止境的改进提高，由此要求无限期地延迟合理的监管措施，预防原则应该拒绝这种主张。[②] 美国已经把预防原则应用到对纳米材料的监管中，[③] 我们认为，预防原则在对机器人技术与产业的管

---

① 黄国忠：《产品安全与风险评估》，北京：冶金工业出版社，2010，第 20 页。

② Percival Robert, "Who's Afraid of the Precautionary Principle?" *Pace Environmental Law Review*, 2006, Vol.23, No.1, pp.21−81.

③ Warshaw Jean, "The Trend towards Implementing the Precautionary Principle in US Regulation of Nanomaterials," *Dose Response*, 2012, Vol.10, No.3, pp.384−396.

理中也应该发挥其应有的作用。

其次，政府管理部门需要对机器人的发展方向、发展战略进行整体规划，制定安全标准与规范，通过资金资助、行政手段等多种方法对机器人技术研发、应用进行宏观控制。技术风险的许多预防工作是通过管理来实现的，“管理是我们愿意采用的对付技术风险的武器”。[①] 联合国开发计划署发布的2001年人类发展报告《让新技术为人类发展服务》中指出：“许多潜在的危害可以处理，其可能性也能通过系统科学研究、管理和组织能力来降低。如果这些能力强，就能保证各国有更强的能力使技术变革成为人类进步的推进力。”报告的第三章《管理技术变革的风险》，从“风险行业：评估潜在的代价和利益；促进选择：公众舆论的作用；采取预防措施：不同国家、不同选择；建立管理风险的能力；发展中国家面临的挑战；对付风险挑战的国家战略；风险管理的全球合作”七个方面全面阐述了技术的风险管理，可以作为机器人风险与安全管理的纲领性文件。[②] 当务之急是成立专门的机器人与人工智能技术与产业的管理机构，根据政策法规赋予其必要的管理权限与手段。

**第五，使用者责任。**

如第一章所讨论的那样，对使用者来说，首先应该尊重、善待机器人。不能把机器人当作纯粹的工具，而是应该认为机器人本身具有内在价值。人类不可以虐待、滥用机器人，比如让机器人去偷窃、破坏他人财产等。其次，使用者应该熟悉机器人的性能与局限，合理使用机器人，不能要求机器人做超出其能力范围之外的事，并且对机器人的不当使用导致的

---

① 刘易斯：《技术与风险》，杨健、缪建兴译，北京：中国对外翻译出版公司，1994，第52—53页。

② 联合国开发计划署：《让新技术为人类发展服务》，北京：中国财政经济出版社，2001，第65—77页。

后果负责。再次，使用者需要及时地维护、保养机器人。就像计算机需要不断地更新、杀毒，汽车需要定期保养一样，机器人作为软、硬件的组合，也需要进行定期的维护与保养，这方面的责任应该主要由使用者来承担。当然，专业的维护工作需要专业人员来操作。

需要强调的是，责任分配要努力避免责任扩散的伦理困境和所谓的"有组织的不负责任"（organized irresponsibility）。责任扩散的伦理困境是指如果责任可以分为很多方面，那么所涉及的每一个方面都认为自己不应该为之负责。"有组织的不负责任"是贝克提出的一个著名概念，指"公司、政策制定者和专家结成的联盟制造了当代社会中的危险，然后又建立一套话语来推卸责任，但最终还是将自己制造的危险转化成了某种风险"。[①] 如果没有明确的承担责任的具体机制，就极可能导致责任扩散的伦理困境和"有组织的不负责任现象"。因此，必须明确每一部分各自的责任，并建立相应的承担责任机制，这一点是至关重要的。

## 第四节 他山之石：对无人驾驶的责任研究

目前，国内外许多公司都在积极研发无人驾驶技术，比如谷歌、百度的无人驾驶汽车均引起了广泛关注。2012 年，美国内华达州成为第一个发放无人驾驶汽车驾照的州。2016 年，美国国家公路交通安全管理局

---

① 转引自徐立成、周立：《食品安全威胁下"有组织的不负责任"》，《中国农业大学学报（社科版）》，2014 年第 2 期。

（National Highway Traffic Safety Administration）指出，自动驾驶技术的快速发展意味着部分或完全自动驾驶的汽车已经向我们走来，其广泛应用是可行的。① 关于无人驾驶技术的责任问题，也引起了学者们的普遍关注，其中大多数是法学家从法律责任的角度进行的探讨。道德责任与法律责任虽然有本质区别，但二者亦有许多交叉重叠之处。因此，以法学界关于无人驾驶技术的法律责任研究为例，可以在一定程度上检验我们关于道德责任的讨论的合理性与局限性。

美国国家公路交通安全管理局把无人驾驶汽车按自动程度从低到高分为五个档次。②

0 档：司机始终完全独立控制汽车，包括刹车、转向、油门等，司机独自为掌握路况和汽车安全操控负责。

1 档：特定功能汽车。在此档的汽车拥有一种或多种特定的控制功能；如果多种功能都是自动的，那么它们相互独立地运作。比如拥有巡航控制、电子稳定控制等辅助控制系统的汽车，司机仍然全面控制汽车，独自为安全操作负责。

2 档：组合功能汽车。此档汽车拥有至少两种基本控制功能，它们被设计为共同发挥作用，以减少司机对这些功能的控制，比如把巡航控制与车道居中（lane centering）两种功能组合起来。司机仍然为掌握路况与安全操作负责，并随时准备控制汽车。

3 档：有限自动驾驶汽车。此档自动汽车可以让司机在某些交通或环境情况下，不用完全控制全部关键性安全功能，同时主要依靠汽车监视情

① National Highway Traffic Safety Administration, "DOT/NHTSA Statement Concerning Automated Vehicles," http://www.nhtsa.gov/Research/Crash-Avoidance/Automated-Vehicles.

② National Highway Traffic Safety Administration, "Preliminary Statement of Policy Concerning Automated Vehicles," http://www.nhtsa.gov/Research/Crash-Avoidance/Automated-Vehicles.

况的变化，在必要时让渡到司机控制。司机需要偶尔控制一下汽车，但会有足够的让渡时间。在自动驾驶模式中，汽车被设计为确保安全操作。第3档和第2档的主要区别在于，汽车在驾驶过程中，司机不需要随时掌握路况，而是由汽车自动完成。

4档：汽车被设计为操作所有关键性安全驾驶功能，并全程监测路况。这样的设计只要求司机提供目的地或导航输入，并不要求司机在旅行的任何时候控制汽车。包括空车与载人汽车。

无人驾驶汽车的传感、控制等多种技术当然适用于机器人，我们完全可以把无人驾驶汽车看作一个可以自由移动的机器人。

有的学者认为，应该让无人驾驶汽车的所有者承担较多的责任。比如，美国学者达菲（Sophia Duffy）等把狗与无人驾驶汽车相比较，认为关于狗的所有权与责任法律规定为管理自动驾驶汽车提供了一个很好的模型，因为两者之间存在高度的相似。两者都是独立于人类所有者进行思考与行动，都有可能造成人身伤害，或引起财产损害。根据法律规定，狗的主人要承担严格责任（strict liability），意思是无论主人主观上有无过错，只要狗给对方造成了伤害，就应当承担责任。达菲认为，无人驾驶汽车的所有者也应该承担严格责任。在她看来，虽然严格责任使责任分配从制造商转移到车主，会引起汽车保险费用上涨，加重车主的负担，但这种做法消除了无人驾驶的责任评估问题，可以使法庭更高效地解决诉讼。而且，这样还有助于保护发明，鼓励制造商积极采用新技术，使无人驾驶技术更好地为社会服务。①

美国学者肯普（David Kemp）认为，现有的法律系统不能解决无人驾

① Duffy Sophia and Hopkins Jamie, "Sit, Stay, Drive: The Future of Autonomous Car Liability," *SMU Science & Technology Law Review*, 2013, Vol.16, No.3, pp.453–480.

驶引发的事故问题，他给出的解决方案是系统分析（systems analysis）。也就是说，要对整个系统进行考察，而不是考察事件链中所涉及的每一部分的个体责任。对于无人驾驶汽车来说，系统包括制造商、工程师、驾照管理机构、司机以及外部因素（比如天气）。如果把所有情况当作一个整体来考察，那么我们就更容易、更精确地分摊责任和失误，并对受害者的损失进行赔偿。[①] 也就是说，与无人驾驶相关的所有方面，均有可能承担相应的责任。

美国学者哈伯德（Patrick Hubbard）认为，对于解决机器人与无人驾驶汽车造成的人身伤害问题，现有的法律系统完全适用，并无瑕疵，也不需要进行根本性的改变。他把法律中的责任理论应用于分析无人驾驶的责任问题，特别是对侵权行为学说的影响。

哈伯德认为，对于0至3档汽车，人类司机在所有时间内都起着重要作用，不会改变关于销售者和经销商的侵权行为理论（tort doctrine）的基本结构。特别是，原告仍然必须展示产品在制造、设计以及危险警告方面的安全缺陷。但是，无人驾驶汽车会在许多重要的方面影响侵权行为理论的应用。比如，具有学习能力的汽车可能产生的不可预知的行为（意外行为），以及汽车之间的相互联系和协调，使得关于伤害责任分配的事实认定比较复杂。不过，已有的理论可以解决这两个问题，比如，对于意外行为的问题，要求原告提供可靠的专家证据，说明① 意外行为的运用并不满足设计或警告的成本-收益（cost-benefit）标准；② 该故障满足导致原告伤害的标准。

不过，由于无人驾驶技术的特殊性，制造商和经销商需要承担另外的责任。制造商和经销商不能假定，有驾驶普通汽车驾照的司机没有经过

---

① Kemp David, "Autonomous Cars and Surgical Robots: A Discussion of Ethical and Legal Responsibility," *Verdict*, 2012-11-19, https://verdict.justia.com/2012/11/19/autonomous-cars-and-surgical-robots.

特殊训练就可以驾驶自动汽车。为了安全使用无人驾驶汽车，要求进行专门的训练，制造商和经销商可能被要求提供这种训练，或者提供训练的机会，同时给予训练必需的警告。另外，制造商也有义务及时更新软件，而不是在政府干预的情况下才这样做。

侵权行为法涵盖了由控制、使用和维护机器的个人导致的人身伤害的大多数责任问题。如果伤害是由他们在以下四个方面的疏忽（未能做到在合理的水平上注意）导致的——分别为① 使用机器，② 保养机器，③ 监管或授权使用机器，以及④ 如果机器可能导致危险就阻止他人使用机器，他们就应该对此负责。对于自动驾驶的汽车而言，这些理论完全适用。当然，随着无人驾驶汽车与机器人越来越复杂，使用或保养者应该掌握更多更复杂的技能。

随着汽车自动程度的提高，发生事故的原因会越来越多地源于汽车的性能，越来越少地源于司机的行为。在车与司机之间的责任分配可能会从所有者和司机（他们主要基于过失侵权法而负责），转向销售者和分销商（他们主要根据产品责任法而对产品缺陷负责）。也就是说，汽车的制造商和经销商需要承担更多的责任。

对于第 4 档的汽车，也就是完全自动驾驶的汽车，现有的责任系统需要在两方面进行调整：第一，目前的系统需要根据具体环境的不同而改变；第二，法庭可能拓展现有的无过错原则，使其包括高度复杂的无人驾驶汽车与机器人在内。

当侵权行为系统继续使用传统的过错方法（fault approach），主张对机器人的控制、使用和服务时，某些概念（比如合理注意）的应用就需要进行调整。这是由于这里涉及越来越复杂的机器人，而法律系统需要估量相应的行为特征所需要的合理的技能水平。比如，在高速公路上驾车的人，或者为建筑工程驾驶大型推土机的人，如果他们未能表现出合理的操作技能，就要承担疏忽行为责任。与此类似，为了达到合理注意的标准，无人驾驶汽车的使用者需要使用合理的技能来合理地操作汽车，比如，了解驾驶系统何时可能出故障，并在一定程度上了解如何处理故障。由此，保养和使用控制的责任需要在保养和控制时能够使用合理注意。也就是说，使用者有责任掌握必要的知识和技能，应用合理注意，避免伤害其他人。哈伯德认为，如果我们把机器人比作小孩子或动物，可以使得所有者与使用者承担无过错责任，但这并不意味着我们不要去了解机器人可能拥有的特征。比如，我们需要了解机器人是否有侵害的趋势，是否足够危险等。①

与哈伯德观点类似，格尼（Jeffrey Gurney）也认为，汽车制造商应该为自动驾驶模式造成的事故负责。格尼比较详细地考察了司机的不同情况，他把司机分为注意力不集中的司机（distracted driver）、部分失能司机（diminished capabilities driver）、失能司机（disabled driver）以及专心的司机（attentive driver）四类。他认为，如果要把责任转移到司机身上，需要根据司机的特点和阻止事故的能力来具体分析。对于自动驾驶模式导致的事故，对失能司机来说，汽车制造商应该为事故负责；对部分失能和注意力不集中的司机而言，制造商承担部分责任；而专心的司机应该为自动汽车导致的大多数事故负责。②

我国学者也认为，无司机型全自动无人驾驶汽车与有司机型但在无人驾驶状态下的汽车发生交通事故，属于产品缺陷责任问题，原则上应该由生产者与销售者来承担；汽车所有人有过错的承担主要责任，生产者与销

① Hubbard Patrick, "'Sophisticated Robots': Balancing Liability, Regulation, and Innovation," *Florida Law Review*, 2014, Vol.66, No.5, pp.1803－1872.

② Gurney Jeffrey, "Sue My Car not me: Products Liability and Accidents Involving Autonomous Vehicles," *Journal of Law, Technology & Policy*, 2013, Vol.2013, No.2, pp.247－277.

售者承担次要责任。[1]

总的来说，法学界对无人驾驶的责任认定也存在争议，但有几点值得注意。第一，法学家讨论无人驾驶的责任问题时，主要是围绕技术开发商、生产商、销售商和使用者来展开的，在他们看来，无人驾驶汽车与机器人根本就不是承担责任的主体。当然，从道德责任的角度看，倒不是说机器人不能成为从理论角度探讨道德责任的主体对象，但至少说明目前机器人尚不能成为现实的责任主体，这从另一个侧面说明本书的责任主体研究具有一定的合理性。第二，法学家是把无人驾驶作为一种现成的技术来讨论责任问题，主要是考查当下的责任，而道德责任完全可以往前延伸，拓展到机器人技术的规划与设计阶段。第三，无人驾驶技术所涉及的责任人员范围相对有限，可以根据某些具体的法律条文进行比较清晰的界定，而机器人伦理中的道德责任主要是从理论探讨的层面进行的，具有一定的普遍意义。这一点也提醒我们，在探讨一般性的道德责任的基础上，还需要结合具体的机器人应用领域进行深入细致的案例研究，从而使研究成果更具有现实意义与可操作性。

## 第五节
## 科技人员的前瞻性道德责任

前文已经提及设计者的道德责任，但鉴于科技工作者的特殊角色，以及现代机器人与人工智能技术的发展趋势，我们在此特别强调科技人员的

① 沈长月、周志忠：《无人驾驶汽车侵权责任研究》，《法制与社会》，2016年第27期。

前瞻性道德责任。

## 一、为何负责？

第一，从科技的社会影响的角度看，人工智能与机器人技术很可能产生巨大社会影响，由此突显了责任伦理的重要性。众所周知，约纳斯的责任伦理思想产生了很大的影响。约纳斯为何要强调责任伦理呢？他认为，随着人类能力的发展，人类的行为特征已经发生了变化，而伦理学与行为相关，那么人类行为特征的改变要求伦理学也需要某种改变。① 约纳斯所说的人类的新能力，就是指现代技术。

维贝克用调节（mediate）概念来解释技术对人类的具体影响。在他看来，技术不是中立的工具，技术人工物对人类的行为和经验起着调节作用，影响人类的道德行为、道德抉择以及生活质量。② 人们使用某一新技术导致的结果，也可能跟预期的目标相符，但也可能导致不一样甚至完全相反的结果。特纳（Edward Tenner）把技术导致的跟人们预期相反的结果称为“技术的报复”。他认为：“报复效应的发生，是由于新的设备、装置和结构以人们未能预见的方式，跟实际情况下实际的人们相作用的结果。” ③

从人类目前对个人电脑、手机等智能产品的依赖，我们可以认为，将来人工智能产品（包括机器人）对人类社会的调节作用会更大，将对人类产生更加深刻的影响。从许多文学和影视作品中反映出的人类对人工智能

---

① Jonas Hans, *The Imperative of Responsibility: In Search of an Ethics for the Technological Age* (Chicago: The University of Chicago Press, 1984), p.1.

② Verbeek Peter-Paul, *Moralizing Technology* (Chicago: The University of Chicago Press, 2011), p.90.

③ 特纳：《技术的报复》，徐俊培、钟季康、姚时宗译，上海：上海科技教育出版社，1999，第 9—10 页。

与机器人技术的忧虑，以及许多科学家与人文学者对无限制发展人工智能的谨慎甚至批评态度，我们也能得出这样的结论，人工智能与机器人技术对人类文明的影响可能是极其深远的，甚至可能会产生严重的“技术报复”现象。

第二，从责任主体的条件看，机器人技术的实践者应该承担更多的伦理责任。约纳斯认为承担责任有三个必要条件，首要的也是最基本的条件是因果力量，也就是行为对世界产生影响；其次，该行为处于行为体的控制之下；再次，他能够在一定程度上预见行为的后果。① 从这三个条件我们可以推断，从事机器人技术研发的工程师、制造商应该是承担责任（包括道德责任）的主体。用荷兰学者韦尔伯斯（Katinka Waelbers）的话来说，就是实践者（practitioners），即从事实际技术研发的工程师、科学家以及行政官员（包括个人与集体）。② 从本章第一部分的论述，我们也可以得出类似的结论。

## 二、负何责任？

根据不同的标准，我们可以把责任分为不同的类型。比如，按照责任所涉及的范围，可分为“自我责任”和“社会责任”；按照责任的认定程序来划分，可以为分“追溯性责任”与“前瞻性责任”；根据责任主体与其所负责任之事物的关系来划分，可以分为“能力责任”与“角色-任务责任”等。③ 我们在这里要重点强调的是，人工智能与机器人技术的实践

① Jonas Hans, *The Imperative of Responsibility: In Search of an Ethics for the Technological Age* (Chicago: The University of Chicago Press, 1984), p.90.

② Waelbers Katinka, *Doing Good with Technologies* (Dordrecht: Springer, 2011), p.6.

③ 甘绍平：《应用伦理学前沿问题研究》，南昌：江西人民出版社，2002，第 123—125 页。

者需要承担前瞻性道德责任。

约纳斯认为，传统的伦理学主要关注于当下的问题。“关于某种行为的善与恶必定密切关注行为，要么行为本身正在实践中，要么在其实践范围之内，而不是长远计划的事物。”① 但是，现代技术赋予人类的强大力量，要求一种考虑长远责任的新伦理学，从而实现对未来负责，也就是前瞻性伦理责任。甘绍平认为，约纳斯强调的责任伦理，其新颖之处就在于它是远距离也就是前瞻性伦理，以及它是整体性伦理。② 米切姆对约纳斯的思想持赞同态度，他认为：“技术的力量使责任成为必需的新原则，特别是对未来的责任。”③

韦尔伯斯也认为，要让技术实践者承担前瞻性道德责任，需要采用一种跟传统伦理学不一样的责任概念。许多哲学家都讨论了责任或义务，当他们论述责任时，负责任是指成为反应态度的正当目标。也就是说，你已经做了某些正确或错误的事情，为此你应该接受赞扬或谴责。赞扬或谴责显然是追溯性的，是在人们的行为发生之后进行的，此时行为导致的后果已经清楚明了。义务强调的是，你对某事负责是因为你有义务这样做。义务可以看作是前瞻性的，但前提是必须对负责任的行为的内涵进行清楚界定。但是，当我们讨论新技术以及技术的新用途时，一般做不到这一点，因此也就无法界定义务。前瞻性责任采用跟传统伦理学中的责任不同的责任概念，它集中关注人们对未来技术的社会功能之责任。④ 江晓原教授认为，对人工智能的发展应该进行重大限制，而且这种限制现在就应该进

① Jonas Hans, *The Imperative of Responsibility: In Search of an Ethics for the Technological Age* (Chicago: The University of Chicago Press, 1984), pp.4–5.

② 甘绍平：《忧那思等人的新伦理究竟新在哪里？》，《哲学研究》，2000 年第 12 期。

③ 米切姆：《技术哲学概论》，殷登祥、曹南燕，等译，天津：天津科学技术出版社，1999，第 101 页。

④ Waelbers Katinka, *Doing Good with Technologies* (Dordrecht: Springer, 2011), p.5.

行。[1] 我们认为，让从事人工智能研发的科学家与工程师承担前瞻性道德责任，就是对人工智能发展进行限制的一种重要手段。

从技术的社会控制的角度看，倡导科研人员承担前瞻性道德责任，可能是解决所谓的“科林格里困境”（Collingridge’s Dilemma）的途径之一。在1980年出版的《技术的社会控制》一书的“前言”中，科林格里（David Collingridge）指出：“我们不能在一种技术的生命早期阶段就预言到它的社会后果。然而，当我们发现其不好的后果之时，技术通常已经成为整个经济与社会结构的一部分，以至于对它的控制变得极端困难。这就是控制的困境。当容易进行改变时，对其的需要无法得以预见；当改变的需要变得清楚明了之时，改变已经变得昂贵、困难以及颇费时日了。”[2]

虽然“科林格里困境”看上去有点悲观主义和技术决定论的色彩，但科林格里本人并不认为技术就是无法控制的。科林格里指出，为了避免技术产生有害的社会后果，我们需要做两件事：第一，我们必须知道技术将可能产生有害的影响；第二，采用某种方式改变技术以避免这些影响一定是可能的。[3] 技术在其发展的早期尚未对社会形成明显的影响，其可控性也较强，目前机器人技术就处于这个重要的发展阶段。如果我们及时地采取有力措施进行控制的话，在一定程度上可以避免落入“科林格里困境”。强调科研人员的前瞻性伦理责任，就是实现这一目标的重要手段之一。

## 三、如何负责？

考虑到机器人技术可能产生的深刻影响，前瞻性道德责任要求设计者

① 江晓原：《为什么人工智能必将威胁我们的文明》，《文汇报》，2016年7月29日第3版。
② Collingridge David, *The Social Control of Technology* (New York: St. Martin’s Press, 1980), p.11.
③ Ibid., p.16.

在开展具体的研究设计之前就需要进行必要的反思。韦尔伯斯认为，为了探究某种技术将来可能产生的社会作用，减少在评估中的盲区和偏见，我们应该逐一思考以下五个方面的问题：① 技术的目标是什么？② 会影响哪些实践活动？③ 在这些实践活动中，常见的行为理由是什么？④ 考虑到这些理由和现有的技术，该技术可能有哪些用途？⑤ 这些用途将会如何调节相关实践的行为理由？[①]

为了回答这五个问题，以及对答案进行评估，韦尔伯斯认为我们可以采用以下三种工具：① 反思工具：想象力哲学（philosophy of imagination），也就是想象技术可能产生的不同用途与效果；② 主体间工具：案例的技术评估；③ 研究工具：行为研究，也就是运用行为科学的经验方法，探究人与技术的互动。[②] 接下来我们较为详细地讨论这三种工具。

1. 道德想象力

事实上，韦尔伯斯提出的三种工具已有不少学者有过相关的论述。比如，约纳斯提出所谓的“恐惧启发法”（the heuristics of fear）和“未来伦理学”（ethics of the future）的两条义务，其实质就是要激发人们的道德想象力。“恐惧启发法”的意思是，我们只有认识到事物可能产生的危险，我们才能认识这种危险的事物，也才能明白我们应该保留什么，以及为何要保留。他强调，道德哲学应该考察恐惧在前，考察愿望在后，从而了解我们真正珍爱的是什么。[③] 在约纳斯看来，道德哲学中对善的概念的研究主要是考察我们的愿望，但事实上恐惧应该是更好的向导。[④] 就像健康那

---

① Waelbers Katinka, *Doing Good with Technologies* (Dordrecht: Springer, 2011), p.93.

② Ibid., pp.96–99.

③ Jonas Hans, *The Imperative of Responsibility: In Search of an Ethics for the Technological Age* (Chicago: The University of Chicago Press, 1984), pp.26–27.

④ Ibid., p.233.

样，当我们拥有它的时候，我们通常不会发现它是我们所渴望的，但当我们要为健康而忧虑的时候，我们才能真正明白它的重要性。

约纳斯提出的“未来伦理学”的两条义务直接与道德想象力相关。第一，想象技术活动的长远影响。由于我们所恐惧的尚未发生，而且在过去和现在的经验中也没有类似的，我们只能充分发挥创造性的想象力。第二，激发一种适合于我们所想象的场景的情感。由于我们想象的遥远的恶并不威胁我们自己，也并非近在眼前，所以激起来的恐惧感会很少。因此，我们要设身处地为子孙后代考虑，使我们的精神心甘情愿地受到后辈人可能遭遇的命运和灾难的影响，给他们留下更大的发展空间，而不是无用的好奇心和悲观。①

我国学者杨慧民等人认为：“道德想象力能有效地扩展和深化人们的道德感知，使其超越直接面对的当下情境，并通过对行为后果的综合考虑和前瞻性预见为人们提供对长远的、未充分显现的影响的清晰洞察。而这正是后现代人类行为可能结果的不确实性（即责任的缺位）向人类提出的新要求。”② 总的来说，道德想象力有助于机器人与人工智能研发人员识别设计问题的道德相关性，从而创造新的设计选择，并设想其设计可能产生的后果，从而提高其承担责任的能力。③

通过培养与提升科研人员的道德想象力，激发起他们承担责任的自觉意识，这一点至关重要。石里克（Moritz Schlick）指出：“与宣布一个人什么时候该承担责任的问题相比，他自己觉得什么时候该承担责任的问题

---

① Jonas Hans, *The Imperative of Responsibility: In Search of an Ethics for the Technological Age* (Chicago: The University of Chicago Press, 1984), pp.27–28.

② 杨慧民、王前：《道德想象力：含义、价值与培育途径》，《哲学研究》，2014 年第 5 期。

③ Coeckelbergh Mark, “Regulation or Responsibility? Autonomy, Moral Imagination, and Engineering,” *Science, Technology & Human Values*, 2006, Vol.31, No.3, pp.237–260.

要重要得多。”[①] 道德想象力的重要性在伦理学研究者中已经得到了较多的关注，也有一些代表性的论著发表。当务之急是参考借鉴已有的理论与案例研究成果，结合机器人技术的特点，充分利用虚拟现实等技术手段，以及文学、影视作品等各种资源，努力发展机器人技术研发人员的道德想象力。

2. 技术评估

利用道德想象力对技术进行预见的功能毕竟是有限的，许多学者提倡对新技术进行建构性技术评估（Constructive Technology Assessment，以下简称 CTA）。CTA 最初于 20 世纪 80 年代中期起源于荷兰。1984 年，荷兰教育、文化与科学部在政策备忘录中表现出对 CTA 的浓厚兴趣，之后这个术语便流传开来。对“建构”的强调源于 CTA 的发展是由技术发展研究所引导，而技术评估的其他分支却不是如此，它们主要是受其他学科或跨学科的多个领域的影响。可以把 CTA 看作一种新的设计实践，各种不同的利益相关者从一开始就以相互作用的方式参与其中。CTA 强调需求与可接受性的对话及清晰表达，这是 CTA 的重要组成部分。消费者与各种团体共同参与专门为引入新技术而建立的“平台”，与公司一起讨论技术与产品的选择。

在把各种意见反馈到技术发展过程的行动中，涉及三种不同的行动者。第一类是“技术行动者”（technology actors），是那些投资并实现技术发展的行动者，他们通常也是 CTA 行为的对象。技术行动者包括公司、某些政府机构、国家实验室以及技术方案。第二类是“社会行动者”（societal actor），指提前使用并把意见反馈到技术发展中的行动者，比如政府机构、各种社会团体，不过公司和其他技术行动者也扮演此类角色。第

① 石里克：《伦理学问题》，孙美堂译，北京：华夏出版社，2001，第 120 页。

三类是“元层次的行动者”（actor at a meta level），比如在各种行动者之间的政府协调。没有政府机构的授权，元层次的活动也会发生，不过将其描述为技术行动者和社会行动者之间相互作用的简化和调节可能更为恰当。技术评估机构可以承担此类角色。

CTA 围绕对新技术的影响的尝试来进行，其实这也是各种技术评估工作的核心部分。在传统的技术评估中，技术或工程是给定的，因此被看作是一个静态的实体。而对 CTA 来说，过程动力学（dynamics of process）是核心，在技术转变的过程中，各种影响被看作是正在建构中的，并且是合作产生的。这些影响来源于上述三种行动者，也就是说这些行动者共同制造影响。行动者都有其目的、利益和价值观，CTA 不能偏袒和认同特定行动者的目标与利益，因此需要确定理想发展的元层次标准。这也是所有技术评估方法的核心内容，即我们更期待发生什么情况。除此之外，还有两条元层次标准，即学习与反思（reflexivity）。学习包括广度与深度学习，广度学习指探究设计选择、用户要求、政治与社会的可接受性问题等各个方面之间的可能的联系，深度学习指增进对既定目标的研究，同时澄清各种价值及其关联。另一方面，行动者需要反思技术及其效应的相互作用，认识各种行动者在技术发展中的不同角色等。①

总的来说，CTA 的目的是想要在新技术广泛应用之前，综合各方的观点和利益，影响技术的设计过程，使技术产品能够更好地满足人们的需求，并减少负面影响。有的学者已经将 CTA 应用于对纳米技术的评估，②

---

① Schot Johan and Rip Arie, “The Past and Future of Constructive Technology Assessment,” *Technological Forecasting and Social Change*, 1997, Vol.54, No.2–3, pp.251–268.

② Zulhumadi Faisal, Udin Zulkifli and Abdullah Che, “Constructive Technology Assessment of Nano-Biosensor: A Malaysian Case,” *Journal of Southease Asian Research*, 2015, Vol.2015, Article ID 129464, pp.1–11. DOI: 10.5171/2015.129464.

不过研究者选择的访谈对象主要是实验室的专家，也就是技术行动者，得出的结论难免会有一定的局限性。但是，所有的专家都认为，他们的研究将会对工业甚至整个社会都产生影响，显示出受访的科学家都清楚地认识到了自己的社会责任。

虽然CTA受到许多学者的高度重视，但仍然有一些关键性问题需要解决。比如，维贝克认为，CTA主要关注于人类行动者，对非人实体的调节作用关注不够；CTA关注技术发展的动力学，也就是打开了技术“设计语境”的黑箱，但并未打开技术的“使用语境”的黑箱。[①] 而且，把不同行动者的反馈意见真正在技术的发展过程中体现出来，还存在诸多困难。尽管如此，CTA为我们评估机器人技术提供了一个有用的理论工具，如果运用得当，应该可以对机器人技术的发展发挥积极的影响。

3. 行为研究

如果说CTA主要关注于“设计语境”的话，那么运用行为科学的经验研究方法可以更多地对“使用语境”进行探索。行为科学是指用科学的研究方法，探索在自然和社会环境中人（和动物）的行为的科学。虽然行为科学与社会科学有重叠与类似之处，但行为科学强调用客观的观察方法和现代技术手段直接收集资料，分析研究结果。由于行为科学研究中使用了比较科学的方法，因此可以对社会科学中的问题得到比较可靠的结果，并能预测社会现象的发展变化趋势。[②] 我们可以应用行为科学的研究方法，探究人与机器人的互动。在逐渐向我们走来的“机器人时代”中，机器人毫无疑问可以帮助我们解决很多问题，机器人的设计固然应该以实现任务

① Verbeek Peter-Paul, *Moralizing Technology* (Chicago: The University of Chicago Press, 2011), p.103.

② 中国科学院心理研究所战略发展研究小组：《行为科学的现状和发展趋势》，《中国科学院院刊》，2001年第6期。

为中心，但人类与机器人互动方面也必须得到充分的关注。

日本学者辻祐一郎（Yuichiro Tsuji）等对人与机器人互动的移情（empathize）现象进行了研究。在人与人的互动中，眼神交会、社会接触和模仿都可以用于提高移情作用，人与机器人也可以发生情感互动，那么在人与机器人互动中，哪些方法可以引起移情现象？人类的哪些行为可以作为移情的评价指标？辻祐一郎等人让 4 名大学生观察机器人玩游戏，并让他们对机器人在开始游戏时以及对游戏的胜利或失败的结果做出不同的反应，比如叫机器人的名字、轻拍机器人等。实验结果表明，人们通过叫机器人的名字和安抚机器人等行为，可以增进与机器人的移情作用，眼睛注视（eye fixation）可能可以作为移情的一种评价指标。①

奥斯特曼（Anja Austermann）等人对比了人类与不同类型的机器人的互动现象。通过对比研究人与人形机器人 ASIMO、宠物机器狗 AIBO 之间的互动，发现使用者与这两种机器人之间的互动并没有明显的差别。也就是说，如果不同机器人根据同样的任务做出同样的表现，使用者的印象主要是根据机器人的现实表现，而不是其外观。不过，研究人员发现，机器人的外观在一定程度上还是会影响它们与人类的互动。最明显的差别是，人们经常采用抚摸的方式对 AIBO 的行为进行反馈，而对 ASIMO 几乎没有抚摸的现象发生。相反，使用者倾向于对 ASIMO 说"谢谢"的方式进行反馈。② 巴西学者桑托斯等人考察了人与 AIBO 之间的互动现象，得出了更为乐观的结论。人们在与 AIBO 互动的过程中，除了与之发生碰撞等特殊情况之外，人们普遍感觉很舒适。甚至，当评估人员提及有人与

---

① Tsuji Yuichiro, et al, *Experimental Study of Empathy and its Behavioral Indices in Human-Robot Interaction*. HAI 14, 2014−10−29, http://dl.acm.org/citation.cfm?id=2658933.

② Austermann Anja, *How do Users Interact with a Pet-Robot and a Humanoid?* CHI 2010, 2010−4−10, http://www.ymd.nii.ac.jp/lab/publication/conference/2010/CHI-2010-anja.pdf.

AIBO 互动感觉不舒服时，人们觉得很奇怪会有这种情况发生。[1]

目前的许多研究都表明，人与机器人互动确实与其他的技术或人工物有着明显不同，特别是人与机器人之间可能产生的情感联系。因此，如何全面评价人与机器人的互动也成为一个重要问题。[2] 不过，目前人与机器人的互动研究重点主要集中于研究人类的行为。我们认为，随着人工智能水平的进一步提高，我们必须把研究重点转向研究机器人的行为。毋庸置疑，深入探索、评价人与机器人的互动模式及其效应，对于机器人的设计与人类接受机器人都具有重要的理论与实践意义。

韦尔伯斯的思想为机器人的设计者实践前瞻性道德责任提供了实用的工具与方法。总的来说，前瞻性道德责任要求设计者对机器人研究的动机、目的以及可能产生的社会影响有比较清醒和全面的认识。

## 本章小结

第一，从多种承担道德责任的理论来看，如果机器人犯错，应该由人类承担道德责任，而不是机器人。即使机器人拥有一定的自主程度和学习能力，从根本上讲，它们仍然受到人类的控制，并非拥有真正的自由。

第二，从责任的分配来看，机器人的设计者、生产商、各种相关组织

---

① Santos Thiago Freitas dos, et al, "Behavioral Persona for Human-Robot Interaction: A Study Based on Pet Robot," Kurosu Masaaki edited, *Human-Computer Interaction, Part II* (Heidelberg: Springer, 2014), pp.687-696.

② Young James, et al, "Evaluating Human-Robot Interaction," *International Journal of Social Robotics*, 2011, Vol.3, No.1, pp.53-67.

与团体、政府管理部门与使用者都需要承担相应的责任。只有各个利益相关者积极主动并有效地承担各自的责任，机器人才可能给我们带来美好的未来。

第三，考虑到机器人可能给人类带来的深远影响及可能产生的控制困境，机器人设计者需要承担前瞻性道德责任，可以通过道德想象力、技术评估与行为研究等多种途径来实现。

第四，对机器人道德责任的研究，在一定程度上可以看出，人类对技术拥有相当大的控制能力。在人与技术的关系中，人类掌握了相当的主动性，而不是技术决定论。

第八章

# 伦理设计

在如火如荼的机器人伦理研究中，机器人的伦理设计问题毫无疑问是一个关键性问题。许多关于机器人伦理研究的理论成果，最终需要落实到对机器人与人工智能产品的设计过程中才能发挥实际的作用。本章试图就机器人伦理设计的必要性与可能性、理论进路与实践探索，以及机器人伦理设计的评价问题做出简要论述。

## 第一节<br>建构人工道德行为体的必要性

### 一、对建构人工道德行为体的批评与反对

在关于机器人伦理的研究与争论中，其中一个问题是关于机器人的道德地位问题，特别是机器人是否应该成为道德行为体的问题。对该问题的回答，直接关系到我们应该如何对机器人进行伦理设计的问题，也就是让机器人拥有何种程度的道德判断与行为能力的问题。有的学者认为，机器人（包括其他类似的自主系统）可以成为人工道德行为体（AMAs），有的学者持反对意见。

事实上，不同的学者对道德行为体的标准界定也不太一样。美国哲学家沃森（Richard Watson）指出，成为道德行为体的充分必要条件有六个：① 自我意识；② 有能力理解关于权利与义务的道德原则；③ 拥有遵循或反对特定义务原则行事的自由；④ 能够理解特定的义务原则；⑤ 拥有履行义务的身体条件（或潜能）；⑥ 拥有遵循或反对特定义务原则行事的意

向。[1] 沃森的观点比较有代表性，他还认为道德行为体的首要特征就是自我意识。有不少学者认为机器人不能成为道德行为体，主要的反对依据就是机器人没有自我意识。

泰勒（Paul Taylor）主要从能力的角度来界定道德行为体。他认为，如果一个生命体拥有某些能力，它可以凭借这些能力道德或非道德地行事，并拥有责任与义务，这样的生命体就是道德行为体。在这些能力当中，最重要的有：判断正确与错误的能力；进行道德考量的能力，也就是对赞同或反对各种可供选择的行为进行道德方面的思考与权衡；在道德考量的基础上做出决定的能力；运用必要的决心与意志执行决定的能力；对未能执行的决定给出自己的解释的能力。[2] 从这个角度看，机器人是否能够成为道德行为体只是时间和程度的问题。

有的学者从责任伦理的角度出发，认为我们不应该让机器人成为道德行为体。他们担心，让机器人成为道德行为体，意味着机器人需要承担相应的责任，而机器人并不具备承担责任的能力，让机器人成为道德行为体从理论上讲是不应该的，也可能导致设计者推卸责任。比如，澳大利亚学者帕特里克·休认为，从目前可以预见的技术来看，AMAs 的设想是不可行的。他认为，如果一个行为体（agent）因为进行了某种行为而值得赞许（包括受到批评），并由此承担道德责任，这样的行为体才是道德行为体。但是，目前人们对机器人伦理的研究，基本上都是把人类的道德原则强加给机器人，使其成为执行人类道德的工具，机器人本身并非是自愿的。这样的人工行为体（artificial agent）不是道德行为体，也不需要承担责任，

---

① Watson Richard, "Self-Consciousness and the Rights of Nonhuman Animals and Nature," *Environmental Ethics*, 1979, Vol.1, No.2, pp.99–129.

② Taylor Paul, *Respect for Nature: A Theory of Environmental Ethics* (Princeton: Princeton University Press, 1986), p.14.

而人类应该承担所有责任。[①]

美国学者约翰逊（Deborah Johnson）等人认为，我们不应该制造AMAs。他们认为，关于计算机系统是否可以成为道德行为体的争论，实质上是人们对正在发展中的智能系统的不同理解之争，也是对其未来发展方向之争。事实上，计算机（智能）系统是由人类创造出来执行人类的任务，由人类设计并使用的，即使它们可以独立运行，但仍然而且也应该与人类联系在一起。约翰逊等人担心，如果发展AMAs，可能导致设计和使用智能系统的人不用对他们的行为承担责任。[②] 美国计算机专家杨玻尔斯基认为，给智能系统赋予道德地位是一种误导，这种做法以为可以通过束缚人工智能的行为来限制其产生负面影响。他主张应该为人工智能建立一种新的安全工程科学，由此保证人类的价值最大化。[③]

## 二、建构人工道德行为体的紧迫性

如前所述，有的学者反对建构AMAs的主要原因之一，就是对责任问题的忧虑，其实道德行为与责任完全可以分开讨论。英国学者弗洛里迪（Luciano Floridi）等人就主张，应该把行为体的道德关怀与其责

---

① Hew Patrick, "Artificial Moral Agents Are Infeasible with Foreseeable Technologies," *Ethics and Information Technology*, 2014, Vol.16, No.3, pp.197–206.

② Johnson Deborah and Miller Keith, "Un-making Artificial Moral Agents," *Ethics and Information Technology*, 2008, Vol.10, No.2, pp.123–133.

③ Yampolskiy Roman and Fox Joshua, "Safety Engineering for Artificial General Intelligence," *Topoi*, 2013, Vol.32, No.2, pp.217–226. 其实，2012年杨玻尔斯基在另一篇文章中提出了一样的观点，而且这篇文章还有一个明确反对机器伦理的副标题——《为何机器伦理是一种错误的进路》。See Roman Yampolskiy, "Artificial Intelligence Safety Engineering: Why Machine Ethics Is a Wrong Approach," in V.C. Muller edited, *Philosophy and Theory of Artificial Intelligence* (Heidelberg: Springer, 2012), pp.389–396.

任区分开来。在他们看来，在计算机伦理研究中，道德行为体并不一定要拥有自由意志、精神状态或责任。他们对行为体的评价标准是交互性（interactivity）、自主性（autonomy）和适应性（adaptability）。① 显然，弗洛里迪等人把道德行为体的概念进行了拓展，根据他们的界定，机器人完全可以纳入道德行为体的范围之内。

前述提到的帕特里克·休认为从目前的技术来看，建构 AMAs 不大可行，但他也并没有否定建构 AMAs 的必要性。杨玻尔斯基倡导为人工智能建立专门的安全工程科学当然是必要的，但并不能由此否定建构 AMAs 的必要性。而且，在我们看来，机器人伦理设计不同于对机器人道德地位的抽象讨论，事实上它完全可以构成人工智能安全工程科学的一部分。

对于如何理解意识、机器人是否可以拥有自我意识等问题，至今仍是存在诸多争议的话题。虽然人们可以根据目前的机器人没有自我意识来反对机器人成为道德行为体的可能性，但根据泰勒的界定，机器人完全可以成为道德行为体，尽管泰勒的界定是从生命体的角度出发的。美国学者赛立斯（John P. Sullins）提出了一种判定道德行为体的标准。他认为，如果我们把人类与其他道德行为体区分开来，那么人格（personhood）就不是使机器人成为道德行为体的必要条件。他指出，只要机器人具有了自主性、意向性以及能够表现和理解责任，就可以被看作道德行为体。② 也就是说，机器人是否可以成为道德行为体，主要在于我们对道德行为体的定义或评价标准。

其实，日益向我们走来的“机器人时代”已经使机器人伦理问题不再

---

① Floridi Luciano and Saners JW, “On the Morality of Artificial Agents,” *Minds and Machine*, 2004, Vol.14, No.3, pp.349–379.

② Sullins John, “When Is a Robot a Moral Agent?” *International Review of Information Ethics*, 2006, Vol.6, No.12, pp.23–30.

是哲学思辨的理论问题，而是日益紧迫的现实问题。目前，世界各国都高度重视机器人、人工智能及相关产业的发展，竞相加大投资力度。毫无疑问，机器人与人工智能将会来迎来新的投资热潮，并取得快速发展。在现代科技的支撑下，机器人会越来越聪明，自主程度也会逐渐提高。正如英国皇家工程院（The Royal Academy of Engineering）在2009年8月发布的报告中强调的那样，“自动系统可能在未来数十年内在大量领域中涌现出来。从无人驾驶的汽车和战场上的机器人，到自动的机器人手术设备，技术在没有人类控制的情况下运行、自主学习并直接做出决定，而且这些技术正在不断发展进步。”① 在这样的历史背景下，让机器人拥有一定的道德判断与行为能力，从而使其更好地为人类服务，尽量减少甚至避免负面影响，成为必然之需。

因此，我们很容易发现，很多的学者对建构AMAs持肯定态度。早在2000年，美国印第安那大学教授艾伦等人就撰文认为，随着人工智能越来越接近完全自主的行为体，如何设计和实现AMAs就成为一个日益紧迫的问题。拥有自主能力的机器人可能对人类做有益或有害的事情，如何控制机器人可能产生的负面作用，已经从科幻小说的领域中走出来，成为一个真实世界中的工程技术问题。他们认为，机器拥有越是强大的自由，就越是需要更高的道德水准。② 艾伦教授等人在后来发表的许多论著中均强调了类似的思想。

支持建构AMAs的学者还有美国耶鲁大学伦理学家瓦拉赫、达特茅斯

---

① The Royal Academy of Engineering, *Autonomous Systems: Social, Legal and Ethical Issues*, http://www.raeng.org.uk/publications/reports/autonomous-systems-report.

② Allen Colin, Varner Gary and Zinser Jason, “Prolegomena to Any Future Artificial Moral Agent,” *Journal of Experimental and Theoretical Artificial Intelligence*, 2000, Vol.12, No.3, pp.251–261.

学院哲学系教授摩尔、哈特福特大学计算机专家迈克尔·安德森、康涅狄格大学哲学系教授苏珊·安德森以及加州州立理工大学的帕特里克·林等人。比如，摩尔认为，如果我们在现实事件中让计算机来做出决定，比如计算机自动驾驶，那么伦理考量就不可避免。与艾伦等人类似，摩尔也认为机器日益复杂，自主程度不断提高，机器伦理的重要性是不言而喻的。当然，他也指出，根据目前的技术现状，要开发比较高级的伦理行为体还不能太乐观。① 迈克尔·安德森和苏珊·安德森强调了类似的观点，他们强调，传统的关于技术与伦理的关系研究主要关注于人类对技术的使用问题，几乎没有人关注人类应该如何对待机器的问题。随着机器自主程度的不断提高，我们应该给某些机器增加伦理维度。机器伦理的研究目标，就是要创造一种按照合理的伦理原则运行的机器，这样的机器在真实世界的环境中更容易被人们接受。② 虽然摩尔与安德森等人倡导的是发展机器伦理（machine ethics），但其实质就是建构 AMAs。还有学者认为，我们应该把机器人设计为理想的道德行为体，也可以称其为英雄机器人（heroic robots）。③

我们认为，机器人的伦理推理方式可以与人类不一样。人类进行道德判断所需要的情感、意识等因素，对机器人来说可能并不是必需的。有的学者认识到机器不可能像人类那样进行道德判断，但同时又以人类的道德推理模式或环境来要求机器人，这显然是不合理的。④ 对机器人的伦理设

① Moor James, “The Nature, Importance, and Difficulty of Machine Ethics,” *IEEE Intelligent Systems*, 2006, Vol.21, No.4, pp.18–21.

② Anderson Michael and Anderson Susan, “The Status of Machine Ethics: a Report from the AAAI Symposium,” *Minds and Machines*, 2007, Vol.17, No.1, pp.1–10.

③ Wiltshire Travis, “A Prospective Framework for the Design of Ideal Artificial Moral Agents: Insights from the Science of Heroism in Humans,” *Minds & Machines*, 2015, Vol.25, No.1, pp.57–71.

④ Byers William and Schleifer Michael, “Mathematics, Morality & Machines,” *Philosophy Now*, 2010, Vol.78, pp.30–33.

计，并不是要让机器人跟人类的道德推理与判断比较接近或相似，只要能够实现伦理设计的目标即可。所以，与其抽象地讨论机器人是否能够成为道德行为体，还不如多思考一下更为具体的伦理设计问题。

## 三、技术哲学的伦理转向

关于机器人道德地位的争论，也可以看作关于机器人道德判断与行为能力强弱的争论，争论的双方是在机器人已经参与人类道德生活的前提下进行的。在那些主张机器人应该成为道德行为体的学者身上，强烈地反映出人们对机器人伦理设计的乐观态度与美好愿景。事实上，在技术哲学内部，也存在着类似的争论。对于技术人工物（technical artefacts）的道德地位问题，学者们提出了不同的看法。不过，即使认为技术人工物不能成为道德行为体的学者，也承认技术人工物在现代社会中发挥着重要的道德作用。正如克勒斯（Peter Kroes）和维贝克（Peter-Paul Verbeek）指出的那样，我们已经不能把技术人工物仅仅视为消极的工具，相反，它们应该在人类生活中发挥更积极的作用。为了更好地理解技术在人类生活中的这种积极作用，技术人工物在使用过程中以及与人类的联系中，应该被视为是某种行为体。作为“行为体”的技术人工物就不仅仅是消极的工具，它们可以对其使用者产生积极影响，改变他们认识世界的方式、行为方式以及他们相互之间的互动方式。①

我们应该注意到，把伦理价值融入技术设计之中，是近些年来技术哲学研究的一个重要话题。从大背景来看，20 世纪 70 年代中叶以来，欧美

---

① Kroes Peter and Verbeek Peter-Paul edited, *The Moral Status of Technical Artefacts* (Dordrecht: Springer, 2014), p.1.

学界存在明显的技术哲学的伦理转向。[①] 已有学者明确提出了价值敏感性的技术设计进路。弗里德曼（Batya Friedman）等人认为，价值敏感设计是一种以理论为基础的技术设计进路，在整个设计过程中，有原则性地综合利用各种手段体现人类价值。[②] 卡明斯（Mary L. Cummings）认为，从人-计算机互动研究中发展出来的价值敏感设计进路，可以作为一种工程教育手段，为许多工程领域消除设计与伦理之间的隔阂。[③] 维贝克明确提出了“将技术道德化”的口号。他认为，技术与伦理是交织在一起的，技术有道德维度，应该被纳入道德共同体之中。[④]

机器人伦理设计的核心问题是，我们如何让机器人按照我们认为正确的方式进行道德推理与行动，也可以说是从伦理的角度对机器人的推理与行为进行规范与限制。因此，通过机器人的伦理设计，毫无疑问地把技术与道德有机地融合在一起。

## 第二节
## 理论进路

事实上，在学界关于建构 AMAs 的必要性与可能性进行理论上的探讨

---

① 王国豫：《德国技术哲学的伦理转向》，《哲学研究》，2005 年第 5 期。

② Friedman Batya, Kahn Peter and Borning Alan, “Value Sensitive Design: Theory and Methods,” *UW CSE Technical Report 02-12-01*, http://faculty.washington.edu/pkahn/articles/vsd-theory-methods-tr.pdf.

③ Cummings Mary, “Integrating Ethics in Design through the Value-Sensitive Design Approach,” *Science and Engineering Ethics*, 2006, Vol.12, No.4, pp.701-715.

④ Verbeek Peter-Paul, *Moralizing Technology* (Chicago: The University of Chicago Press, 2011), p.165.

的同时，已经有不少学者就如何对机器人伦理设计也就是建构 AMAs 的具体方法从理论和实践两个层面进行了探索。

## 一、“自上而下”与“自下而上”进路

从理论上探讨机器人伦理设计的代表性成果是瓦拉赫和艾伦合著的《道德机器：教导机器人分辨是非》①。其实，早在 2000 年，艾伦与同事维纳（Gary Varner）、津瑟（Jason Zinser）合作发表的一篇文章中，就提出了机器人伦理设计的三种进路：“自上而下（top-down）的进路”“自下而上（bottom-up）的进路”以及“混合（hybrid）进路”。② 在 2007 年发表的一篇论文中，艾伦等人专门讨论了这三种进路。③ 在 2005 年完成，2008 年发表的论文中，瓦拉赫和艾伦等人更为详细地探讨了三种进路的优缺点。④ 在 2009 年出版的《道德机器》中，瓦拉赫和艾伦更为全面地讨论了这三种进路。

瓦拉赫与艾伦认为，自上而下的进路在哲学家和工程师那里具有不同的意义。对哲学家来说，自上而下的进路意味着选择某种标准、规范或原则作为评价道德行为的基础。而工程师以不同的意义使用自上而下的进

---

① Wallach Wendell and Allen Colin, *Moral Machines: Teaching Robots Right from Wrong* (Oxford: Oxford University Press, 2009). 根据谷歌学术的统计，截至 2019 年 1 月，该书的引用已超过 700 次。

② Allen Colin, Varner Gary and Zinser Jason, “Prolegomena to Any Future Artificial Moral Agent,” *Journal of Experimental and Theoretical Artificial Intelligence*, 2000, Vol.12, No.3, pp.251−261.

③ Allen Colin, Smit Iva and Wallach Wendell, “Artificial Morality: Top-down, Bottom-up, and Hybrid Approaches,” *Ethics and Information Technology*, 2005, Vol.7, No.3, pp.149−155.

④ Wallach Wendell, Allen Colin and Smit Iva, “Machine Morality: Bottom-up and Top-down Approaches for Modelling Human Moral Faculties,” *AI & Society*, 2008, Vol.22, No.4, pp.565−582.

路，也就是把一个任务分解为更简单的子任务。瓦拉赫与艾伦把这两种意义组合起来，形成了对自上而下进路的定义：“采用一种特定的伦理理论，分析其计算的必要条件，由此来指导设计能够实现该伦理理论的算法和子系统。”在自下而上的进路中，重点是创造一种环境，行为体在这种环境中学习、探索行为方式，而且会因为做出一些道德上值得称赞的行为而受到奖励。①

自上而下的进路的局限性在于，人们对各种伦理理论有各自不同的看法，把一套明确的规则赋予机器可能是不合理的；而且，同一种原理在不同的情况下可能会导致不同的相互矛盾的决定。②自下而上的进路要求AMAs能够自我发展进化，而进化与学习是一个反复试错的过程。即使是在计算机系统快速发展的环境中，人工行为体可以在很短的时间内变异和复制，但进化和学习仍然是非常缓慢的过程。而且，自下而上的进路可能缺乏某种保护措施，也就是那种可以由伦理理论提供的自上而下的指导系统。从这个角度来看，自上而下的进路似乎更安全。③

虽然自上而下和自下而上两种进路拥有各自的优缺点，但总的来说，对于AMAs的设计者来说，这两种进路都过于简化了，不足以处理所有挑战。在一定程度上，可追溯到亚里士多德的美德伦理学能够把这两种进路统一起来。一方面，美德本身可以清楚地表述出来，而它们的习得又是典型的自下而上的过程。④当然，把美德清楚明了地分为自上而下和自下而上两种进路也是不可能的，美德本身就是混合体。不过，在实践中人们需

---

① Wallach Wendell and Allen Colin, *Moral Machines: Teaching Robots Right from Wrong* (Oxford: Oxford University Press, 2009), pp.79-80.

② Ibid., p.97.

③ Ibid., p.114.

④ Ibid., p.10.

要把各个部分弄清楚之后再进行混合，因此，要么建构一种自上而下植入美德的计算机，要么通过计算机学习来培养出美德，这两种进路都是需要的。① 也就是说，自上而下和自下而上两种进路是互补的，而不是相互排斥的，在现实中可以将两者结合起来应用，也就是所谓的混合进路。② 同时，情感、感觉以及社会技能（social mechanism，比如读懂他人面部表情的能力）在道德活动中起着重要作用，因此，建构 AMAs 也需要关注这些超出理性之外的能力（suprarational capacities）。③

瓦拉赫与艾伦提出的三种建构 AMAs 的理论进路受到广泛关注。2008年 12 月，加州州立理工大学的帕特里克・林等人为美国海军部提交的《自主军用机器：风险、伦理与设计》报告中，对军用机器人的设计就采用了瓦拉赫与艾伦提出的三种理论进路。当然，他们也认为，自上而下和自下而上两种进路各有不足，应该采用混合进路来建构军用机器人。④ 丹麦学者格迪斯（Anne Gerdes）等人认为，艾伦等人提出的三种理论进路是建构人工道德行为体的典型进路。⑤

自上而下和自下而上的研究进路是在信息处理、知识排序（knowledge ordering）等方面常用的两种策略，在软件开发、人文以及自然科学理论、管理等方面有广泛的应用。自上而下进路的关键是把一个系统进行分解，获得对其组成部分的子系统的认识，而自下而上的进路则是把一些系统拼

---

① Wallach Wendell and Allen Colin, *Moral Machines: Teaching Robots Right from Wrong* (Oxford: Oxford University Press, 2009), p.119.

② Ibid., p.123.

③ Ibid., p.140.

④ Lin Patrick, Bekey George and Abney Keith, *Autonomous Military Robotics: Risk, Ethics and Design*, http://ethics.calpoly.edu/onr_report.pdf.

⑤ Gerdes Anne and Ohrstrom Peter, "Issues in Robot Ethics Seen through the Lens of a Moral Turing Test," *Journal of Information, Communication and Ethics in Society*, 2015, Vol.13, No.2, pp.98–109.

装起来，产生一个更大的系统。[1]

## 二、关系论进路

在机器人伦理研究中，荷兰学者考科尔伯格倡导从人与机器人互动关系的角度考察机器人伦理，强调机器人的外在表象在机器人伦理研究中的重要作用，这种研究思路对于机器人的伦理设计颇有启发意义。在第六章中提及，考科尔伯格强调我们应该更多地关注人与机器人之间的互动关系，而不是把重点放在研究机器人的内在状态。而且，研究人类如何与机器人互动，应该是机器人伦理研究的起点。应该注意到，考科尔伯格的观点与科技工作者的实际工作思路似乎是一致的。

近二十多年来，从事计算机、机器人等领域的学者越来越多地关注人机互动的话题，并且已经涌现出相当多的成果。据统计，20 世纪 80 年代，关于人机互动的研究论文只有 67 篇，90 年代猛增到 1 450 篇，近几年更是快速增长，仅仅从 2010 至 2015 年，就有 3 153 篇论著。[2] 对于从事机器人研究的科学家和工程师来说，他们所考虑的主要问题是要让机器人完成什么样的任务，应该如何与机器人互动，而很少考虑意识之类的问题。

根据考科尔伯格的观点，我们可以把注重从机器人本身的角度研究机器人伦理的进路称之为“内部进路”，而从人与机器人的关系等角度研究机器人伦理的进路称之为“外部进路”。与内部进路相比，外部进路可

---

① “Top-down and Bottom-up Design,” https://en.wikipedia.org/wiki/Top-down_and_bottom-up_design.

② Tsarouchi Panagiota, Makris Sotiris and Chryssolouris George, “Human-Robot Interaction Review and Challenges on Task Planning and Programming,” *International Journal of Computer Integrated Manufacturing*, 2016, Vol.29, No.8, pp.916–931.

以使哲学家更好地与科学家合作。而且，外部进路可以更好地描述道德实在。考科尔伯格强调，在更好地描述道德实在的意义上，如果关系论进路不被看作另一种道德本体论的话，那么它应该可以构成另一种引人注目的范式。①

我们可以更具体地把人与机器人的关系分为四种：观察关系、干预关系、互动关系和建议关系。观察关系是指系统观察个体，把信息报告给第三方；干预关系指系统影响个体，但不与个体进行有目的的互动；互动关系指系统与个体互动，包括使用观察和干预；建议关系指系统就个体应该采取的行动给第三方提出建议。对不同关系的区分并不意味着一个系统只能有一个关系，其实一个系统与其环境之间可以同时有多种关系。区分不同的关系，主要是为了揭示与这些关系相关联的系统行为的道德层面。在不同的关系模式中，计算机采取不同的信息处理方式，同时也涉及人与机器人之间不同的道德问题。

比如，在观察关系中，计算机收集通过观察个体得到的信息，与观察目的相比较，如果这些信息与观察目的相符，计算机可以决定转发信息给第三方，或者存储信息，或者删除信息。它也可以决定转发、存储或删除不符合观察目的的信息。如果计算机将信息转发给第三方，那么它可能以多种方式影响个体的生活，这依赖于转发信息的内容及第三方可能采取的行动。举例来说，比如机器人观察到家里的一位少年开始吸毒，如果这个信息被保险公司知道了，可能会影响他获得保险；如果被将来的雇主知道了，他将来获得工作的可能性会下降；但是这个信息如果被处理毒品上瘾的专家知道了，对这位少年来说是有益的。也就是说，在处理信息方面，

---

① Coeckelbergh Mark, *Growing Moral Relations: Critique of Moral Status Ascription* (Hampshire: Palgrave Macmillan, 2012), p.6.

计算机需要考量涉及各方的利益，转发这些信息可能对各方产生的影响，等等。

在不同的人机关系中虽然涉及不同的伦理问题，但机器人在四种关系中做出的跟道德行为有关的决策可以分为三种维度：① 范围：机器人在指派的范围之内还是之外运行；② 影响：考虑短期还是长期影响；③ 参与：机器人独立还是依赖于他人做出决策。在四种关系和三种维度的区分的基础上，我们可以为机器人的设计提供与道德决策相关的指导原则。①

总的来说，关系论对机器人伦理设计的启示，就是机器人伦理设计必须要具体化、语境化、实践化。从理论上看，机器人伦理研究的关系论进路确实具有明显的理论优势，它可以避免实在论进路的理论与实践困境，可以为机器人伦理设计提供更直接的理论指导。因此，有学者认为机器人伦理研究将从实在论走向关系论，并认为这是机器人伦理研究的方法论转换，的确有一定的道理。②

当然，由于人类道德生活的复杂性、机器人技术发展的创新性及其应用领域的广泛性等多种原因，机器人伦理设计的理论研究需要遵循差异性、预防性与动态性等基本原则。比如，在军用机器人领域，应该更多地采用“自上而下”进路强调安全性问题；在社会机器人领域，需要从关系论的角度重视人与机器人的互动问题。同时，人们可以根据机器人与人工智能技术的研究现状与发展趋势，发挥研究者的道德想象力，前瞻性地预见各种伦理问题，进而对伦理设计的理论进路进行实时评估与动态调整。

---

① Voort Marlies Van de and Pieters Wolter, “Refining the Ethics of Computer-made Decision: a Classification of Moral Mediation by Ubiquitous Machines,” *Ethics and Information Technology*, 2015, Vol.17, No.1, pp.41–56.

② 李小燕：《从实在论走向关系论：机器人伦理研究的方法论转换》，《自然辩证法研究》，2016 年第 2 期。

## 第三节
## 实践探索

### 一、计算机科学进路

计算机已经成为我们日常生活与工作的重要工具，如果我们希望计算机表现出更好的性能，除了对硬件进行升级换代之外，我们通常采用的办法是改善软件，或者说编制更好的程序。同样，为了使机器人能够更好地为我们服务，尽可能避免或减少负面影响，我们同样也可以采取编程的方式来实现。目前，如何通过计算机程序实现某些伦理理论，学者们已经做出了初步尝试。基本方法是依据某种伦理理论，编写出计算机程序，然后分析程序运行结果是否达到预期目标。比如第二章中提及的美国卡内基梅隆大学的麦克拉伦设计的两种伦理推理的计算模型，[①] 以及美国哈特福特大学计算机专家迈克尔·安德森和康涅狄格大学哲学系教授苏珊·安德森等人开发的两种伦理顾问系统，在一定程度上实现了它们各自的伦理理论。[②]

安德森等人采用以行动为基础的伦理理论进路，该理论可以告诉我们在伦理困境中如何行动。也就是赋予行为体一种或几种原则，用以引导

---

① McLaren Bruce, "Computational Models of Ethical Reasoning: Challenges, Initial Steps, and Future Directions," *IEEE Intelligent Systems*, 2006, Vol.21, No.4, pp.29-37.

② Anderson Michael, Anderson Susan and Armen Chris, "Towards Machine Ethics," http://aaaipress.org/Papers/Workshops/2004/WS-04-02/WS04-02-008.pdf.

其行为。一个优秀的以行动为基础的伦理理论应该具有以下几个特征：一致性、完备性、可操作性以及与直觉相一致。他们采用罗尔斯反思平衡（reflective equilibrium）的方法来创建和改进伦理原则，以实现罗斯的“显而易见的义务”理论，也就是在特定案例与伦理原则之间反复来回。第一步，制造伦理困境；第二步，通过机器学习，从案例中抽象出一般性的做出决定的原则；最后，在案例中测试原则，并根据伦理学家对正确行为的直觉判断，进一步对原则进行修正。不过，为了最终能够开发出遵循伦理原则的机器，首先应该让机器充当人类的伦理顾问。通过创建伦理顾问系统，我们可以探索出在特定领域中伦理可以被计算的程度。一旦伦理专家对伦理顾问的运行结果表示满意，那么在原则上伦理维度就可以被融入机器之中。①

更进一步，安德森等人提出了一种确保自主系统伦理行为的 CPB（Case-Supported Principle-Based Behavior Paradigm）范式，即以案例为支撑、以原则为基础的行为范式。大致意思是，从伦理学家取得一致意见的大量案例中抽象出某个原则，用以指导自主系统采取下一步行动，也就是决定伦理上最为可取的行动。如果这些原则能够表述清楚，那么它们还可以用于证明系统行为的正确性，因为它们可以解释为何选择某一行为而不是另一种行为。这种范式包括一套伦理困境的表征框架，通过使用归纳逻辑的编程技术，发现满足伦理偏好的原则，同时还需要用以证实与使用这些原则的概念框架。当然，开发与使用伦理原则是一个复杂的过程，还需要采用新的工具与方法论。他们认为，CPB 范式可以作为解决这种复杂性

① Anderson Michael, Anderson Susan and Armen Chris, “An Approach to Computing Ethics,” *IEEE Intelligent Systems*, 2006, Vol.21, No.4, pp.56–63.

的抽象方法。[1]

阿金从理论上提出了伦理控制的形式化方法，用以表述军用机器人系统结构中基本的控制流程，然后将伦理内容有效地与控制流程相互作用。这种进路源于描述基于行为的机器人控制的形式化方法，在自主系统中有着广泛的应用。[2] 他从伦理调节器、伦理行为控制、伦理适配器和责任顾问等几个方面提出了对整个系统进行现实设计的具体构想。[3] 不过，阿金也承认，要完成军用机器人的伦理控制问题还有许多问题有待解决，比如国际公约和战争伦理如何转化为可用于机器的表述问题，如何把机器人的智能行为控制在严格限定的伦理范围之内，等等。[4]

虽然不少学者已经在伦理设计方面进行了颇为成效的实践探索，但是考虑到人类道德生活的复杂性，已有研究成果要应用于具体机器人道德能力的建构实践尚需时日。不过，我们相信，随着相关研究的深入，以及深度学习、大数据等相关科学技术的快速发展，计算机科学进路将在机器人伦理设计中发挥举足轻重的作用。

## 二、认知科学进路

贝罗（Paul Bello）等人认为，机器不大可能基于某些普遍性的伦理原则总是做出正确的事情，也不能对其行为做出人类可以理解的解释。尝

---

① Anderson Michael and Anderson Susan, “Toward Ensuring Ethical Behavior from Autonomous Systems: A Case-Supported Principle-Based Paradigm,” *Industrial Robot: An International Journal*, 2015, Vol.42, No.4, pp.324–331.

② Arkin Ronald, *Governing Lethal Behavior in Autonomous Robots* (Boca Raton: CRC Press, 2009), p.57.

③ Ibid., p.125.

④ Ibid., p.211.

试性的解决办法包括，理解与我们的道德直觉相联系的民间概念（folk concepts），以及它们如何依赖于人类认知结构的特点。应该通过人类认知结构的计算理论，探索人类道德判断的内在复杂性，而不是像许多伦理学文献那样，通过一个理性的行动者模型，对机器的行为进行绝对性的限制。

把传统的伦理理论作为建构机器人伦理的基础是不合适的，应该采用通过计算认知结构的方式实现机器人伦理。贝罗等认为，基于认知模式的机器人伦理研究可以避免陷入道德相对主义。他们担心，如果一开始就没有明确的规定，人和机器可能都会面临道德相对主义的困境。但是，目前人们对伦理原理还很少达到普遍的共识。不过，在社会中确实存在行为端正（well-behaved）的人，那么我们可以模仿他们造出类似的行为端正的机器人。人类历史上有许多道德模范，当人们看到这些模范的行为时，大家也都普遍认可。人们获得这种能力并不是通过学习道德哲学家的思想而得到的，而是通过某些类似于人类认知的信息处理模式才做到的。道德模范可能是通过抵制诱惑，或者控制情感引导其行为的程度而做到的，要对这些方面有所认识必须通过认知科学的研究。

其次，所谓的伦理反常（perversion of ethics）说明人们有时可能并不会严格遵守伦理原则进行道德判断。通常情况下人们根据某些伦理原则行事，但遇到不能那样做的时候，人们依赖于直觉和那些通过文化传承而积累起来的道德启发法做出道德判断。对于机器人伦理设计来说，我们不能让机器人固守某些伦理原则，并且忽视人性的特征。

当然，强调机器人伦理设计需要基于人类的道德认知，并不是说一定要让机器人的伦理行为跟人类完全一致，也不是要完全放弃伦理原则而仅仅依赖于我们的道德直觉。不过，比起形式化伦理理论的狭窄性，人类道德认知的丰富性能够更好地适应于人类复杂的社会生活。也就是说，在机器人伦理设计方面，我们应该拓宽探索范围，对反映人类独特特征的进路保持敏感，同时对采用经典理论的简单化思维保持警惕。

为了更好地进行机器人伦理设计，我们需要理解人类的道德认知机制，了解它如何产生出高度多样的、系统的道德判断模式。为了实现这个目标，我们必须认真考虑民间直觉（folk intuitions）和心理状态理解（mindreading）两个因素。虽然目前已有学者提出了不少关于人类认知结构的模型，但要把心理状态理解以及人类道德认知的丰富性包括进去，可能都不够完善。贝罗等人建议，我们可以使用实验哲学（experimental philosophy）中关于人类直觉的研究成果，以及运用解释水平理论（construal level theory, CLT）及其核心概念心理距离（psychological distance）来理解民间直觉等概念。

总的来说，如果我们要建构那种能够与人类进行有效互动的 AMAs，我们就必须认识人类道德认知的复杂性。人类进行道德判断的许多领域没有清晰界定的规则体系，因此机器人也需要拥有像人类那样的道德常识。贝罗等人强调，他们是想提供一种应该如何建构道德机器的新的思考途径。不能把经典的道德理论作为机器道德的基础，而是应该通过计算的方式来探索道德认知。①

无独有偶，也有一些学者持与贝罗等人相似的立场。在人类认知模型的研究中，LIDA（Leaning Intelligent Distribution Agent）结构模型是比较有代表性的一种。LIDA 拥有较强的学习能力，可以从经验中学习，会认

① Bello Paul and Bringsjord Selmer, “On How to Build a Moral Machine,” *Topoi*, 2013, Vol.32, No.2, pp.251–266.

识新事物和环境。LIDA 的研究者相信，该模型不但可以用于自主行为体的控制系统设计，也有益于增进对人类思维的理解。① 他们还认为，LIDA 结构可以作为通用人工智能（artificial general intelligence）的研究工具。② 瓦拉赫等人认为，LIDA 可适用于道德抉择模型。使用该模型可以证明，人们在许多领域中是如何使用同样的机制做出道德判断的。与其他的认知结构相比，LIDA 拥有明显的优势，比如，它拥有更强大的学习能力，更合理的认知循环结构，并且是唯一把感觉（feelings）和感情（emotions）融入认知过程的综合性的认知结构。总的来说，LIDA 提供了一个综合性的模型，通过这个模型我们可以考察跟道德判断有关的许多具体机制。同时，它也提供了一个把大量原始资料整合起来的框架。③ 也就是说，机器人伦理研究必须对认知科学的最新进展及研究趋势给予充分的关注，及积极吸纳相关研究成果。

## 三、价值敏感设计

前述第一节已提及价值敏感设计，事实上，已有学者尝试在具体实践中应用这种思路。荷兰学者凡·温斯伯荷基于对护理机器人伦理问题的研究，提出了一种以护理为中心的价值敏感设计（CCVSD）进路。

---

① Franklin Stan and Patterson FG, “The LIDA Architecture: Adding New Modes of Learning to an Intelligent, Autonomous, Software Agent,” *Integrated Design and Process Technology, IDPT−2006*. http://www.theassc.org/files/assc/zo-1010-lida-060403.pdf.

② Snaider Javier, McCall Ryan and Franklin Stan, “The LIDA Framework as a General Tool for AGI,” in Schmidhuber Jurgen, et al edited, *Artificial General Intelligence* (Berlin: Springer, 2011), pp.133−142.

③ Wallach Wendell, Franklin Stan and Allen Colin, “A Conceptual and Computational Model of Moral Decision Making in Human and Artificial Agents,” *Topics in Cognitive Science*, 2010, Vol.2, No.3, pp.454−485.

CCVSD 进路由护理机器人伦理评价框架和一个用作远景评价（prospective evaluation）的用户手册组成。该框架提供了一个在评价护理机器人时需要考虑的内容清单：使用的环境、护理实践、涉及的人员、护理机器人种类（及其能力、表象等），以及描述具体环境中的实践所涉及的价值清单（比如护理价值的解释与优化）。虽然不同的使用者在不同的实践中使用不同的机器人导致的伦理问题均有所不同，但这个框架却包含了护理机器人的使用所需要考虑的共同的内容。也就是说，每一个机器人都需要根据同样标准（即框架中的内容）来进行评价。

护理伦理学家认为，专注（attentiveness）、责任（responsibility）、能力（competence）、交互性（reciprocity）等方面可以作为评价护理实践的规范标准。也就是说，如果护理过程中满足了这些道德因素，那么就是好的护理，反之就是差的护理。

用户手册为设计者和伦理学家提供了如何处理框架内容的详细说明。虽然了解机器人的工作原理与细节是至关重要的，但是，理解价值如何融入实践之中也是同样重要的。了解机器人与人类之间的行为及互动是如何发生的，可以使设计者弄清楚机器人是否以及如何维护人类需要的价值。而且，用户手册可以澄清机器人的技术能力与价值表现之间的关系。

虽然这套伦理评价框架最初是用于对现有护理机器人的回溯性评价（retrospective evaluation），但凡・温斯伯荷认为，应该在护理机器人设计之前就需要考虑伦理因素，也就是需要把该框架融入早期的设计过程之中。伦理评价框架可以保持不变，但用户手册就反过来成为护理机器人的预期设计。

伦理学家的任务是协助设计者进行道德考量，最终形成机器人设计的解决方案。伦理学家需要拥有机器人的教育背景或工作经验，还必须进入使用机器人的具体环境之中。只有进入具体的使用环境中，伦理学家才能帮助描述护理实践及其价值表现。只有拥有了机器人及其能力的基础知识，伦理学家才能在设计者的能力范围之内提出具体的建议。

新产品设计的第一步是思想产生的阶段，工程师、设计者和机器人学家需要思考机器人潜在的应用问题。从 CCVSD 进路的角度来说，伦理学家在此阶段需要深入医院或护理家庭，了解具体环境中的护理情况，记录具体环境中价值的转译与排序问题。伦理学家了解具体环境中的护理情况是至关重要的，由此他们可以向工程师解释某些护理实践的意义、不同护理实践之间的关系以及护理的整个过程。

接下来，需要选择护理机器人设计的具体实践。为了完成这一过程，伦理学家必须对护理实践进行详细描述，阐明各种价值如何通过行为与互动表现出来，揭示各种护理实践之间的相互关系，识别出机器人重新引入某些护理价值的可能性等。在此基础上，伦理学家与机器人设计团队合作进行头脑风暴，讨论护理机器人的能力、特征、表象以及功能。由此，我们就可以把机器人能力的伦理可接受性建立在具体的案例和设计研究的基础之上，而不是主观决定机器人应该拥有哪些能力。

CCVSD 进路既为护理机器人需要进行伦理关注的内容提供了一个框架，同时也提供了把伦理考量融入设计过程的实现方法。凡・温斯伯荷认为，这种进路虽然是针对护理机器人提出的，但具有相当的普遍意义，经过适当调整，可以用于各种不同的机器人、不同的环境与实践之中。比如，如果人们想把伦理评价框架应用于护理领域之外的环境，那么框架内容可以保持不变，但价值选择会有所不同。总而言之，CCVSD 进路为伦理价值的融合与转译提供了一个具体的工具，可以用于将来的机器人设计过程。[①]

价值敏感设计把机器人的使用语境与设计语境密切联系起来，这种进路跟技术伦理学中的“建构性技术评估”（Constructive Technology Assessment）具有内在的一致性。建构性技术评估以实践的方式在设计语境与使用语境之间建立起联系，它的目的是使技术设计过程中所有的利益攸关者都牵涉其中。[②]

根据前一部分对机器人伦理设计的理论进路的分析，我们可以看出，计算机科学进路的伦理设计基本上属于“自上而下”的进路，强调伦理原则在机器人身上的具体体现，基本不考虑人类道德认知的特点与规律；认知科学进路主要属于“自下而上”的进路，强调在研究人类的认知规律（包括道德认知）的基础上建构理论模型，也就是将认知理论应用于机器人设计当中；价值敏感设计接近于关系论进路，强调人与机器人的互动关系，注重在具体环境中分析不同的伦理问题。这三种进路有各自的特点与优势。计算机科学进路注重对伦理原则与活动的量化，显然更为精确，但不可避免地会把复杂的伦理活动简单化；认知科学进路可以使机器人的道德推理与行为更接近于人类，但囿于机器人的学习能力和常识水平，要发展到比较成熟的阶段尚需时日；相比较而言，价值敏感设计可操作性较强，虽然其基本原理具有一定的普遍性，但实施步骤、设计过程与结果都有很强的语境依赖性。事实上，这三种不同的进路并不是矛盾的，其研究成果完全可以相互借鉴参考。

---

① Van Wynsberghe Aimee, “A Method for Integrating Ethics into the Design of Robots,” *Industrial Robot: An International Journal*, 2013, Vol.40, No.5, pp.433–440.

② Verbeek Peter-Paul, *Moralizing Technology* (Chicago: The University of Chicago Press, 2011), p.102.

# 第四节
# 伦理设计的评价

## 一、道德图灵测试

1950 年，图灵（Alan Turing）发表了《计算机器与智能》的著名文章，提出了“机器可以思维吗”的问题。不过，直接回答这个问题比较困难，图灵用另一个问题来替代这个问题，因此他设计一个“模仿游戏”来描述。游戏由三个人来做，一个男人（A），一个女人（B），还有一个提问者（C），提问者待在一间与两人分开的房子里。提问者在游戏中的目标是，确定两人中哪一个是男性，哪一个是女性。如果在这个游戏中用一台机器代替 A，会出现什么情况？在这种情况下做游戏时，提问者做出错误判断的次数，和他同一个男人和一个女人做这一游戏时一样多吗？这些问题替代了原来的问题——“机器能够思维吗？”为了不让提问者从声调中得到帮助，回答最好打印出来。理想的安排是，在两间房子之间，用一台电传打印机来进行交流。

图灵认为，在大约 50 年的时间里，有可能对具有约 $10^9$ 存储容量的计算机进行编程，使得它们在演示模仿游戏时达到这样的出色程度：经过 5 分钟提问，一般提问者做出正确判断的机会，不会超过 70%。也就是说，如果计算机的回答让提问者做出错误判断超过了 30%，计算机就算是通过了图灵测试。

如果让机器能够在纯智能的领域同人类竞争呢？从哪里起步最好呢？

有许多人认为，从非常抽象的活动开始，比如下棋，可能是最好的。也有人认为，最好是给机器配备最好的感觉器官，然后教它懂英语，并讲英语。这个过程就像通常教小孩子那样，指着东西，说出它们的名字，等等。图灵认为这两种方法都应该试一试。[①] 不过，究竟什么是智能，图灵也无法给出具体的回答。

由于不同的伦理理论对道德行为的评价标准差异较大，艾伦等人在2000年发表的论文中，建议采用“道德图灵测试”（Moral Turing Test，以下简称MTT）来评价AMAs。MTT采取与图灵测试类似的操作方法，不过谈话的内容改为道德问题，如果提问者不能在图灵测试类似的比例中区别出人与机器，也就是机器通过了道德图灵测试，那么这样的机器就可以称之为一个道德行为体。

不过，艾伦等人承认，MTT的不足之处在于，它强调的是机器清晰表述道德判断的能力。赞同康德哲学的人会对此表示满意，因为康德要求一个好的道德行为体不仅要以特定的方式行事，而且该行为方式是理性思考得出的结果。但是，持功利主义立场的人会认为MTT过多强调了道德行为体清晰表述道德判断的能力，他们认为道德上好的行为与行为体的动机无关。而且，人们也可以认为小孩子（甚至狗）是道德行为体，即使他们不能清楚表述其行为的动机。

我们可以把重点从对话转向行为，也就是对人类和人工道德行为体实际的、道德上重要的行为进行描述，排除各种可能识别行为体身份的因素之后，提供给提问者。如果提问者在一定比例上正确识别出机器，那么机器就不能通过测试。不过，这个版本的MTT的问题在于，机器的行为方

---

① 图灵：《计算机器与智能》，载博登编，刘西瑞、王汉琦译，《人工智能哲学》，上海：上海译文出版社，2001，第56—120页。

式比人类更容易识别，因为在同样的环境中，机器的行为始终如一。因此，应该对提问者进行询问，让其评价哪一个行为体的行为更不道德。如果提问者认为机器的行为没有比人类更不道德，那么机器就通过了测试。我们可以称其为“比较的道德图灵测试”（comparative MTT，以下简称 cMTT）。

但是，cMTT 仍然有一些问题。比如，可能会有人认为这种标准太低。人工智能科学家设计一个人工道德行为体时，他们的目标不仅仅是建造一个道德行为体，而是建造一个模范，甚至是理想的道德行为体。cMTT 允许机器有道德上错误的行为，甚至有时比人类更糟糕，只要从总体上看机器表现比人类要好就行。反过来，如果 cMTT 要求机器在所有与人类相比较的行为中都表现更好，那么这个标准又太高了，因为人类的行为跟理想的道德行为体相距甚远。

通常情况下，人们在一定程度上可以容忍人类自己犯一些道德上的错误，却希望机器比我们做得更好一些。如果对 AMAs 的行为标准制定得比人类更高，那么这种标准从何而来？如果计算机科学家要到道德哲学中去寻求答案的话，他会发现道德哲学中并没有给他们提供一个普遍适用的道德理论。而且，哲学目标跟工程师的目标完全不同，在已有的道德理论与可能植入 AMAs 的算法设计之间，仍然存在相当大的鸿沟。①

不过，艾伦和瓦拉赫认为，由于目前没有其他达成一致意见的评价标准，因此，对于评价 AMAs 的哪些行为是可以接受的，cMTT 可能仍然是已有的唯一可行的标准。②

丹麦学者格迪斯等人认为，MTT 是一种评价和设计 AMAs 的有用的

① Allen Colin, Varner Gary and Zinser Jason, “Prolegomena to Any Future Artificial Moral Agent,” *Journal of Experimental and Theoretical Artificial Intelligence*, 2000, Vol.12, No.3, pp.251–261.

② Wallach Wendell and Allen Colin, *Moral Machines: Teaching Robots Right from Wrong* (Oxford: Oxford University Press, 2009), p.207.

框架，并认为机器人可以成功通过 MTT。不过，他们也认为，要做出完美的伦理判断，需要对现实环境和相关的一般性伦理原则进行详细描述，而这种描述不可能是完备的。因此，从工程学的角度看，我们只能设计在特定领域和在有限时空范围内使用的机器人。虽然这种系统是有用的，但显然会受到特定环境的限制。超出这个特定的环境，我们可能会发现一个既定的系统不能通过 MTT 的现象。而且，我们必须把模型化的道德推理与现实道德问题的决策区分开来。我们可以创建一个能够通过 MTT 的系统，但它在现实环境中也可能无法给我们提供令人满意的决策。①

## 二、证实方法

由于对道德行为评价标准的不同，一个观察者认为是道德的行为，另一位观察者可能会认为是不道德的。从这个角度看，人类本身是否能够通过 MTT 都是存疑的。人们拥有的不同的论辩能力，使人类更难通过测试。另外，在伦理理论与道德实践之间也存在概念上的区别。MTT 所能做的，只不过是判断计算机是否能够使观察者相信它的道德推理能力而已。即使做到了这一点，对于计算机的实际行为是否道德，或者应该如何评价的问题，几乎就没有涉及。②

与图灵测试一样，MTT 可能具有内在的一些缺陷。首先，把模仿作为道德表现的评价标准会产生一些负面影响。比如，欺骗性的行为也满足

① Gerdes Anne and Ohrstrom Peter, "Issues in Robot Ethics Seen through the Lens of a Moral Turing Test," *Journal of Information, Communication and Ethics in Society*, 2015, Vol.13, No.2, pp.98–109.

② Stahl Bernd, "Information, Ethics, and Computers: The Problem of Autonomous Moral Agents," *Minds and Machines*, 2004, Vol.14, No.1, pp.67–83.

模仿的条件，如果把这种欺骗性的行为作为行为体的表征，或者代替道德行为，显然与机器人的伦理设计背道而驰。第二，MTT 的行为主义偏见使其不足以评价机器人的道德能力。在艾伦等人提出的 cMTT 中，提问者只比较机器与人类的外在行为，而行为体的行动意图、行为者心理的与外在行为相反的思想、行为者要实现什么样的善的目标等，都不在考虑的范围之内。考虑到自主机器人可能会被使用的各种高风险的环境，以及道德评价本身内在的道德责任，我们倡导一种“证实”（verification）的方法：设计控制的、负责任的、可理解的道德推理过程。证实方法寻求的是可预言的、透明的以及可证明为正当的抉择过程与行为，没有黑箱化的行为，也就是没有超出人类视野范围之外的选择行为。

在软件设计中，测试与证实经常区分开来。测试主要是从使用者的角度接收输出并进行判断，而证实要考虑整个系统——设计与表现、内部与外部，确定性地判断整个系统的输出情况及其原因。相比 MTT 而言，判断道德能力的更好的概念是“设计证实”（design verification）。图灵巧妙地避开了判断思维属性的标准，把研究限定于对幕后行为的分析，但道德归因（moral attribution）必须依赖于更为负责的、实际的和社会意涵的信任行为。对一个系统的道德表现负责意味着尽可能全程地证实其决策的意义，而不是仅仅从定期的反应或描述的行为来进行事后判断。“证实”意味着，需要对系统在道德攸关的语境中的最终反应进行透明的、负责任的以及可预测的解释。

在艾伦等人提出的道德图灵测试中，机器人的道德水平如果普遍比人类要高，那么就通不过图灵测试；如果降低机器人的道德水平，又会同“人类希望机器人成为一种道德模范”的目标相背离。证实方法消解了这一矛盾，它可以鼓励工程师把机器人设计成道德模范，而且还使机器人的所有行为在发生之前都为人类所了解。

证实方法不仅可以作为评价机器人道德能力的工具，还可以作为机器人设计的一条原则。也就是说，机器人的设计应该满足证实的标准。证实方法强调，机器人将会从设计者那里获得道德推理的依据。也就是说，设计者应该对机器人的道德能力负责。证实方法也使得设计者不断地调整、改进和审慎地规划。因此，对机器人的伦理评价，从道德图灵测试转向证实方法，实质上是转向更明确的、基础性的工作，转向对伦理理论、道德规范的应用范围与功能，以及如何用最好的计算方法去实现它们等一系列问题进行更为彻底的探索。①

图灵测试至今仍然是一个颇有争议的话题。不过，即使计算机通过了图灵测试，我们也可以认为它可能并没有像人类那样思考。② 我们同样也可以认为，通过了 MTT 的机器人，也可能并不会（也不必要）像人类那样进行道德推理。

## 本章小结

鉴于目前机器人与人工智能科技与产业的快速发展，与其抽象地讨论是否应该让机器人成为人工道德行为体的问题，还不如认真思考一下对

① Arnold Thomas and Scheutz Matthias, “Against the Moral Turing Test: Accountable Design and the Moral Reasoning of Autonomous Systems,” *Ethics and Information Technology*, 2016, Vol.18, No.2, pp.103–115.

② Epstein Robert, Roberts Gary and Beber Grace, *Parsing the Turing Test* (New York: Springer, 2009), p.xiii.

机器人的伦理设计问题。强调对机器人的伦理设计不是要批判或者否定机器人，而是为了让机器人更好地为人类服务。各种不同的机器人伦理设计的理论进路对机器人的伦理设计均具有一定的启发意义。不能以正确或错误的简单结论来评价机器人伦理设计的理论进路，只要能够促进我们更深入地思考，就是有意义的理论成果。从现有具体的机器人伦理设计成果来看，现有的机器人伦理设计研究还不足以使机器人成为完全的道德行为体。在机器人伦理设计方面，我们还需要做更多艰苦细致的工作。对于机器人伦理设计的评价，可以采用多样化的评价标准，但证实方法应该是最基本的方式之一。无论机器人以何种方式进行道德推理，它的道德活动符合伦理设计的目标才是最为关键的。机器人能否在未来社会中发挥应有的作用，很大程度上取决于机器人伦理设计的成功与否。机器人伦理设计需要自然科学家、工程师与哲学家联合起来，共同努力，哪一方面的缺席都不可能成功。应该强调的是，哲学家应该走出书斋，更多地关注甚至参加机器人技术的研发。

# 第九章

# 自反性伦理治理

随着机器人、人工智能与计算机等科技领域的快速发展，引发了许多深刻的伦理问题，受到学者与公众的广泛关注，许多国家与国际组织都对机器人与人工智能伦理问题给予高度关注。2016 年 8 月，联合国教科文组织（The United Nations Education, Scientific and Cultural Organization）与世界科学知识与技术伦理委员会（World Commission on the Ethics of Scientific Knowledge and Technology）联合发布了一份关于机器人伦理的报告。报告讨论了机器人在不同领域的广泛应用，以及可能引起的伦理问题，希望能够提高公众意识，使其更多地关注和参与机器人伦理问题的研究与讨论。①

在不同国家与组织发布的相关报告中，有一个重要的共同点，就是都强调对机器人与人工智能科技进行治理的重要性与紧迫性。2014 年秋，美国斯坦福大学组织实施“人工智能百年研究”计划，其目的是研究人工智能的发展及其对人类社会的影响。2016 年 9 月，研究委员会发布了首份报告，并提出了三条政策建议，其中第一条就明确强调专家要对人工智能进行有效的治理。②2016 年 12 月，世界经济论坛（world economic forum）网站上的一篇报道称，根据对近 900 名专家的调查表明，当被问及哪些新兴技术需要进行更好的治理时，人工智能与机器人技术高居榜首，生物技术紧随其后。③

2016 年 10 月，美国政府发布的《为人工智能的未来做准备》报告中，强调了对人工智能进行治理的重要性与紧迫性。报告主张对人工智能的实

---

① UNESCO & COMEST, *Preliminary Draft Report of COMEST on Robotics Ethics*, http://unesdoc.unesco.org/images/0024/002455/245532E.pdf.

② “One Hundred Year Study on Artificial Intelligence,” *Artificial Intelligence and Life in 2030*, https://ai100.stanford.edu/sites/default/files/ai_100_report_0831fnl.pdf.

③ Cann Oliver, “Artificial Intelligence,” *Robotics Top List of Technologies in Need of Better Governance*, https://www.weforum.org/press/2016/11/artificial-intelligence-robotics-top-list-of-technologies-in-need-of-better-governance/.

践者（practitioners）和学者进行伦理训练，认为每一位学习人工智能、计算机科学和数据科学的学者都应该学习关于伦理与安全的课程；报告也认为，仅仅伦理学本身是不够的，还需要结合技术工具与方法。[①]2016年9月，英国下议院科学技术委员会发布《机器人学与人工智能》报告，讨论了机器人与人工智能可能产生的伦理与法律问题，强调了适当的治理框架的必要性。报告指出，治理框架可以保证我们有途径提出、讨论和研究关键性的法律和伦理问题。[②]2017年1月，英国政府针对《机器人学与人工智能》报告中的建议给予了回应，承认关于人工智能与机器人的社会、伦理与法律问题的重要性，指出皇家学会正在从事相关的研究，并且要确保英国在人工智能应用与治理方面处于世界领先地位。[③]2016年10月，根据“欧洲议会法律事务委员会”（European Parliament’s Committee on Legal Affairs）的要求，“公民权利与宪法事务部”（Policy Department for Citizen’s Rights and Constitutional Affairs）发布了《欧洲机器人学民法通则》（*European Civil Law Rules in Robotics*），强调了关于机器人法律与伦理问题的紧迫性，并认为需要制定治理民用机器人与人工智能发展的伦理原则，使其与欧洲人文主义价值观协调一致。[④]

在这样的背景下，一些机构开始设立专门的研究基金，投入大量资金支持相关研究。2017年1月，霍夫曼（Reid Hoffman）、欧米迪亚

---

① “Preparing for the Future of Artificial Intelligence,” https://obamawhitehouse.archives.gov/sites/default/files/whitehouse_files/microsites/ostp/NSTC/preparing_for_the_future_of_ai.pdf.

② “Robotics and Artificial Intelligence,” https://www.publications.parliament.uk/pa/cm201617/cmselect/cmsctech/145/145.pdf.

③ “Robotics and Artificial Intelligence: Government Response to the Committee’s Fifth Report of Session 2016–17,” https://www.publications.parliament.uk/pa/cm201617/cmselect/cmsctech/896/896.pdf.

④ “European Civil Law Rules in Robotics,” http://www.europarl.europa.eu/RegData/etudes/STUD/2016/571379/IPOL_STU(2016)571379_EN.pdf.

网络（Omidyar Network）以及奈特基金会（John S. and James L. Knight Foundation）等共出资 2 700 万美元，成立人工智能伦理与治理基金（Ethics and Governance of Artificial Intelligence Fund），以支持美国及国际上关于人工智能伦理与治理项目与活动的跨学科研究。①

可见，许多国家和地区都认识到对机器人与人工智能进行治理的极端重要性。世界各国对人工智能与机器人科技治理的高度重视，一方面说明了对人工智能科技进行治理的重要性与紧迫性，另一方面也折射出当前人工智能科技治理的缺乏。总的来说，对于如何对其进行治理，也就是具体的治理进路与机制，相关的研究与实践尚处于探索阶段。近些年来，治理研究是学术界的一大热点，各种理论如雨后春笋大量涌现。本章试图根据自反性治理（reflexive governance）的相关理论，就如何进行伦理治理进行理论上的初步探讨。

## 第一节
## 概念澄清：治理、伦理治理与自反性治理

### 一、治理

治理（governance）概念在许多领域有着广泛的应用，不同时期、不同学者对治理概念的界定也存在一定差别。杰索普（Bob Jessop）指出：

① https://www.knightfoundation.org/press/releases/knight-foundation-omidyar-network-and-linkedin-founder-reid-hoffman-create-27-million-fund-to-research-artificial-intelligence-for-the-public-interest.

“治理只是晚近方才进入社会科学的标准英语词汇之内，并且在不同的外行圈子里成为‘时髦词语’的。即便现在，它在社会科学界的用法仍然常常是‘前理论式的’，而且莫衷一是；外行的用法同样是多种多样，相互矛盾。”① 一般说来，治理有两层含义，第一方面的含义是在 20 世纪晚期出现的，指国家适应外部环境的经验表现（empirical manifestation），第二方面的含义是指在这个适应过程中，对社会系统的协调和（大多数情况下）国家功能的理论表征。在许多公共的和政治的争论中，治理指在拥有不同的目的和目标的各种各样的行动者（比如政治行动者与机构、利益集团、民间团体以及跨国组织等）之间，维持协调和一致。②

全球治理委员会在 1995 年发表的《我们的全球伙伴关系》报告中，对治理的定义为：“治理是各种公共的或私人的个人和机构管理其共同事务的诸多方式的总和。它是使相互冲突的或不同的利益得以调和并且采取联合行动的持续的过程。这既包括有权迫使人们服从的正式制度和规则，也包括各种人们同意或以为符合其利益的非正式的制度安排。它有四个特征：治理不是一整套规则，也不是一种活动，而是一个过程；治理过程的基础不是控制，而是协调；治理既涉及公共部门，也包括私人部门；治理不是一种正式的制度，而是持续的互动。”“治理一词的基本含义是指在一个既定的范围内运用权威维持秩序，满足公众的需要。治理的目的是在各种不同的制度关系中运用权力去引导、控制和规范公民的各种活动，以最大限度地增进公共利益。”③

① 杰索普：《治理的兴起及其失败的风险：以经济发展为例的论述》，漆蕪译，《国际社会科学杂志》，1999 年第 1 期。

② Pierre Jon, *Debating Governance* (Oxford: Oxford University press, 2000), pp.3−4.

③ 俞可平：《治理与善治》，北京：社会科学文献出版社，2000，第 4—5 页。

总的来看，“治理”概念的提出主要是为了与传统的“统治”概念相区别。尽管对治理概念的定义多种多样，但总体来看治理概念包括了以下一些基本特征：第一，从参与主体的角度看，包括个人、组织与政府机构等多种主体；第二，从管理模式的角度看，治理概念倾向于“自下而上”的方式，至少是“自下而上”与“自上而下”相结合，与传统的主要是“自上而下”的模式相对应；第三，从操作方式的角度看，强调开放、互动、合作、协商；第四，从最终目标的角度看，一般强调要尽可能地满足公众的利益。

## 二、伦理治理

我们可以从三个层面来理解伦理治理的内涵。第一，从工具理性的角度看，可以认为伦理治理是统治阶级利用国家权力发挥道德作用维护社会秩序的一种治理手段，即“运用伦理进行治理”。第二，从价值理性的角度看，可以认为伦理治理是从价值取向上对社会治理的纠偏，从而将其理解为“伦理的治理”。第三，把当前伦理秩序作为治理的对象，强调“对不道德现象进行治理”，从而将伦理治理解释为“对伦理秩序的治理”。伦理治理不仅是一种治理手段，更是社会治理的价值追求。[①] 与此类似，我国学者对“道德治理”的内涵亦有同样的解读。李萍、童建军认为，“道德治理”包含两种基本含义。第一种含义是利用道德去治理，发挥道德在社会实践中扬善抑恶的功能，道德是治理的手段，即“德治”。第二种含义是针对道德的治理，是对社会实践中不道德现象的纠偏和矫治，道德是

---

① 柴艳萍：《当前中国伦理治理的研究现状与未来趋势——中国伦理学会第八次全国会员代表大会暨学术讨论会综述》，《中州学刊》，2013 年第 11 期。

治理的对象，即“治德”。[①]

伦理治理的思想与方法已经应用到对科学技术的治理。樊春良认为，在治理的思想下，对于涉及不同意见和观点的生命伦理问题可以采取“伦理治理”的解决方式，即以各种方式或机制把政府、科研机构、医院、伦理学家（包括法律专家、社会学家等）、民间团体和公众联系到一起，发挥其各自的作用，相互合作，共同解决面临的生命伦理问题以及社会和法律问题。这种机制的核心是坚持科学性和民主性的统一。根据国际经验，从国家层面看，生命科学技术的伦理治理机制包括① 通过全球对话，建立共同的伦理准则；② 制定伦理准则和法律法规；③ 加强决策服务的科学咨询；④ 设立伦理审查；⑤ 促进公众参与。[②]

可见，樊春良所界定的伦理治理，是要对科学技术引发的伦理问题进行治理，也就是针对伦理问题的治理。从一般的意义上讲，对科学技术的伦理治理应该包括“应用伦理道德去治理”和“对科技引发的伦理问题进行治理”两个层面。比如，要解决科技伦理问题，其中的一个重要途径就是提高科技人员的道德素养与水平，因此不少学者都强调道德想象力和美德伦理对于科技人员的重要性。而且，在解决科技引发的伦理问题时，不可避免地会应用到伦理学的思想理论。不过，本章要回答的问题主要偏向于第二个层面，即对人工智能可能及已经引发的伦理问题进行治理。

## 三、自反性治理

贝克提出了自反性现代化（reflexive modernization）的思想。他指出：

---

① 李萍、童建军：《德性法理学视野下的道德治理》，《哲学研究》，2014 年第 8 期。
② 樊春良、张新庆、陈琦：《关于我国生命科学技术伦理治理机制的探讨》，《中国软科学》，2008 年第 8 期。

“正如现代化消解了19世纪封建社会的结构并产生了工业社会一样，今天的现代化正在消解工业社会，而另一种现代性则正在形成之中。……处于前现代性经验视域之中的现代化，正在为自反性现代化所取代。”①

贝克等人在《自反性现代化》一书中对相关概念进行了更深入的讨论。贝克指出：“自反性现代化应该指这样的情形：工业社会变化悄无声息地在未经计划的情况下紧随着正常的、自主的现代化过程而来，社会秩序和经济秩序完好无损，这种社会变化意味着现代性的激进化，这种激进化打破了工业社会的前提并开辟了通向另一种现代化的道路。可以断言的是，不会发生革命但却会出现一个新社会……”② 贝克强调，“自反性”这个概念并不是指反思（reflection），而是（首先）指自我对抗（self-confrontation）。③

拉什（Scott Lash）认为，自反性首先是指结构自反性（structural reflexivity），在这种自反性中，从社会结构中解放出来的能动作用反作用于这种结构的“规则”和“资源”，反作用于能动作用的社会存在条件。其次是自我自反性（self-reflexivity），在这种自反性中，能动作用反作用于其自身。贝克的《风险社会》和吉登斯（Anthony Giddens）的《现代性的后果》所讨论的主要是结构上的自反性。④ 对吉登斯来说，现代性中的自反性包含着信任关系中的一个转移：信任不再是面对面的接触关系而是对专家系统的信任问题。与此形成对照的是，对贝克来说，现代性中的自

---

① 贝克：《风险社会》，何博闻译，南京：译林出版社，2004年，第3页。“reflexive modernization”一词在《风险社会》一书中译为“反思性现代化”，本书统一译为“自反性现代化”。

② 贝克、吉登斯、拉什：《自反性现代化》，赵文书译，北京：商务印书馆，2001，第6页。

③ 同上书，第9页。

④ 同上书，第146页。

反性必须以从专家系统的批评中获得越来越多的自由为条件。自反性不以信任为基础，而以对专家系统的不信任为基础。“不安全”问题在两位作者的概念框架中都占有重要地位。吉登斯所关心的是秩序问题，而贝克所关心的是变革。对这两人来说，自反性都是为了把不安全最小化。①

总的来说，虽然不同的学者对自反性现代化的理解存在一定差异，但他们基本上都赞同，自反性现代化的发展动力主要是现代化发展过程中的内部矛盾发展，而不是外在力量。另外，自反性并不排斥反思，只是更强调现代化发展的内在自主性。比如，虽然贝克强调反思与自反性的区别，但他也认为“自反性理论（在某些情况下）包含着现代化的反思理论”。②

贝克的自反性现代化的思想影响颇广，在治理概念广为流行的背景下，人们很自然地将自反性概念应用到治理理论当中。与自反性现代化概念类似，有学者注重通过内部的互动来界定自反性治理。在鲍克内希特（Dierk Bauknecht）等人看来，自反性治理提供了一种一般性的社会问题处理思想，即由相互依赖的行动者组成一个团队，通过团队内的互动来发现问题，并且努力影响正在进行中的发展，使问题得以解决。自反性治理概念的一个特点就是它关注自身，治理过程也可以成为被调整的对象。③ 在自反性治理理论看来，治理的主体与客体是相互影响的，对治理对象的思考与实践也会影响主体的思想与能力。自反性治理对自身的关注意味着，它要对治理本身的基础与过程，包括概念、理论、实践、程序、制度等进行不断地质疑，并寻求更好的替代者。

同时，也有学者从“能力”的角度来界定自反性概念。古戎（Philippe

---

① 贝克、吉登斯、拉什：《自反性现代化》，赵文书译，北京：商务印书馆，2001，第 147 页。

② 同上书，第 224 页。

③ Voβ Jan-Peter, Bauknecht Dierk and Kemp Rene, *Reflexive Governance for Sustainable Development* (Cheltenham: Edward Elgar, 2006), preface.

Goujon）等认为，可以把自反性定义为，行动者与机构根据经济、科技和政治系统的演变，以及当前规制模式的不足，修正基本的规范取向的能力。他们认为，自反性不是给定的，而是通过科技发展清楚地显现出来的。① 与此类似，德雷泽克（John Dryzek）等人认为，自反性思想在处理挑战方面更为直截了当，原因在于它明确要求重建。也就是说，当机构表现欠佳时，就有必要质疑机构自身的基础——而不是仅仅调整其实践行为，同时又保留其总体特征。在治理语境中，自反性是一个结构、过程或思想体系根据它对自己的表现的反思（reflection）而重新配置（reconfigure）自身的能力。② 勒诺布勒（Jacques Lenoble）和梅斯沙尔克（Marc Maesschalck）认为，自反性概念是指这样的"操作"（operation），即社会团体根据从自身的行为同一性（identify of action）中获得的经验和推测，尝试对调整行为能力的需要的感知做出的回应。③

从时间维度看，可以把自反性治理分为回溯性与前瞻性的两类。贝克界定的自反性现代化是主要是回溯性的，他指出："简单现代化把社会变革的原动力定位在工具理性范畴之中（反思），而'自反性'现代化认为社会变革的动力存在于副作用中（自反性）。"④ 也就是说，现代化的副作用已经产生之后，才对现代化造成种种影响。不过，几乎所有的治理模式都会对非预期后果或副作用进行处理，因而这一点不足以彰显自反性治

① Goujon Philippe and Flick Catherine, "Ethical Governance for Emerging ICT: Open Cognitive Framing and Achieving Reflexivity," in Berleur Jacques, et al edited, *What Kind of Information Society? Governance, Virtuality, Surveillance, Sustainability, Resilience* (Berlin: Springer, 2010), p.101.

② Dryzek John and Pickering Jonathan, "Deliberation as a Catalyst for Reflexive Environmental Governance," *Ecological Economics*, 2017, Vol.131, pp.353–360.

③ Lenoble Jacques and Maesschalck Marc, *Democracy, Law and Governance* (Burlington: Ashgate, 2010), p.191.

④ 贝克、吉登斯、拉什：《自反性现代化》，赵文书译，北京：商务印书馆，2001，第232页。

理的特点。其实，贝克的风险社会思想中有非常明显的前瞻性特征。他说："风险概念表明人们创造了一种文明，以便使自己的决定将会造成的不可预见的后果具备可预见性，从而控制不可控制的事情，通过有意采取的预防性行动以及相应的制度化的措施战胜种种副作用。"① 与此类似，斯特林（Andy Stirling）认为，自反性治理意味着谨慎的主体事前分析（ex ante）的经历，而不是在面对预料之外的后果时事后（ex post）无意的反思（unintentional reflexes）。② 由于机器人与人工智能科技可能导致的社会与伦理后果的严重性，所以我们更主张前瞻性的治理思路。

在贝克的风险社会理论中，科学技术可能产生的副作用是引发风险重要因素之一，同时也是解决风险的重要手段。而且，贝克也自觉地把自反性概念应用于对科学技术的分析之中。贝克把现代化分为传统现代化与工业社会的自反性现代化，与此类似，他把科学的发展阶段分为初级科学化与自反性科学化（primary and reflexive scientization）两个阶段。在第一个阶段，科学被应用于一个给定的自然、人类与社会的世界。在自反性阶段，科学需要面对自己的产物、缺陷和次生问题。第二阶段基于一种完全的科学化，它把科学的质疑精神扩展到科学本身的内在基础与外在结果。由此，科学对真理与启蒙的主张都被去神秘化了。③ 科学的自反性大致是这样一种过程，科学、科学实践与公共领域之间的紧张的相

---

① 贝克、威尔姆斯：《自由与资本主义》，路国林译，杭州：浙江人民出版社，2001，第121页。

② Stirling Andy, "Precaution, Foresight and Sustainability: Reflection and Reflexivity in the Governance of Science and Technology," in Voβ Jan-Peter, Bauknecht Dierk and Kemp Rene edited, *Reflexive Governance for Sustainable Development* (Cheltenham: Edward Elgar, 2006), p.231.

③ Beck Ulrich, *Risk Society* (London: Sage Publications, 1992), p.155. 在《风险社会》中译本中，"reflexive" 被译为"反思性"。根据贝克等人的《自反性现代化》中对自反性概念的说明，我们觉得译为自反性可能更为恰当。

互作用，构成了现代化风险，然后又反作用于科学，产生“同一性危机”（identity crises）、工作与组织的新形式、新的理论基础以及新的方法论发展，等等。①

在贝克看来，科学理论与科学研究的实践都是可错的，科学的副作用是可评估的，我们应该对高度发达的现代科学进行某种约束。他认为，我们需要一种对科技活动进行客观约束的理论，它把客观约束的制造和科技活动“无法预见的副作用”作为关注的核心。② 贝克认为科学合理性的教育学可以帮助我们实现这一目标。事实上，关于科技治理的研究，本质上就是为了实现这个目标。

有学者把自反性分为两个层次。第一个层次的自反性指对抗副作用，也就是作为治理条件的无意识的自反性，这个层次的自反性可以称之为“一阶自反性”。第二个层次的自反性指认知反思，并采用新的治理进路对处理问题的实践活动进行相应的调整，从而处理副作用，解决不确定性、模糊性等问题，这个层次的自反性可以称为“二阶自反性”。③ 更进一步，我们可以把对科学技术已经产生或可能产生的副作用的对抗都称为“一阶自反性”，在一阶自反性认识的基础上，深入进行的认知反思、能力调整、制度改进等所有方面，称为“二阶自反性”。

至此，从科技治理的角度看，我们可以对“自反性伦理治理”形成这样的理解：根据伦理学的理论与方法，针对科学技术中可能出现的伦理问题，包括个人、组织与政府在内的各种主体，在拥有必要的知识与能力的基础上，通过协商、对话等多种合作方式，在科研项目从规划、设计到

---

① Beck Ulrich, *Risk Society* (London: Sage Publications, 1992), p.161.

② Ibid., p.180.

③ Voβ Jan-Peter, Bauknecht Dierk and Kemp Rene, *Reflexive Governance for Sustainable Development* (Cheltenham: Edward Elgar, 2006), p.437.

实施的整个过程中，合理应用伦理治理工具，前瞻性地分析和解决伦理问题，并且不断进行反思、改进和提高的机制与活动。

## 第二节
## 治理理论及其自反性

### 一、新制度主义经济学

作为新制度经济学的代表人物之一诺思（Douglass North）认为："制度经济学的目标是研究制度演进背景下人们如何在现实世界中作出决定和这些决定又如何改变世界。"[①]"制度是一系列被制定出来的规则、守法程序和行为的道德伦理规范，它旨在约束追求主体福利或效用最大化利益的个人行为。"[②] 在诺思及其他新制度主义经济学家看来，制度在经济生活中发挥着重要作用。同时，制度也会经历发展演化的过程，研究制度变迁与制度创新及其影响是新制度主义经济学的重要内容之一。

导致制度变迁的原因有很多，包括环境变化、技术发展等，当然最根本的动因是对利润的追求。"市场和经济体系的结构都是人类创造的，随着技术、信息等参数的改变，这个结构要运作良好的话，就必须不断作出改变。"[③] "如果预期的净收益超过预期的成本，一项制度安排就会被创新。

① 诺思：《经济史中的结构与变迁》，陈郁，等译，上海：上海三联书店，1994，中译本序。
② 同上书，第225—226页。
③ 诺思：《理解经济变迁过程》，钟正生，等译，北京：中国人民大学出版社，2007，第146页。

只有当这一条件得到满足时，我们才可望发现在一个社会内改变现有制度和产权结构的企图。”① 为了改善制度结构，我们必须先清楚制度框架的来源。我们只有知道身处何处，才能知道去往何方。②

威廉姆森（Oliver Williamson）认为诺思等人理解的制度是制度环境，他从更为微观的角度来理解制度，强调一种关于治理的制度（市场、混合经济、等级制与官僚制）。制度环境与治理制度两者之间的显著差别之一是，前者主要是限定后者的环境。差别之二是，两者的分析层次非常不同，治理制度在个别交易的层次上运作，而制度环境则更多地与活动的各种不同层次相关。在他看来，制度就是治理的机制。当然，制度环境与治理制度都有发展演化的过程。③

总的来说，虽然新制度主义经济学的不同学者对制度的理解有一定差别，但他们的共同点也是非常明显的。他们都强调制度的重要作用，认为制度是发展变化的，而且这些都是与社会现实紧密相关。比如，科思指出：“我们可以在黑板上实施为实现理想状态所必需的操作步骤，但是它们在现实生活中并不存在。……我们通过制度办事，对经济政策的选择是对制度的选择。……标志当代制度经济学特征的，应该是，在相当大程度上也确实是，它所探讨的问题是那些现实世界提出来的问题。”④

从自反性的角度看，我们可以把制度的变迁看作制度自反性的过程和结果。制度的自反性是人类根据自身的信念和目的，在具体的社会环境中

① 科斯、阿尔钦、诺斯：《财产权利与制度变迁》，上海：上海三联书店，1991，第274页。
② 诺思：《理解经济变迁过程》，钟正生，等译，北京：中国人民大学出版社，2007，第147页。
③ 威廉森：《治理机制》，王健，等译，北京：中国社会科学出版社，2001，前言第3—4页。
④ 科思：《企业、市场与法律》，盛洪，等译，上海：上海三联书店，1990，第254页。

对制度的修正与调整。也就是说，由于人类社会的复杂性与人类本身的局限性，我们不可能做到全面正确地理解世界，但我们可以做到在一定程度上的正确理解，由此产生的制度也不可能是完美无缺的，我们需要多样化的制度，在不断的试验与改进过程中提高制度的适应性。

索洛（Robert Solow）认为经济理论的一个基本假设是，把经济学看作社会物理学（physics of society）。这种看法认为："存在一个关于世界的单一的、普遍适用的有效模型，只需要应用它就够了。"虽然诺斯认为，并不存在一种普遍适用的各态历经假说，但是在一个具体的环境中，我们能够找到一种适用的理论。或者说，在一个特定时刻存在着一个最优的制度，当然这个制度会随着时间的推移而发生变化。[①] 可见，新制度主义经济学在每个具体环境中都预设了一个最优的制度，就像一种客观真理一样，现实的制度就是这个客观真理的某种程度的反映。如果我们把现实的制度向这个客观真理努力靠近的过程看作制度的自反性，那么这种自反性的动力是外在的，是一种较弱的自反性。因为制度本身不会自动发生变化，即使人们认识到了制度的缺陷，要改变制度也会受到诸多因素的制约，所以新制度主义经济学治理思想的自反性是外在的、被动的，因而也是非常有限的。

## 二、节点治理理论

希林（Clifford Shearing）等人认为，在现代社会中，治理不再只是国家任务，越来越多的非国家组织参与到社会事务的治理之中。非国家治

① 诺思：《理解经济变迁过程》，钟正生，等译，北京：中国人民大学出版社，2007，第18—21页。

理的增长，无论其中是否有国家行为，都使得维持传统的以国家为中心的治理观点变得越来越困难。因此，我们需要分析国家治理与非国家治理节点及其活动之间的联系。为此，希林等人建议采用“节点治理”（nodal governance）的概念，而不是一种以国家为中心的治理概念。在节点治理概念中，没有任何一组节点具有给定的概念上的优先权。事实上，治理的精确性质和不同节点对治理的贡献都是有待解决的问题。而且，治理节点相互之间的特定的联系方式，会随着时间与空间的变化而变化。希林等人把节点分为若干层次，包括第一层次（国家）、第二层次（公司与企业）、第三层次（非政府组织）和非正式的第四层次（前三个层次之外的人员）。①

在布里斯（Scott Burris）等人看来，节点治理是当代网络理论的精巧阐述，它可以解释社会系统内不同的行动者如何顺着网络进行互动，从而实现治理的目的。治理理论需要重点关注节点的构成与联系方式。他们把节点看作是在网络系统内，调动知识、能力与资源等用以管理事件过程的场所。节点拥有四个重要特征：① 思想方面：关于节点需要去治理的事务的一种思考方式；② 技术方面：对处理中的事件过程施加影响的一套方法；③ 资源方面：支持节点运作与施加影响的资源；④ 制度方面：随时间调动资源、心理与技术的一种结构。

节点可以有多种表现形式，但它是一个真实的实体，而不是网络中的一个虚拟点。它需要拥有足够的稳定性和结构，可以调动资源、思想与技术。所有节点并非是平等的，它们在可访问性、有效性等方面存在差异。资源、思想与技术以不同的方式作用于节点，并对其地位与有效性产生有力影响。不同节点拥有不同的能力与其他节点互动，并对其产生影响，节

① Shearing Clifford and Wood Jennifer, “Nodal Governance, Democracy, and the New ‘Denizens’,” *Journal of Law and Society*, 2003, Vol.30, No.3, pp.400-419.

点的能力主要依赖于它的资源。节点治理集中关注于资源与知识在节点中的处理方式，节点治理框架则强调私人或公共行动者引导治理的方式。

节点治理可以通过扩大参与和提升决策质量来提高民主程度。可以发展一种规范性议程（normative agenda），通过应用节点治理的形式促进民主治理，这需要关注三个关键问题：谁使用节点？特定的节点如何有效地治理其他节点？治理网络如何被治理，从而提高与加深民主？谁使用节点是一个根本性的问题，为了促进民主，应该扩大对治理节点的使用。使用节点只是参与治理的必要条件，节点治理理论还必须质疑节点的特征，通过提高较弱节点的能力以促进更有效的参与，提高决策质量。①

在节点治理中，构成规范性议程的一系列问题直接关注正在运行的治理过程，这些问题也必须在治理过程中加以处理。从自反性的角度看，节点治理的自反性运作包括两个关键内容：第一，确定参与治理过程的包容性原则；第二，尽量避免可能的参与者被排除的情况。② 因此，节点治理通过不断地反思或反馈治理过程参与程度、权力分配、资源利用等情况，加强包容性原则，增强决策的民主特征，不断完善治理程序，从而实现更好的治理。跟新制度主义经济学的自反性相比，节点治理自反性的动力和运作方式都是内在的，跟治理过程紧密相关。

## 三、协同治理理论

协同治理（collaborative governance）是在计划、规制、政策制定和公

---

① Burris Scott, Drahos Peter and Shearing Clifford, “Nodal Governance,” *Australian Journal of Legal Philosophy*, 2005, Vol.30, pp.30–58.

② Maesschalck Marc, *Reflexive Governance for Research and Innovative Knowledge* (Hoboken: Wiley, 2017), p.68.

共管理中应用的一种策略，目的是协调、裁决和整合多种利益相关者的目标和利益。协同治理的界定依赖于多个维度，包括① 谁参与协同；② 谁主持协同；③ 协同的意义是什么；④ 如何组织协同。由此，可以给出协同治理的一般性定义：协同治理是这样的一种治理安排，一个或多个公共机构组织非国家的利益相关者直接从事集体决策过程，这个过程是正式的、共识导向的（consensus-oriented）和协商的，其目的是制定、实施公共政策，管理公共事务与资产。[①]

可以区分三种不同的协同治理类型：协同计划、流域委员会（watershed councils）和规制磋商（regulatory negotiation）。① 协同计划。比如，对于土地的使用与规划，不能只依赖规划专家，协同计划强调利益相关者直接参与计划过程，目的是在利益相关者之间达到一致意见。② 流域委员会。协同流域管理的典型形式是利益相关者的伙伴关系，它由私人利益团体、当地公共机构、国家或联邦机构的代表组成一个团队，定期或不定期地讨论或磋商有关地域内的公共政策。③ 规制磋商。在规则制定的早期，把利益相关者召集起来，寻求大家可以接受的共识，由此公共机构就可以把他们的决策建立在利益相关者达到的共识的基础之上。三种类型的协同治理都把协同作为一种提出需要治理问题的手段，激励参与者积极发出自己的声音。参与者是否真正致力于协同过程，是实现成功的协同治理的一个主要挑战。另外，领导能力、协同过程的制度设计等其他方面也起着重要作用。[②]

协同治理的特点如下。① 以解决问题为导向。这要求参与者之间共享信息与协商，核心是解决治理问题。② 利益相关者参与决策过程的所有

---

① Ansell Chris and Gash Alison, “Collaborative Governance in Theory and Practice,” *Journal of Public Administration Research and Theory*, 2008, Vol.18, No.4, pp.543−571.

② Ansell Chris, “Collaborative Governance,” in Levi-Faur David edited. *The Oxford Handbook of Governance* (Oxford: Oxford University Press, 2012), pp.498−511.

阶段。广泛的参与彰显民主价值，也促进问题的有效解决。③ 临时性的解决方案。规则是暂时性的，可以进行改进，所以需要在不确定的情形下不断前进，同时进行持续的监督与评价。④ 超越了传统治理中的公共与私人角色的责任。参与各方相互依存，相互负责，并可以质疑传统角色与功能。⑤ 灵活的参与机构。机构是各种利益相关者进行磋商的召集者和服务者，它激励更广泛的参与、信息共享与协商；机构还通过提供必要的技术资源、资助和组织支持，提高参与者的能力。①

在案例研究的基础上，有学者提出了评价协同计划的四条标准：① 成功达成一致意见；② 协同过程比其他过程更有效率；③ 利益相关者对过程与结果满意；④ 获得另外的社会收益，比如增进利益相关者之关的关系，提升利益相关者的知识与技能。这些标准已经在相关研究中得到了广泛应用。② 事实上，我们可以从这四个方面来对协同治理过程（而不仅仅是协同计划）进行评价。

在协同治理的过程中，利益相关者之间的交流对话起着举足轻重的作用。因此，哈贝马斯（Jürgen Habermas）的交往理性（communicative rationality）概念有助于我们发展出关于协同对话的规范性概念。③ 我们还可以应用哈贝马斯的商谈伦理学思想，包括他的普遍化原则（universalisation principle），更好地通过对话等手段达成一致意见。④ 比如，哈贝马斯认为，

---

① Freeman Jody, "Collaborative Governance in the Administrative State," *University of California Los Angeles Law Review*, 1997, Vol.45, No.1, pp.1–98.

② Gunton Thomas and Day J, "The Theory and Practice of Collaborative Planning in Resource and Environmental Management," *Environments*, 2003, Vol.31, No.2, pp.5–19.

③ Innes Judith and Booher David, "Collaborative Policymaking: Governance through Dialogue," in Hajer Maarten and Wagenaar Hendrik edited, *Understanding Governance in the Network Society* (Cambridge: Cambridge University Press, 2003), p.35.

④ Dalton-Brown Sally, *Nanotechnology and Ethical Governance in the European Union and China* (Heidelberg: Springer, 2015), pp.2–6.

一个追求沟通、寻求共识的行动者需要满足真实性、正确性与真诚性三项要求，而且言语行为需要与客观世界、社会世界和主观世界相吻合。①

根据协同治理的定义与特点可以看到，自反性是协同治理的自然结果。协同治理强调利益相关者通过民主协商等方式达成共识，在新达成的共识中，可能会包含一些对之前制度或规则的调整，甚至是制定新的规则。不过，协同治理的关注点主要是利益相关者相互合作的过程与形式，目的是达到一致意见，至于治理过程与结果是否具有自反性并不是必须考虑的内容，而且自反性也没有鲜明地反映在治理程序与特点当中。因此，虽然协同治理的自反性要强于新制度主义经济学，但自反性的程度仍然较弱。

## 四、实验主义治理理论

萨贝尔（Charles Sabel）等人认为，实验主义治理（experimentalist governance）进路体现了当代治理模式转变的关键所在。一般说来，实验主义治理是一个临时目标设定与修正的递归过程（recursive process），它对从不同的语境中发展出来的各种进路进行比较学习。实验主义治理包括多层结构，它在一个迭代循环（iterative cycle）中有四个方面的内容相互联系。第一，联合“中央的”和“地方的”部门，通过与公民社会中的利益相关者进行磋商，暂时性地建立起大致的框架目标和成果评价标准。比如像“良好的水质”“安全的食品”等这样的目标就是框架目标。第二，赋予地方部门广泛的自由裁量权（discretion），使其以自身的方式去追求

① 哈贝马斯：《交往行为理论》，曹卫东译，上海：上海人民出版社，2004，第100页。

这些目标。在管理系统中，地方部门主要指像公司这样的私营部门，或者地方政府；在服务机构中，地方部门主要指一线工作者，比如教师、警察等。第三，这种自由裁量权的条件之一是地方部门必须定期报告他们的绩效，参与同行评价，将其成果与追求同样目标但采用不同方法的其他地方部门的成果进行比较。根据事先达成的指标，如果地方部门没有取得良好进展，那么他们就需要根据同行的建议采取适当的改进措施。最后，由行动者组成的委员会根据评价过程揭示的问题与可能性，定期对目标、评价标准与决策程序本身进行修正，然后重复整个过程。

实验主义治理模式在欧洲和美国有着广泛应用，包括能源管理、金融服务、食品药品安全、教育卫生以及环境保护等许多领域。在具体的治理过程中，也积累了更为丰富具体的实践经验。比如，要使相关主体积极参与治理过程，尊重治理结果，仅仅通过道德说服、曝光和谴责等手段是不够的，还需要可称之为“改变现有体制”（destabilization regimes）的具体机制，即，在给出合理的和更优的方案同时，通过动摇现状，在框架规则制定与修正中打破僵局的机制。某些机制（比如提出具体要求）可以直接运作，有的改变机制，比如惩罚默认（penalty default），则间接地发挥作用。例如，中央机构不是强迫参与者来商议，而是制定严格的措施防止参与者拒绝商谈。①

从自反性的角度看，实验主义治理的自反性特征是非常明显的。它强调利益相关者的合作互动，利用集体智慧来解决问题，最关键的是它特别强调对目标、评价标准与决策程序的不断修正。换句话说，实验主义治理进路内在的运作机制与程序保证了它的自反性。如果说新制度主义经济学

---

① Sabel Charles and Zeitlin Jonathan, “Experimentalist Governance,” in Levi-Faur David edited, *The Oxford Handbook of Governance* (Oxford: Oxford University Press, 2012), pp.169–183.

和节点治理的自反性还比较弱的话，那么实验主义治理进路的自反性是很强的，或者说这才是一种真正的自反性治理进路。而且，实验主义自反性的可操作性是很明显的，它目前的广泛应用也充分说明这一点。另外，节点治理强调节点的能力，可能会导致节点之间的资源与权力竞争，而实验主义治理进路更倾向于强调合作与共享，使参与者在治理过程中共同发展进步。在现代多元化的世界中，不同的文化与社会背景使相同的治理问题在不同的社会、不同的时期可能显示出完全不同的特点，对治理过程中的对话、共享、合作的强调，可以在很大程度上增强治理过程的灵活性，提高可供选择方案的数量与质量，这对于治理过程的顺利开展至关重要。

通过对不同治理理论的简要讨论可以看出，各种治理理论或强或弱地都具有自反性。从新制度主义经济学到实验主义治理，我们可以清楚地看到治理理论中的自反性明显地表现出由外至内、由弱至强的发展趋势。勒诺布勒等人甚至认为，如果我们从自反性角度重建不同的治理理论，我们会发现不同进路之间根本性的分歧较小。不同的治理理论基本都承认需要不断地拓展应用条件，保证自反性运作的成功。① 对比不同的治理理论，我们可以看到对话、民主、评估、程序等因素在实现自反性治理当中的基础性作用。但是，上述几种治理理论的自反性也有一定程度的局限性。比如，自反性必然意味着改变，但改变不会自然发生，需要行动者拥有改变的能力与权力；同时，行动者信念的改变相对容易，但信念的改变要落实到实践，可能会遇到某些阻力，如何克服可能产生的阻碍变化的阻力是实现自反性的一个基本前提。前述几种治理理论要么认为改变是理所当然

① Lenoble Jacques and Maesschalck Marc, “Renewing the Theory of Public Interest: The Quest for a Reflexive and Learning-based Approach to Governance,” Schutter Olivier De and Lenoble Jacques edited, *Reflexive Governance: Redefining the Public Interest in a Pluralistic World* (Oxford: Hart Publishing, 2010), p.5.

的，要么对改变可能产生的阻力认识不足。要很好地实现治理理论的自反性，真正实现必要的改变，必须充分认识以下几个关键性问题。

## 第三节
## 自反性治理的几个关键问题

### 一、克服有限理性、打开认知闭合

从认识论的角度看，“理性”与“感性”相对，一般指人类按照客观规律认识世界与处理事务的能力或状态。理性要求人们客观、全面地认识世界，但处于具体的社会环境中的人总会受到主客观条件的制约，无法做到完全的理性。

为了深入认识理性，人们从不同角度对其进行了更细致的区分。西蒙（Herbert Simon）区分了实质理性（substantive rationality）和程序理性（procedural rationality）。实质理性是指人们选择的行动步骤的恰当程度，而程序理性指根据人类的认知能力和局限性，人们用于行为选择的程序的有效性。西蒙认为，复杂性是事务的固有特征，因此发现可以接受的近似程序和启发法，使人们可以在很大的范围内进行有选择性的探究，这是智能的核心所在，对人类智能和人工智能都是如此。[①] 正是人类能力的有限性导致理性是有限的。更具体地说，有限理性（bounded rationality）是指

① Simon Herbert, “Rationality as Process and as Product of Thought,” *The American Economic Review*, 1978, Vol.68, No.2, pp.1–16.

人们做出选择时，不仅是由一贯的总体目标和外在世界的属性决定的，而且也是由决策者拥有的以及尚未拥有的知识决定的，同时也是由他们的能力和无能决定的，包括唤起相关知识、处理行为后果、想象行为过程、应对不确定性以及在相互竞争的需求之间进行抉择等方面的能力。① 有限理性用来表示考虑了决策者的认知局限——包括知识与计算能力的局限——前提下的理性选择。有限理性是行为经济学的一个中心主题，它深入考察现实抉择过程影响最终决定的方式。②

我们可以把有限理性看作是从完全非理性到完全理性的一种中间状态。科技人员当然不会完全非理性地从事研究，但完全理性显然是一种理想状态。也就是说，我们必须承认，即使我们认为科技人员是理性的，但他们的理性也是有限度的，受其认知水平、思维方式、环境因素与信息多寡等多种因素的影响。正如威廉姆森所说，“如果没有有限理性和机会主义这两个条件，所有风险都将消失”。③ 虽然他是从经济学的角度出发讲有限理性与风险之间的联系，但这一点对于我们理解有限理性的重要影响显然有一定的普遍意义。

从知识论的角度看，知识闭合（epistemic closure）是导致有限理性的原因之一。知识闭合的思想认为，我们知道的知识蕴涵闭合，因此我们知道一个给定命题的正确性是基于认识到它是从我们所知的知识中得出来的，由此我们也接受它。④ 知识闭合至今仍是一个有争议的话题，但从中

---

① Simon Herbert, “Bounded Rationality in Social Science: Today and Tomorrow,” *Mind & Society*, 2000, Vol.1, No.1, pp.25–39.

② Simon Herbert, *Models of Bounded Rationality*, Vol.3 (Cambridge: The MIT Press, 1997), p.291.

③ 威廉森：《治理机制》，王健，等译，北京：中国社会科学出版社，2001，前言第 17 页。

④ Luper Steven, “Epistemic Closure,” in *The Stanford Encyclopedia of Philosophy*, https://plato.stanford.edu/entries/closure-epistemic/#CloPri.

我们至少可以得到这样的启示，即任何人拥有的知识以及在此基础上做出的判断与决策都具有一定的局限性。

由于个人拥有的知识的有限性，人们在工作中总会遇到超出自己知识与能力范围的问题。为了避免由此产生的困惑与模糊性，人们一般希望能够找到一个确定性的答案，即使这个答案并不是非常令人满意的，这就是认知心理学中所谓的“认知闭合需要”（need for cognitive closure）。不同的个体在认知闭合需要方面存在一定的差异，这种差异还可以进行量化。[①]

从伦理治理的角度看，有限理性与认知闭合等理论应该让科研人员更清楚地认识到自己思维与知识的局限，因而要以更开放、积极的心态来认识与处理机器人与人工智能引发的伦理问题。虽然已经有不少科技人员认识到相关问题的重要性，但目前总的来说科技与伦理两个领域还处于分离的状态。科技研究者主要考虑的是技术与经济方面的挑战，对潜在的伦理问题关注不够，有的可能还将伦理分析看作是技术开发的障碍。由此可能产生的危险是把关于科技问题的讨论限制在科技知识的范围内，而不从伦理、文化和社会挑战等方面对技术进行评估。如果讨论局限于采用一种实证主义和还原论的进路，就会导致认知闭合（cognitive closure）。[②]

认知心理学领域的认知闭合需要是从人类追求确定性答案的心理动机的角度出发的，而科研人员主要从特定的理论框架对与科技相关的问题（包括伦理问题）的理解与处理所导致的认知闭合，则是从认识论的角度

---

① Webster Donna and Kruglanski Arie, “Individual Differences in Need for Cognitive Closure,” *Journal of Personality and Social Psychology*, 1994, Vol.67, No.6, pp.1049-1062.

② Goujon Philippe and Flick Catherine, “Ethical Governance for Emerging ICT: Opening Cognitive Framing and Achieving Reflexivity,” Berleur Jacques, et al edited, *What Kind of Information Society? Governance, Virtuality, Surveillance, Sustainability* (Berlin: Springer, 2010), p.101.

强调科研人员可能产生的认识的局限性。当然，当科技人员在面对他们可能并不擅长的伦理问题时，追求确定性答案的认知闭合需要也可能会促使他们产生认知闭合。因此，为了实现对伦理问题的自反性治理，我们需要打开参与治理的所有人员的认知结构，从而打开认知闭合。如果把科技导致的副作用产生的自反性看作“一阶自反性”，那么认知框架与结构产生的自反性就是“二阶自反性”，显然后者更为重要。

那么，如何才能克服有限理性与认知闭合的局限呢？首先，打开认知结构，实现自反性治理的一个理论前提，就是要改变传统思想中“科技中性论”观念，深刻认识到科技与伦理价值的内在关联。从科学哲学的角度看，价值应该是知识客观性的有机组成部分，它是科学知识得以正常生产，科学造福于人类的基本前提。我们需要以“有意义的真理”，一种事实与价值相结合的真理，去取代“客观的真理”。[①] 因此，我们必须牢固建立人工智能科技本身并非是价值中性的，对伦理问题的考量是人工智能科技从规划、制造到应用整个过程都必须重视的关键性问题。

其次，要加强利益相关者之间的交流、对话与合作。王奋宇等人认为，政府、科学共同体、产业界和公众四类主体应该共同参与科技公共治理过程。我国科技公共治理面临着严峻的挑战，包括公众信任度低、公众科学素养偏低、社会组织化程度低以及公众参与的经验匮乏等。[②] 张春美在讨论处理基因伦理风险的机制时指出，伦理治理是指以生命伦理规范建设应用为核心，发挥政府、科研机构、伦理学家、民间团体和公众的不同作用，通过各种相关利益者参与的方式，共同解决基因伦理问题。[③] 毫无

① 蔡仲：《科学研究是否价值无涉》，《江海学刊》，2016 年第 1 期。
② 王奋宇、卢阳旭、何光喜：《对我国科技公共治理问题的若干思考》，《中国软科学》，2015 年第 1 期。
③ 张春美：《基因伦理挑战与伦理治理》，《传承》，2012 年第 5 期。

疑问，建立各种机制促进利益相关者的相互交流与合作，对于科技伦理治理显然是至关重要的。

第三，在利益相关者的互动过程中，对学习机制应该给予足够的重视。无论是公众、科学家、工程师还是伦理学家，无论是个人还是专业团体，要克服有限理性与认知闭合的局限，必须扩展自己的知识，在与他人的互动学习过程中，更好地认识、分析与解决伦理问题。

事实上，强调学习是许多治理理论的共同特征。诺思在诺贝尔经济学奖的颁奖仪式上的演讲中指出："制度形成了社会的刺激结构，政治和经济制度随之形成了经济实绩的基本决定因素。在与经济和社会变迁相联系的时间维中，人类学习的过程形成了制度演变的轨迹。这就是说，个人、群体和社会所持有的决定选择的信条是整个人类随时间学习的结果——不仅仅是一个人或一代人，而是随时间的积累和通过社会文化在代与代之间传递的包含于个人、群体和社会的学习。"① 在该演讲的第四部分，诺思还专门讨论了学习，探讨了思维模式、经验与学习的关系。

诺思认为，人类的心智、学习对经济变迁有重要影响。文化演化使知识不断增加，劳动分工使知识具有专业化，我们需要把不同类型的知识组织协调起来，保证知识在解决人类问题时的有效性。需要最大限度地利用社会成员的不同知识，而且还需要最大限度地发挥人们发现和开发新事物的能力。另外，我们要在知识的精确性和多样性两者之间进行权衡。知识的多样性程度越高，我们越能应付复杂的环境；知识的精确程度越高，在既定环境中就越能降低不确定性。他强调，经济发展需要复杂的制度结构和符号存储系统以低交易成本来整合关于当今复杂世界的分散知识；知识

① 诺思：《按时序的经济实绩》，《经济学情报》，1995 年第 1 期。

整合的成败是经济发展的核心问题。[1] 诺思的论述强调了学习和知识的重要作用，特别是学习的具体内容的重要性。

萨贝尔和塞特林（Jonathan Zeitlin）认为，欧盟实验主义治理的新结构特点在于从多样性中学习。他们把欧盟的新治理形式称为坦率协商的多元政治（directly deliberative polyarchy）。之所以称其为多元政治，是因为它是一个整体系统，各个组成部分相互学习、规训和相互设定目标。这种治理模式很适合欧盟这样的异质性环境，在这个环境中大家面临类似的问题，可以相互学习各种不同的解决问题的方法。从这个意义上讲，协商的多元政治就是从多样性中学习的机构。[2] 他们倡导一种共同的和持续性的学习——取得临时性的结果，然后根据更进一步的探索改正它们。[3]

可见，这些治理理论都一致强调学习的重要性。正如勒诺布勒等指出的那样："如果我们通过学习的思想来定义自反性思想，那么所有各种新近发展起来的学术研究进路都可以称为是自反性的，尽管它们之间有着显著区别。"[4] 不过，学习的方式多种多样，在不同的治理环境中效果各异，而且学习并不必然导致人们期望的结果。虽然学习在治理中的重要地位已经得到不少学者的重视，但如何更好地发挥学习的功能，还需要更多的理

---

① 诺思：《理解经济变迁过程》，钟正生，等译，北京：中国人民大学出版社，2007，第 66—67 页。

② Sabel Charles and Zeitlin Jonathan, "Learning From Difference: The New Architecture of Experimentalist Governance in the EU," in Sabel Charles and Zeitlin Jonathan edited, *Experimentalist Governance in the European Union* (Oxford: Oxford University Press, 2010), pp.5–6.

③ Sabel Charles and Zeitlin Jonathan, "Experimentalism in the EU: Common Ground and Persistent Differences," *Regulation & Governance*, 2012, Vol.6, No.3, pp.410–426.

④ Lenoble Jacques and Maesschalck Marc, "Renewing the Theory of Public Interest: The Quest for a Reflexive and Learning-based Approach to Governance," in Schutter Olivier De and Lenoble Jacques edited, *Reflexive Governance: Redefining the Public Interest in a Pluralistic World* (Oxford: Hart Publishing, 2010), p.6.

论探讨。[1] 也就是说，我们还需要进行细致深入的经验研究，进而总结出能够更好地基于学习的自反性治理进路。

## 二、能力获得

许多学者都注意到治理活动中行动者的"能力"问题。诺思指出："世界的非各态历经性质造成了人类在演化过程中面临更为复杂和相互依赖的新环境时如何成功处理这一问题。这个问题有两个方面：社会成员的心智所发展出来的解决新问题的能力的高低，以及问题的新颖程度。一个社会中的某些成员可能会看到问题的'真实'性质，但是却无法改变制度。"[2] 在节点治理理论中，布里斯等人认为，治理过程需要调动成员的知识和能力。前一部分也提到节点的能力问题，不同的节点拥有不同的互动与影响能力，节点的影响与治理能力主要依赖于它的资源。[3] 在实验主义治理进路中，并没有对行动者的能力给予较多关注。不过，虽然大多治理理论提到了行动者能力的重要性，但并没有给予深入的研究。因此，我们需要重视强化行动者的能力与实现条件。[4]

我们可以借用舍恩（Donald Schon）的框架分析（frame analysis）方法，使行动者更好地认识他们对问题的选择以及他们所扮演的角色。舍恩

---

① Gilardi Fabrizio and Radaelli Claudio, "Governance and Learning," Levi-Faur David edited. *The Oxford Handbook of Governance* (Oxford: Oxford University Press, 2012), pp.155−168.

② 诺思：《理解经济变迁过程》，钟正生，等译，北京：中国人民大学出版社，2007，第 151 页。

③ Burris Scott, Drahos Peter and Shearing Clifford, "Nodal Governance," *Australian Journal of Legal Philosophy*, 2005, Vol.30, pp.30−58.

④ Lenoble Jacques and Maesschalck Marc, *Democracy, Law and Governance* (Burlington: Ashgate, 2010), p.213.

认为，在每个专业的特定时间内，都会有些被接受的、特定的框定问题及角色界定方式。当实践者没有觉察到自己对角色与问题的框架时，他们不会认为需要选择新框架，也不会主动去关注自己是如何建构现实的。在他们看来，他们所关注的问题是理所当然的。我们可以通过专业辩论、参与观察等多种方式，使实践者开始反思自己的理论框架，使他们发现在实践中看到的真实，还有不同框定方式，同时他们也会开始注意反思相应的价值与规范。①

同一性（identity）概念在许多社会领域得到广泛应用，不同学科对同一性的理解各异。同一性理论主要讨论两个方面的问题，即理解与解释社会结构如何影响自我，以及自我如何影响社会行为。同一性理论的最终目的是提供一种关于自我与社会之关系的清晰理解。②

勒诺布勒和梅斯沙尔克采用同一性法则来分析行动者获得能力的条件与途径。从个人的角度看，同一性理论要求个人识别自己在给定语境的某些利益，并且确定自己的主体地位。但是，个人的这种同一性表征能力不会自动进行，我们需要为这种自我表征能力设置一种区分（terceization）操作。就像我们通过镜子中的图像认识自己那样，首先需要承认镜子中的图像这种“他者”是存在的。通过把自己与镜子中的图像区分开来的这种操作，我们才能实现自我表征操作。于是，关键问题在于形成同一性的能力。同一性的制造有两个维度，一方面，它在于形成一种意向的能力；另一方面，它在于改变这种意向的能力，因为同一性是一种可变的形式，并没有一种确定不变的内涵。同样，这种双重维度也是团体构成其主体性

---

① 舍恩：《反映的实践者》，夏林清译，北京：教育科学出版社，2007，第 247 页。

② Stryker Sheldon and Burke Peter, “The Past, Present, and Future of an Identity Theory,” *Social Psychology Quarterly*, 2000, Vol.63, No.4, pp.284–297.

（subjecthood）的条件。

为了产生这种区分操作，集体行动者需要提交一种双重操作。第一种操作是关于行动者与过去的关系，即反思性（reflectibility）维度。第二种操作内在于自我能力获得的建构，是与未来的关系，即目的性（destinability）维度。我们要实现自我能力获得，就需要关注反思性维度和目的性维度，这两个维度共同构成了自反性操作，它也使得行动者建构起表征自身及语境的能力。①

在勒诺布勒和梅斯沙尔克看来，行动者的能力获得对于治理理论来说具有基础性作用，在此基础上，行动者才能打开认知框架、实现真正的学习，也能够表征自己与集体的利益与目标、参与治理过程。因此，他们把这种治理进路称为基因进路（genetic approach）。从表面上看，基因治理进路对能力的强调似乎跟阿玛蒂亚·森和纳斯鲍姆倡导的"能力方法"有些类似，但事实上两者有着本质的区别。从理论立场来看，森主要从福利经济学的角度出发，用能力方法来评价个人生活质量，阐释个人自由。能力方法一般强调不同能力的重要性，纳斯鲍姆认为，存在一些应该为所有国家的政府所尊重和贯彻的人类核心能力，它们是实现人类尊严的最低限度。② 但基因进路中的能力概念是从治理理论的角度出发的，强调的是个人与集体在治理活动中的前提条件，应该是较高级的能力。从概念内涵上看，"能力方法"中的能力涵盖更广，而治理理论中的能力概念内涵较为狭窄。而且，"能力方法"中的能力主要是一个静态的描述，强调能力的稳定性，而治理理论中的能力需要不断地调整与改变，是一个动态的过程。

---

① Lenoble Jacques and Maesschalck Marc, *Democracy, Law and Governance* (Burlington: Ashgate, 2010), pp.218–222.

② Nussbaum Martha, *Frontiers of Justice: Disability, Nationality, Species Membership* (Cambridge: The Belknap Press, 2006), p.70.

## 三、治理的开放性与多样性

开放性和多样性是自反性治理的内在要求，也是应对科技与伦理问题的复杂性、偶然性与不确定性的基本手段。从理论上看，无论是技术发展本身的内部条件，还是外部因素，都决定了开放性与多样性的重要性。20世纪80年代以来，在科学知识社会学的研究基础上，不少学者开始反对技术决定论思想，提出了技术的社会建构论思想。技术发展并不遵循自身的动力和一种理性的目标驱动、解决问题的路径，而是受社会因素影响。①技术的社会建构理论打开了技术发展过程的黑箱，认为技术的发展与社会因素密不可分，为技术的伦理治理提供了理论基础。

技术治理的开放性包括多个方面，比如治理过程的开放性、治理结果的开放性、指导理论的开放性等。导致技术治理开放性的至少有以下几个方面的原因。第一，技术专家知识的局限性与外行知识的重要意义。从事人工智能技术研发的当然主要是相关领域的科技专家，但是他们所关注的主要是技术问题，很少主动思考伦理问题。当然，我们也注意到，有一些从事人工智能与机器人等领域的学者开始关注伦理问题，并主动与哲学家进行合作研究。毫无疑问，任何专家的知识都是有局限性的，在解决人工智能伦理问题方面，显然需要各个领域的学者通力合作。另外，在治理过程中，外行知识与专业知识可以形成互补，而且外行知识有时是技术在现实世界运作的坚实基础。比如，对有关“什么是重要的”“什么程度的控制是合理的”等问题，外行知识关于技术与风险的认识通常与专家的假设

① Bijker Wiebe, “Understanding Technology Culture through a Constructivist View of Science, Technology and Society,” in Cutcliffe Stephen and Mitcham Carl edited, *Visions of STS: Counterpoints in Science, Technology and Society Studies* (Albany: State University of New York Press, 2001), p.26.

不同，技术专家可能顺从于权威，而不进行深入的反思。①

第二，人工智能伦理问题的多元性与复杂性。人工智能伦理需要综合考虑不同的科技发展水平、文化环境与使用对象等多种因素，也就是说，人工智能伦理研究并不是抽象的，而是具体的，需要在特定的社会情境中展开。这些都要求人工智能伦理治理要遵循开放性原则。当然，强调人工智能伦理研究的开放性，这并不是伦理相对主义的表现，而是由人工智能伦理的学科特色与研究对象决定的。伦理相对主义认为不存在正确的伦理理论，伦理无论对于个人还是社会都是相对的。大多数伦理学家都拒斥伦理相对主义，因为它使得我们无法批判别人的行为。一般说来，在特定的案例与情境中，什么是伦理上可以允许的，什么是不可以允许的，人们一般可以达到广泛的一致。

第三，公众对人工智能技术存在比较普遍的担忧与恐惧心理。消除这种恐惧心理的途径有多种，其中最为根本的一种方法就是让公众参与到人工智能技术的治理过程当中。公众对技术研发的参与程度越深入，对技术细节越了解，也就越容易接受人工智能产品。关于公众参与科技治理的必要性与重要性，国内外学者已有不少讨论，重要问题是如何参与以及如何保证参与的有效性问题。对于如何参与技术评估过程，已有学者提出了许多方法，比如情景研讨会（scenario workshops）、DIY 评委会（do-it-yourself juries）、开放空间方法（open-space methods），还有各种启发式技术（elicitation technique），比如 Q 方法（Q-method）、凯利方格（repertory grid）等。②

---

① Harremoes Poul, et al, *Late Lessons from Early Warnings: the Precautionary Principle 1896 –2000* (Copenhagen: European Environment Agency, 2001), p.177, https://www.eea.europa.eu/publications/environmental_issue_report_2001_22.

② Stirling Andy, "'Opening Up' and 'Closing Down': Power, Participation and Pluralism in the Social Appraisal of Technology," *Science, Technology & Human Values*, 2008, Vol.33, No.2, pp.262–294.

这些方法经过适当调整，完全可以应用于技术治理当中。事实上，技术评估本身就是技术伦理治理的一项核心内容。欧洲的研究表明，在各种各样的伦理治理措施当中，技术评估是最为有效的工具。①

人工智能伦理治理的开放性要求在治理过程中对所有的伦理问题均需要平等对待，对各种不同的合理的伦理观点持尊重态度，敢于尝试不同的伦理治理方法，检验各种不同的可能性，强调可替代的解决方案，等等。这种开放性可以使我们对技术的多样性有更全面的认识，并进一步促进技术的多样性。人工智能伦理治理结果的表现方式之一就是对人工智能进行价值敏感设计，从而调和不同的价值观与利益，满足不同用户的需要，这必然导致技术的多样性。可见，开放性与多样性两者密不可分，开放性必然导致多样性，多样性体现和保证开放性。而且，技术的多样性也是技术获得预防能力、适应能力和稳健性的一种重要手段。②

## 第四节
## 伦理治理步骤与模型建构

### 一、治理模型与步骤

根据参与主体的组成及作用的不同，可以把治理模型分为标准（standard）、

① Kurt Aygen and Duquenoy Penny, "Governance in Technology Development," in Doridot Fernand, et al edited, *Ethical Governance of Emerging Technologies Development* (Hershey: Information Science Reference, 2013), p.156.

② Stirling Andy, "A General Framework for Analysing Diversity in Science, Technology and Society," *Journal of the Royal Society Interface*, 2007, Vol.4, No.15, pp.707-719.

改进的标准（revised standard）、咨询（consultation）以及共建（co-construction）等四种模型。① 标准模型体现的是传统自上而下的进路。这种模型以专家知识为基础，专家知识决定规范。因为公众被认为是拥有较少的专业知识，因此公众的风险感知被认为是主观的。相反，人们认为专家对风险的感知拥有客观的进路。② 咨询模型的焦点是公众与专家之间产生的不同的风险感知，而不是专家的知识水平与观点。公众通过对真实风险的感知，提出问题，咨询风险，风险也在公众与专家之间通过双向交互的方式得以交流。不过，公众只参与风险管理，而不参与风险界定，因为公众仍然被认为是拥有较少知识的，或者是非理性的。③ 在改进的标准模型中，公众的风险感知通常被认为是不恰当的，因为公众对风险的态度会受到媒体产生的不确定性的影响。风险管理与风险评估分离开来，风险管理交给独立的专业团体，以防止媒体影响和政治压力。跟标准模型一样，改进的标准模型仍然把公众排除在决策过程之外。④ 共建模型把事实与价值放在一起，共同作为结构分析的一部分，以民主的方式进行考察。这种模型强调建立恰当的程序方法，不仅仅针对在模型内部进行的讨论，也包括对模型本身的建构。①

从自反性治理的角度看，可以把治理过程分为五个阶段。第一，诊断阶段（diagnostic phase）。根据可能出现的不同行动逻辑（比如防卫进路、兴趣偏好，等等），感知缺少的某些东西。第二，解释阶段（interpretation）。把这些感知转变为假想的限制，这些限制与不同行动者的同一性相联系。第三，质询阶段（interpellation phase）。认识挑战表征与解决策略可能导致

① Kurt Aygen and Duquenoy Penny, "Governance in Technology Development," in Doridot Fernand, et al edited, *Ethical Governance of Emerging Technologies Development* (Hershey: Information Science Reference, 2013), pp.160–161.

的影响，它们允许对现有利益进行新的组合。第四，转译阶段（translation phase）。把第三步中识别的象征性变化（symbolic change）的假设，转换到与同一性相联系的假想的限制的平面上；这些假设可能导致关系矩阵的重组，以及集体中不同的角色配置。第五，参与 / 再谈判阶段（engagement/renegotiation phase）。通过行动的非同一性注意力，重启行动，这使我们可以检验其他的关系矩阵，而不受制于先在同一性（pregiven identity）的自我保证法则。①

## 二、伦理治理模型

有学者把伦理治理的步骤分为如下七个阶段。第一，把握认知框架。认知框架由行动者理解与处理问题的方式组成；框架限制有不同的角度，比如经济的、科学的、技术的，等等，它对行动者做出的抉择有重要影响。对认知框架的认识是实现自反性治理的前提与基础，正如前述提到，要实现自反性，就需要打开行动者的认知框架。第二，行动者能力获得。能力获得是行动者要求新能力的过程，在此过程需要行动者反思认知框架，思考其心理状态。第三，确认伦理自反性的认知条件。第四，确定伦理问题。第五，寻找解决方案。第六，确定并详述解决方案。第七，确认解决方案可行。当然，也可能存在未得到认可的，但实际上是可行的解决方案。②

有学者根据目前对纳米技术伦理治理的研究现状，把伦理治理分为

---

① Maesschalck Marc, *Reflexive Governance for Research and Innovative Knowledge* (Hoboken: Wiley, 2017), p.112.

② Buligina Ilze, *Ethics and Governance Aspects in the Technology Projects of the European Union Framework Program: Implications within EU Research Policy*, University of Namur, 2009/2010, p.42–43. http://esst.eu/wp-content/uploads/Thesis_I.Buligina_04.10_FINAL.pdf.

保守模型（conservative model）、探究模型（inquiry model）和解释模型（interpretative model）三种。在纳米技术的伦理治理中，我们需要区分三个问题。问题一：如何识别与纳米技术发展相关的伦理问题？问题二：我们可以找到哪些原理、规范、价值与伦理理论等，来回答与纳米技术相关的伦理问题？问题三：如何实施已有的解决方案，解决与纳米技术发展相关的问题？

根据对这三个问题的不同回答方式，我们可以区分出三种伦理治理模型。保守模型认为，纳米技术引发的伦理问题并不新奇，即使是新颖的，已有的伦理原则、规范、价值等理论与学说基本上足以处理这些问题。也就是说，保守模型以一种保守的方式回答了问题二。这种模型存在一定的局限性，比如寻求一种超越具体环境的规范与理论框架并不现实，又如，人们可能对同一条原则会有不同的解读。尽管如此，保守模型在治理实践仍然有许多应用。比如欧美大量的“伦理委员会”或“专家小组”就是由这种模型产生而来。

探究模型认为，传统的伦理资源不能够完全回答纳米技术的伦理问题，而且对伦理问题的解答也不能仅仅依靠伦理学家，我们应该采取一种多样化的探究模式。也就是说，探究模型通过多样化的探索形式来回答问题一和问题二。倡导各种治理程序论（proceduralism）模式的学者，都可以归为探究模型。在探究模型中，对问题一和问题二都有一些解决方案，不过对于探究模型来说，不仅仅是科学家、伦理学家等专家的任务，还需要外行的加入。但是，专家群体与外行之间有不同的叙事（narratives）模式，每个公平的抉择都需要解决两种叙事冲突导致的矛盾。不同叙事之间可能会有矛盾，甚至同一种叙事内部不同部分也可能产生矛盾，如何在不依赖于专家解释的情况下解决叙事之间的冲突？这需要我们采用第三种模型来应对这个挑战。

解释模型认为，伦理规范之间的冲突可以看作不同叙事模式之间的冲突，其根本是不同价值判断之间的冲突。因此，只有通过价值判断自身的表述，不同叙事之间的冲突才能得到解决。比如，“纳米技术芯片威胁个人隐私”与“纳米技术芯片强化个人隐私”两种叙事之间的冲突，是由于对“隐私”概念的不同理解产生的。只有通过对隐私概念的深层解释，特别是通过对它们所包含的价值以及相互冲突的价值判断进行阐述，就可以超越这种冲突。因此，在解释模型中，问题不仅是识别与揭示决定行动者偏好某个伦理规范的基本叙事，而且是让行动者去尝试和检验他们的叙事与偏好，鼓励行动者通过对决定他们选择的价值和价值判断进行阐述，来解释其叙事及偏好。这种模式可以使行动者认识到，他们主观思想的多元性事实上可以跟同一个规范相联系。只有这样，才可能实现对伦理规范的真正辩护，也才可能将其应用于多元化的语境之中。所谓的“实时技术评估”（Real-time Technology Assessment）就带有解释模型的某些特征。比如，伦理学家已经进入研究实验室，他们的任务不只是限于观察、描述、分析与揭示潜在的价值系统，他们还参与收集信息，通过价值情况来检验规范系统。总的来说，解释模型并不要求引入新的治理工具，而是强调对现有工具进行更为解释性的应用，包括对行动者参与治理过程的语境重建，考察那些能够建立和体现伦理规范的主观价值。①

## 三、机器人设计过程

机器人工程设计过程包括以下几个步骤。① 识别问题。主要是确定

① Doridot Fernand, “Three Models for Ethical Governance of Nanotechnology and Position of EGAIS’ Ideas within the Field,” in Doridot Fernand, et al edited, *Ethical Governance of Emerging Technologies Development* (Hershey: Information Science Reference, 2013), pp.101-122.

问题，包括对需求、环境与目标形成清晰的理解。机器人研发的目的与动机不仅仅是与机器人工程方案的实际问题有关，还需要考虑社会与伦理环境。② 识别标准与限制。既包括物理、逻辑与数学方面的标准与限制，也包括社会与伦理方面的限制；确定受社会和伦理影响的机器人行为的规则与范围。③ 规范排序（specification ranking）。采用加权目标方法（weighted objectives approach），决定机器人的哪个目的与功能是重要的，这个过程也需要考虑社会与伦理问题。④ 头脑风暴。想象各种解决问题的方案，尽可能多地产生新的思想。这需要激发工程师的想象力，而产生伦理意识则需要额外的想象力。⑤ 选择一个方案。综合考虑成本、安全性与伦理问题等多种因素，从头脑风暴中得出的各种方案中选择一个最佳方案。⑥ 具体设计。应用计算机辅助设计和计算机模拟进行具体设计；计算机模拟需要说明机器人的各种功能，包括对其进行伦理考量。⑦ 样机研究。采用最终制造机器人所使用的材料，开发样机。实体机器人与人类的互动，必然会产生伦理问题。⑧ 测试机器人。在具体使用环境中测试机器人。对许多机器人专家来说，这是说明社会与伦理问题的起点。⑨ 制造并发布。做好市场计划、保养计划与用户指南之后，大规模制造机器人。在市场化、保养与用户培训的过程中，需要明确处理社会与伦理问题，并将其整合入设计过程之中。⑩ 改进设计。根据用户的反馈，不断改进设计。在人与机器人互动的过程中，总可能会出现新的效应，工程设计过程应该对说明这些效应、改进设计与制造的过程保持足够的透明度。[①]

---

① McBride Neil and Stahl Bernd, "Developing Responsible Research and Innovation for Robotics," *2014 IEEE International Symposium on Ethics in Science, Technology and Engineering*, IEEE 2014, pp.1-10.

结合机器人工程设计过程，根据伦理治理的步骤，综合自反性治理的理论特点，借鉴已有治理模型的优缺点，我们可以把人工智能与机器人技术自反性伦理治理概括为以下八个框架阶段，如表 9-1 所示。

**表 9-1　自反性伦理治理阶段与简要说明**

| 序号 | 治理阶段 | 主 要 目 标 与 方 法 |
|---|---|---|
| 1 | 确定参与人员和组织、明确责任 | 既包括由专家、公众共同组成的团队，也包括专门的专家团队、非专业团队（比如伦理委员会、专业委员会）；各个阶段可以由不同的团队来操作；明确参与各方的责任与义务 |
| 2 | 打开认知框架、能力获得 | 采用框架分析方法，反思理论框架，认识自身角色；积极学习、克服有限理性与认知闭合 |
| 3 | 建立伦理准则、识别伦理问题 | 技术预测、虚拟现实、网络评议、情景研讨、问卷调查；道德想象力；注意问题数量与差异性；既关注关键问题，也重视通常被忽略的问题 |
| 4 | 讨论解决方案 | 应用各种创造技法；预防原则；多元协商、对话、咨询；情景研讨、开放空间方法、凯利方格法等 |
| 5 | 确定方案 | 方案的多样性、可替代与备选方案；解决不同的伦理问题，满足各种价值诉求 |
| 6 | 伦理设计 | 伦理问题与原则的量化与实施；技术标准与规范；价值敏感设计；信息公开；实时技术评估、参与式技术评估、建构性技术评估；注重技术的多样性 |
| 7 | 产品生产、试用 | 用户体验与评价、网络评议、问卷调查，广泛收集各方意见；伦理审查；各种技术评估；改进技术 |
| 8 | 投放市场 | 维修保养服务；软件升级；关注意外事件与效果；用户意见收集与反馈；责任追究；等等 |

在整个治理过程中，需要强调以下几点：第一，治理过程的灵活性、自反性。表 9-1 的治理过程只是一种大致的治理框架，在实际操作中根据现实需要进行完善与改进。每一个相邻的过程都是双向而不是单向的，后面的过程根据情况可以随时返回之前的阶段，因此治理过程是一个多层网状结果，而不是单向结构，如图 9-1 所示。最关键的是，每一步骤实

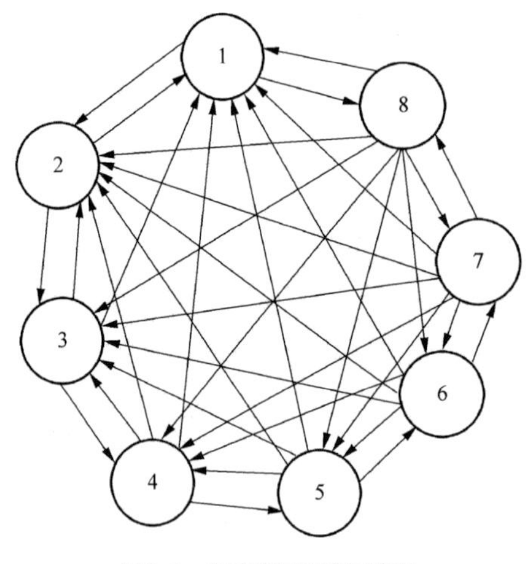

图 9-1 自反性治理过程示意图

施结束之后，需要进行全面的总结反思，提出改进办法，之后再决定下一步行动。第二，确保参与人员，特别是公众与外行人员的主体地位。伦理治理强调公众与非专业人员在治理过程中的主体地位，人工智能技术需要满足不同用户的价值诉求。公众不是技术人员试图说服的对象，而是与技术人员平等地参与伦理治理的主体。第三，清晰的流程与责任内容。为每个治理过程制定明确的操作流程、责任内容与评价标准，每个治理过程要取得实质性的成果，特别强调具体的责任问题，避免"有组织的不负责任"现象。

## 本章小结
## 自反性伦理治理的理论意义

综上可见，自反性伦理治理具有以下几个方面的理论意义。第一，治理与科技的不确定性。一般认为科技的不确定性是导致风险的重要因素，从人工智能伦理治理过程我们可以看到，正是由于伦理问题与技术的不确定性、复杂性，导致治理过程会有各种重复或反复；也正是在不断的重复和反复中，不确定性问题逐渐得到一定程度的解决，当然同时又会产生新的不确定性。也就是说，治理的目的不是要消除技术与伦理的不确定性，而是将其控制在一定范围之内，与之共存。

第二，前瞻性治理的重要意义。为了避免所谓的“科林格里困境”（Collingridge’s Dilemma），我们需要在技术大规模投入市场之前就对其进行治理。像机器人、人工智能等技术对人类社会产生的影响可能比其他技术更为深远，更具有颠覆性，相应的伦理问题亦更为普遍和尖锐，因此更需要对其进行前瞻性伦理治理。

第三，自反性伦理治理与负责任创新的一致性。近些年来，负责任创新成为学术界的一个热门话题。虽然不同学者对其内涵的界定有所差异，但很多学者都强调自反性与伦理可接受性。从这个角度看，对机器人、人工智能在内的新兴技术进行自反性伦理治理，与负责任创新是完全一致的。更进一步，自反性伦理治理应该成为负责任创新的一个核心内容。

第四，自反性在治理中的普遍性与科技治理的重要性。无论是伦理治理，还是更一般意义上的科技治理，都不可避免地会涉及自反性，自反性应该是科技治理的普遍特征，是促使科技与社会共同进化的重要机制，是保证治理成功的关键因素。另一方面，虽然科技治理得到学术界的广泛关注，但对于具体的理论内涵、操作方式等方面仍各执一词。相对于日新月异的科技发展来说，治理理论与实践的研究已经颇为落后了，因此加强治理理论的研究与实践乃是当务之急。无论如何，当代技术发展不能走传统的先发展后治理的道路，必须切实把治理融入技术发展的过程之中。

第十章

# 建构友好人工智能

在人工智能受到高度关注的时代背景中，我们需要冷静思考“人工智能究竟应该向何处去”的问题。在人类社会深度科技化的历史背景中，想要阻止人工智能的快速发展几乎是不可能的，更为现实的做法是为人工智能规划合理的发展方向，就像给一匹快马套上一股结实的缰绳那样。

在林林总总的人工智能学术思想中，“友好人工智能”的提法值得我们特别关注。尤德科夫斯基（Eliezer Yudkowsky）较早提出了“友好人工智能”（Friendly AI）的术语，用以指对人类产生积极效应的通用人工智能（artificial general intelligence）。友好人工智能既指相关的技术本身，也指技术产品。[1] 尤德科夫斯基认为，友好人工智能概念在人工智能发展史上没有得到应有的关注。在20世纪50年代，当人工智能学科刚开始创立时，虽然许多学者认为与人类智能差不多的人工智能很快就会实现，但并没有人提及友好/有益的人工智能，也没有提及安全问题。直到21世纪初，人工智能研究共同体也仍然没有把友好人工智能视为需要研究的问题。[2]

索尔斯（Nate Soares）等人倡导人工智能追求的目标应该与人类利益相一致。[3] 范普鲁（Peter Vamplew）等认为，建构与人类利益相一致的人工智能，就是保证人工智能的行为对人类有益。[4] 鲍姆（Seth Baum）把有益的人工智能（beneficial AI）界定为“对社会而言是安全的和有益的”。[5]

---

① Yudkowsky Eliezer, “Artificial Intelligence as a Positive and Negative Factor in Global Risk,” in Bostrom Nick and Cirkovic Milan edited, *Global Catastrophic Risks* (Oxford: Oxford University Press, 2008), p.317.

② Ibid., p.339.

③ Soares Nate and Fallenstein Benja, *Aligning Superintelligence with Human interests: A Technical Research Agenda*, http://citeseerx.ist.psu.edu/viewdoc/download?doi=10.1.1.675.9314&rep=rep1&type=pdf.

④ Vamplew Peter, et al, “Human-aligned Artificial Intelligence is a Multiobjective Problem,” *Ethics and Information Technology*, 2018, Vol.20, Issue 1, pp.27–40.

⑤ Baum Seth, “On the Promotion of Safe and Socially Beneficial Artificial intelligence,” *AI & Society*, 2017, Vol.32, No.4, pp.543–551.

鲍姆倡导的有益的人工智能主要是对技术专家讲的，也就是人工智能研究者、设计者与开发者等。高奇琦提出“善智”的概念，他认为人工智能发展的目的应该是提高人类社会的生产力，从而为公平正义提供更好的物质基础。[①] 我们认为，友好人工智能、有益的人工智能与“善智”等概念本质上是一致的，都是使人工智能给人类社会带来益处，而不是伤害与威胁，因此本章统一称之为友好人工智能。

友好人工智能的思想得到了一些学者的支持与肯定。穆豪瑟尔（Luke Muehlhauser）和波斯特洛姆认为，如果我们可以建造友好人工智能的话，那么我们不仅可以规避灾难，而且还可以利用机器超级智能来做许多有益的事。[②] 斯图尔特・罗素和诺维格（Peter Norvig）合著的经典教材《人工智能》在讨论发展人工智能的风险与伦理问题时，也提及尤德科夫斯基的友好人工智能主张。[③]

尤德科夫斯基的友好人工智能概念主要着眼于未来，强调未来的通用人工智能或超级智能应该给人类带来正面效应；鲍姆的有益的人工智能概念既可以应用于当下的人工智能，也适应于未来的更强大的人工智能，不过他主要是强调技术专家的责任；高奇琦的善智概念主要是从人工智能的发展方向与社会影响角度出发，强调人工智能应该促进社会公平正义，推动人的全面发展。我们认为，友好人工智能的建构需要所有的利益相关者各司其职，各尽其责，任何一方的缺席都会导致失败与风险，同时还需要处理好不同利益相关者的复杂关系。根据人工智能技术从规划、研发到使

① 高奇琦：《人工智能：驯服赛维坦》，上海：上海交通大学出版社，2018，第 284 页。

② Muehlhauser Luke and Bostrom Nick, “Why We Need Friendly AI,” *Think*, 2014, Vol.13, Issue 36, pp.41–47.

③ Russell Stuart and Norvig Peter, *Artificial Intelligence: A Modern Approach* (New Jersey: Prentice Hall, 2010), p.1039.

用的不同阶段，建构友好人工智能至少涉及管理部门、研发人员与社会用户等多个方面。因此，本章尝试在借鉴已有研究成果的基础上，从政府层面、关系层面、技术层面与公众层面等多方面入手，初步建构一个包括所有利益相关者在内的友好人工智能的理论框架。

## 第一节
## 政府层面：社会管理制度的发展进步

在大科学时代中，政府管理对科技发展发挥着举足轻重的影响。为了建构友好人工智能，从政府管理层面来看，至少需要重视以下几个方面的工作。

第一，加大人工智能对社会的影响研究。人工智能的社会影响研究日益得到学术界的普遍重视。2014 年秋，美国斯坦福大学组织实施“人工智能百年研究”项目，计划每五年进行一次人工智能的现状评估。该研究试图对人工智能的发展与社会影响进行概括与评估，对人工智能的研发与系统设计方针提供专家意见，同时为确保人工智能从整体上有利于个人与社会提出政策建议。[①]2016 年 9 月，英国下议院科学技术委员会发布《机器人学与人工智能》报告指出，尽管目前人工智能系统的能力较为有限，主要集中在特定领域，但它已经开始对日常生活产生革命性的影响。[②]

---

① “One Hundred Year Study on Artificial Intelligence,” *Artificial Intelligence and Life in 2030*, https://ai100.stanford.edu/sites/default/files/ai_100_report_0831fnl.pdf.

② “Robotics and Artificial Intelligence,” https://www.publications.parliament.uk/pa/cm201617/cmselect/cmsctech/145/145.pdf.

我们生活在被科技深刻改变的现代社会生活当中，当然不同的科技对社会的影响有很大的差别。我们可以借用“通用目的技术”（general purpose technology，以下简称 GPT）概念来分析人工智能可能产生的影响。蒸汽机、电动机和半导体等都是通用目的技术，它的特点是用途的广泛性、技术进步的内在潜质、创新的互补性（innovational complementarities）。[①] 人工智能，特别是机器学习，是最重要的通用目的技术。它们对商业和经济的影响不仅反映在它们的直接贡献，还表现在它们能够激励互补性创新（complementary innovation）。[②] 通用目的技术导致的潜在的重建越是深刻、深远，在最初的技术发明与它对经济社会产生全面影响之间的滞后时间就越长。这主要是由两方面的原因导致的，一方面是因为新技术积累到足够的规模以产生聚合效应（aggregate effect）需要一定的时间，另一方面新技术获得全面收益需要互补性投入（complementary investment），找到并开发出互补性技术，以及应用这些技术都需要时间。[③] 也就是说，尽管许多学者都强调人工智能将对人类社会产生深远影响，而且部分影响已经出现，但人工智能对人类产生全面性的影响，可能还需要一段时间，我们还有进行相应准备的余地。政府需要加大人工智能社会影响研究的投入力度，组织不同领域的学者联合攻关，从而为政府的科学决策提供强有力的理论支撑。

第二，努力实现人工智能时代社会的公平正义。人工智能会提高社会生产率，降低商品成本，使社会大众均可享受智能社会带来的种种益处。

---

① 创新的互补性指下游部门研发生产率的提高，是通用目的技术中的创新导致的。这种互补性扩大了通用目的技术中的创新的影响，使其传播到整个经济体系。

② Brynjolfsson Erik and Mcafee Andrew, *The Business of Artificial Intelligence*, https://hbr.org/cover-story/2017/07/the-business-of-artificial-intelligence.

③ Brynjolfsson Erik, Rock Daniel and Syverson Chad, *Artificial Intelligence and the Modern Productivity Paradox: A Clash of Expectations and Statistics*, http://www.nber.org/papers/w24001.pdf.

但是，人工智能与其他高新技术一样，具有高投入、高收益等特征，人工智能研发的高投入决定了大型企业的主导地位，可能导致“赢者通吃”现象。如何避免人工智能可能产生的社会不公现象是人们普遍关心的问题。2016 年 7 月，美国白宫和纽约大学联合举办专题讨论会，探讨人工智能近期内可能产生的社会与经济影响。在会后发布的《AI NOW》报告中，提出了关于人工智能的四个关键性问题，其中第一个问题就是“社会不公”（social inequality）。①

如何公正分配人工智能带来的社会财富，缩小智能社会中的贫富差距，学者给出的策略主要包括以下两种。

（1）实行全民基本收入政策（Universal Basic Income，以下简称 UBI）。莱斯大学人工智能专家瓦乐迪（Moshe Vardi）教授认为，面对人工智能导致的失业危机，我们应该考虑“基本收入保证”政策，保证一个国家的所有公民达到一定的收入额度。② 范・帕里斯（Philippe van Parijs）等认为，我们生活在一个由计算机与因特网等引发的颠覆性技术革命、贸易全球化等多种力量重塑的新世界中。为了应对这个新世界产生的挑战，我们需要引入 UBI，这种收入以现金的形式向社会的每个成员支付，与其他形式的收入无关，也没有任何附加条件。③ 当然，也有学者对 UBI 持怀疑态度，认为它并不能消除贫困，反而可能会加重贫困。④

---

① Crawford Kate, et al, “The AI Now Report,” https://ainowinstitute.org/AI_Now_2016_Report.pdf.

② Bolton Doug, “The rise of artificial intelligence could put millions of human workers out of jobs — could a basic income be a solution?” https://www.independent.co.uk/life-style/gadgets-and-tech/news/basic-income-artificial-intelligence-ai-robots-automation-moshe-vardi-a6884086.html.

③ Parijs Philippe van and Vanderborght Yannick, *Basic Income* (Cambridge: Harvard University Press, 2017), p.4.

④ Zon Noah, “Would a Universal Basic Income Reduce Poverty?” https://maytree.com/wp-content/uploads/Policy_Brief_Basic_Income.pdf.

（2）征收人工智能税。2016年5月，来自欧盟议会法律事务委员会的德尔沃（Mady Delvaux）向欧盟议会提交了一份报告草案，其中提出了向机器人征税的思想。德尔沃的提议得到了很多人的反对，但也得到了包括微软公司创始人比尔·盖茨等人的支持。高奇琦等认为，如果机器人成为生产部门的主体，应当对其收税。在人工智能和机器人大规模代替人的时代，人类在某种意义上将成为弱势群体，而人工智能和机器人将成为优势群体，向优势群体征税是一种可行的选择。① 加斯泰格尔（Emanuel Gasteiger）等人认为，向机器人征税是合理的，可以产生一些积极的影响，提高稳定状态下的人均资本与人均产出。不过，只有许多国家同时征税才能产生积极效应，因为在一个开放的经济世界中流动资本很容易向未征收机器人税的国家进行转移，因此需要强有力的国际合作。②

虽然不少学者提出向机器人收税的措施，但机器人税应该只是解决机器人革命导致的多种影响而采取的一系列计划中的部分措施而已。③ 目前学术界对机器人的定义尚未达成一致意见，如果对机器人进行征税，那么征税的范围与标准需要加以明确界定。另外，人们一般认为，人工智能技术可以提高社会生产率，对机器人征税可能会影响机器人的推广应用，如何在两者之间寻求一定的平衡是我们需要认真思考的问题。比如，李晓华认为，向机器人征税可能是行不通的。如果一个国家通过对机器人征税抑制了制造业生产效率的提高，其制造业的国际竞争力就可能被削弱，导致

---

① 高奇琦、张结斌：《社会补偿与个人适应：人工智能时代失业问题的两种解决》，《江西社会科学》，2017年第10期。

② Gasteiger Emanuel and Prettner Klaus, *A Note on Automation, Stagnation, and the Implications of a Robot Tax*. Discussion Paper, School of Business & Economics, No.2017/17, Free University Berlin, Berlin.

③ Shiller Robert, "Robotization Without Taxation," *Project Syndicate*, 2017-3-22.

出口减少，从而丢失更多的就业岗位。另一方面，当前新一轮科技革命与产业变革正在全球范围内兴起，世界各国都在为未来产业话语权进行激烈竞争，其中机器人、人工智能是以智能制造为代表的新经济的核心，如果因征税而导致智能化进程放缓，将得不偿失。①

需要强调的是，人工智能时代并不必然是物质极大丰富的时代。我们需要关注的不只是分配的问题，还应该关注由于国家、地区等之间发展的不平衡等原因导致的相对短缺问题。诺贝尔经济学奖获得者西蒙在 1966 年评论当时人们对自动化的忧虑时说："对这一代以及下一代来说，世界经济问题是短缺问题，而不是极大丰富的问题。"② 虽然距离西蒙的判断已经过去了半个世纪，但他的判断仍然有助于我们清醒认识人工智能的社会影响。

第三，加强对人工智能科技的监管与调控，积极鼓励友好人工智能研究。麦金尼斯（John McGinnis）认为，友好人工智能是可能实现的，因此政府应该支持而不是控制人工智能，重要的问题是如何支持友好人工智能的发展。政府工作人员缺乏相关的专业知识来发布一套友好人工智能应该如何实现的明确要求，另外对友好人工智能的最终状态也缺乏清晰的界定。最好的支持方法可能是将其视为一种研究计划，由计算机与认知科学家组成的同行评议委员会审查这些研究计划，从中选择出那些既可以推进人工智能，又同时具有相应保障措施的研究计划。如果研究过程表明在友好人工智能的目标上取得了实质性进步，就进一步加大支持力度。③ 也就

---

① 李晓华：《对机器人征税非可行之道》，《人民日报》，2017 年 3 月 16 日。

② Autor David, "Why Are There Still So Many Jobs? The History and Future of Workplace Automation," *Journal of Economic of Perspectives*, 2015, Vol.29, No.3, pp.3–30.

③ McGinnis John, "Accelerating AI," *Northwestern University Law Review*, 2010, Vol.104, No.3, pp.1253–1269.

是说，政府管理人员需要与科技专家合作，共同制定友好人工智能的选择标准与监控机制，加大对友好人工智能研究成果的奖励力度，使科研人员的注意力集中到友好人工智能方面来。

许多人工智能专家对超级智能持怀疑态度，认为当前人工智能的智能水平还很低下，在可以预见的短时期内不太可能发展为超级智能。尽管如此，我们还是应该对发展通用人工智能持非常谨慎的态度。正如本书第三章指出的那样，在我们不能肯定能够完全控制通用人工智能之前，把人工智能限制在特定的范围之内应该是明智之举。这样既可以使人工智能在特定领域中发展到很高的水平，又可以避免人工智能过于强大而威胁人类。比如，许多学者都反对把人工智能技术用于开发完全自主型武器。另外，在一些重大的决策方面需要有人类介入，而不是完全依赖人工智能。我们也可以认为，要实现友好人工智能的建设目标，最好的状态不是让人工智能完全取代人，而是让人工智能做人类的好助手。因此，政府需要对人工智能的应用限度做出明确的规定，就像对克隆技术的限定那样。

## 第二节<br>技术层面：技术本身的安全性、公正性与人性化

技术本身的安全性、可控性与人性化是实现友好人工智能的关键性内在因素。只有从技术层面实现人们对友好人工智能的预期，尽量减少或避免出现负面效应，才能使公众真正接受人工智能。

第一，人工智能技术的安全性、可控性与稳健性。斯图尔特·罗素等

人强调“人工智能必须做我们希望它们做的事”,[1] 其实质就是保证人工智能技术的安全性、可控性。人们有时会开玩笑似的说，如果人工智能对我们产生了威胁，我们就把电源拔掉。这种说法表面上看似乎是可行的，但细究起来似乎并非如此。与此类似的问题是，如果我们感觉互联网对我们构成了威胁而想要去关掉它的话，那它的开关在哪里？在智能时代里，人工智能必然与互联网结合起来，而我们根本就无法关掉它们。更何况，等我们发觉到真实的威胁时，情况多半是比我们想象的更糟糕。

为了防止当下现实世界中的人工智能系统由于设计缺陷导致的意料之外的、有害的行为，也就是预防人工智能系统的意外事故，目前技术专家至少从以下几个方面来保证安全性。首先，避免由于错误的目标函数（objective function）产生的问题；其次，避免因成本过高而不能经常性评估的目标函数；再次，避免在机器学习过程中出现不良行为。技术专家围绕这几个方面已经产生了颇为丰富的成果。[2] 类似地，技术人员主要从以下几个方面来保证人工智能的稳健性。① 证实：如何证明系统满足某些预期的形式属性？即，我是否正确地做出了系统？② 有效性：如何确保满足形式要求的系统不会产生多余的行为与后果？即，我是否做出了正确的系统？③ 安全性：如何防止非授权当事人的蓄意操控？④ 控制：如何使重要人物能够在人工智能系统开始运作之后控制该系统？[3] 2015 年，包括斯图尔特・罗素、霍金等在内的近七千名科学家、企业家与哲学家等共同签署了一份公开信，强调我们应该保证日益强大的人工智能系统的稳健性与

---

① Russell Stuart, Dewey Daniel and Tegmark Max, "Research Priorities for Robust and Beneficial Artificial Intelligence," *AI Magazine*, 2015, Vol.36, Issue 4, pp.105–114.

② Amodei Dario, et al, *Concrete Problems in AI Safety*, https://arxiv.org/pdf/1606.06565.pdf.

③ Russell Stuart, Dewey Daniel and Tegmark Max, "Research Priorities for Robust and Beneficial Artificial Intelligence," *AI Magazine*, 2015, Vol.36, Issue 4, pp.105–114.

有益性，[1] 可见该问题已经得到学术界的高度重视。我们相信科技专家对人工智能安全性的持续努力，在很大程度上可以保证将来人工智能的安全性与可控性。

第二，人工智能算法的公正性与透明性。在博登等人提出的机器人学五条原则当中，第四条强调机器人是人工制品，它们的机器特性应该是透明的，显而易见的。[2] 博登等人强调的是机器人功能方面的透明性，用以提醒用户机器人是机器而不是人。此处论及的人工智能的透明性，是指系统的内在状态与决策过程对用户而言的可理解的程度。人工智能主要通过算法进行推理与决策，因此人工智能系统的公正与透明主要体现为算法的公正与透明。

目前，人工智能系统如何通过深度学习等手段得出某种结论，其中的具体过程在很大程度上我们不得而知，人工智能的决策过程在相当程度上是一种看不见的“黑箱”。我们很难理解智能系统如何看待这个世界，智能系统也很难向我们进行解释。哥伦比亚大学的机器人专家利普森（Hod Lipson）形容说：“在一定意义上，就像向一条狗解释莎士比亚似的。”[3] 人工智能“黑箱化”的算法系统以及数据的不完善性等因素导致的偏见与歧视现象受到越来越多的关注。研究表明，机器学习可以从反映人类日常生活的文本数据中获得某些偏见。因此，如果智能系统从人类语言中学习到足够多，达到可以理解和创作的程度，在这个过程中也会产生一些历史文化方面的联想，其中某些联想可能会产生异议。[4] 事实上，已有新闻媒

---

① Russell Stuart, et al, “Research Priorities for Robust and Beneficial Artificial Intelligence: An Open Letter,” *AI Magazine*, 2015, Vol.36, No.4, pp.3–4.

② Boden Margaret, et al, “Principles of Robotics: Regulating Robots in the Real World,” *Connection Science*, 2017, Vol.29, Issue 2, pp.124–129.

③ Castelvecchi Davide, “The Black Box of AI,” *Nature*, 2016, Vol.538, pp.20–23.

④ Caliskan Aylin, et al. “Semantics Derived Automatically from Language Corpora Contain Human-like Biases,” *Science*, 2017, Vol.356, Issue 6334, pp.183–186.

体报道人工智能的算法导致了一些歧视与偏见现象，引起了较为广泛的关注。据报道，英国政府于 2019 年 3 月发起了算法歧视调查，主要目的就在于增加算法的透明性和公平性。

为了使人工智能系统得到人们的信任，我们需要了解人工智能究竟在做什么，就像许多学者强调的那样，需要打开黑箱，在一定程度上实现人工智能的透明性。由此，我们才能对人工智能系统产生的问题更好地进行治理。我们可以从以下几个方面着手。① 在一定程度上实现对深度学习过程的监控，解决深度学习的可解释性问题，这方面的工作已经得到了一些科学家的重视。② 由于深度学习依赖于大量的训练数据，所以对于训练数据的来源、内容需要进行公开，保证训练数据的全面性、多样性。③ 人工智能系统得到的结果如果受到质疑，需要人类工作人员的介入，不能完全依赖人工智能系统。④ 在一定程度上保证人工智能从业人员的性别、种族、学术背景等方面的多样性。当然，从理论上讲，要实现人工智能系统完全透明并不现实，而且在实际应用中也并非越透明越好，必须结合人工智能的具体应用范围与对象综合考虑。在非工业应用中，也就是在人们日常生活中，机器人的透明性与信任、效用之间的关系较为复杂，取决于机器人的应用范围与目的。[①]

第三，人工智能技术的人性化研发与设计。具体表现为以下两个方面。

（1）人工智能产品的研发需要更多地考量用户的实际需要。道尔（Paul Doyle）认为，在大学实验室 / 工作室制造出的产品，与千家万户所需要的东西这两者之间有巨大的脱节。对一些用户来说，机器人太贵，他们根本无力承担，因此必须要考虑用户的经济承受能力。而且，应该让所有利益

① Wortham Robert and Theodorou Andreas, “Robot Transparency, Trust and Utility,” *Connection Science*, 2017, Vol.29, Issue 3, pp.242–248.

相关者（包括用户和技术研发人员）共同合作，促进机器人走进日常生活之中。[①] 对于科技专家来说，基础性的研究固然是必要的，但在人工智能产品的研发过程中，需要更多地听取公众的意见，与用户进行对话，切实考虑用户的现实情况，这样才能使技术产品更好地为社会所接受。

（2）对产品进行个性化、人性化设计。机器人的外观、功能等多种因素都会影响人们对机器人的态度。有人希望机器人更像人，有人喜欢动物型的机器人。比如儿童与老人可能倾向于动物型机器人，而成人更喜欢人型机器人。对用户而言，不同的种族、性别、年龄、受教育程度等多种因素会影响人们接受机器人。因此，在研发过程中，需要将机器人的外观、功能、工作环境、使用对象等多种因素综合起来考虑。人性化的技术产品研发要求充分考虑文化因素的影响。研究表明，文化差异在人们与机器人互动过程中会影响人们对机器人的喜爱程度、信任与满意度等。有学者对来自中国、韩国和德国的 108 名大学生与机器人的互动情况进行了对比分析，结果发现，相对于德国人而言，中国人和韩国人更愿意与机器人互动，对其更为信任，这与中国和韩国的集体主义文化有一定关系，因为在集体主义文化中，人们更容易在交流中相互影响，并接受他人的建议；德国人偏爱外形较大、动作较快的机器人，而中国人和韩国人则相反，这与德国的阳刚文化（masculine culture）有关。[②] 目前，大多数人对机器人的认识还主要源于社会媒体，而不是亲身与机器人近距离的互动。已有的与机器人互动的实证研究很大程度上还限于在实验室内进行，参与人数比较

---

① Doyle Paul, “Written Evidence Submitted by Hereward College,” http://data.parliament.uk/writtenevidence/committeeevidence.svc/evidencedocument/science-and-technology-committee/robotics-and-artificial-intelligence/written/32584.pdf.

② Li Dingjun, et al, “A Cross-cultural Study: Effect of Robot Appearance and Task,” *International Journal of Social Robotics*, 2010, Vol.2, Issue 2, pp.175−186.

有限，受试者的背景较为单一。技术人员需要进一步加强与改进人机互动的研究，进而实现技术的人性化设计。

另外，我们可以应用社会心理学等理论，使科学家与工程师更好地从事友好人工智能研究。社会心理学研究表明，当人们不能像他们所宣扬的那样从事实践活动之时，他们的虚伪（hypocrisy）行为会产生认知失调（cognitive dissonance）和改变其行为的动机。当人们公开宣传行为目标的重要性，然后私底下提醒他们近期个人并没有实现目标行为的时候，虚伪的感觉会对他们的行为改变产生巨大的影响。[①] 因此，技术共同体与专业协会需要将友好人工智能作为职业规范，在各种场合反复强调，营造建构友好人工智能的氛围，使其内化为技术专家自觉的价值追求。当然，技术的安全性与人性化还需要通过生产制造商得以实现，这也是生产商应当承担的社会责任。

（3）对人工智能进行伦理设计。开发一种能够遵循人类伦理原则与道德规范的人工智能，是许多学者倡导与追求的目标。库兹韦尔强调，我们应该在最大程度上使得非生物智能反映我们的价值观，包括自由、宽容以及对知识和多样性的尊重。在他看来，虽然推行人类价值观这种策略并不是万无一失的，但这是我们影响未来的强人工智能的主要手段。[②] 正如本书第八章指出的那样，虽然对人工智能与机器人进行伦理设计还存在一些困难，但大多学者对此充满信心，并认为这是解决很多问题的基本手段。

---

① Stone Jeff and Fernandez Nicholas, "To Practice What We Preach: The Use of Hypocrisy and Cognitive Dissonance to Motivate Behavior Change," *Social and Personality Psychology Compass*, 2008, Vol.2, Issue 2, pp.1024-1051.

② 库兹韦尔：《奇点临近》，李庆诚等译，北京：机械工业出版社，2014，第254—255页。

# 第三节
# 公众层面：公众观念的调整与前瞻性准备

## 一、积极应对人工智能对就业的影响

对于公众来说，最紧要的问题可能是在人工智能等科技的影响下，哪些职业可能消失，哪些职业会有较好的发展前景，从而提前做好相应的准备。关于人工智能对就业的影响，学者们持三种不同的观点。第一种观点持相对悲观的态度。持这种观点的学者一般认为，人工智能可能导致许多人失业，以往工业化的发展过程中，机器的广泛应用替代了人力，使一些主要由体力完成的劳动可以通过机器来完成；人工智能的广泛应用可以替代部分人类脑力劳动，使得一些掌握专业技能的人也会失业；当然，人工智能的发展也会创造一些新的工作机会，但这些工作会要求更高的专业知识，一般人可能难以达到。比如，吴军认为，在智能时代中，2% 的人将控制未来，要么进入前 2% 的行列，要么被淘汰。① 布莱恩约弗森（Erik Brynjolfsson）等认为："计算机的性能和数字化技术会变得更加强大，公司对各类劳动者的需求将会大幅缩减。"②

第二种观点持比较乐观的态度。奥特尔（David Autor）认为，过去两个世纪的自动化与技术进步并没有淘汰人类劳动。一些记者和专家夸大了

---

① 吴军：《智能时代》，北京：中信出版集团，2016，第 364 页。
② 布莱恩约弗森、麦卡菲：《第二次机器革命》，蒋永军译，北京：中信出版集团，2016，第 15 页。

机器代替人类劳动力的程度，而忽视了自动化与劳动力之间存在着巨大的互补性，正是这种互补性提高了生产率，增加了收入，扩大了对劳动力的需求。计算机可以代替人类完成常规性、程序性的工作，同时也突显了人类在解决问题的技巧性、适应性与创造性等方面的相对优势。① 第三种观点持偏于中性的立场。王君等人认为，目前人工智能、机器人等技术进步对就业的破坏效应有限，但长期就业效应不容乐观。应该注重培育人工智能、机器人制造等新兴产业，制定差异化的就业促进和社会保障政策，实现新兴产业发展和就业增长的双赢。②

对于哪些职业更容易为人工智能所取代，也是一个众说纷纭的话题。弗雷（Carl Frey）等人认为，美国有大约 47% 的工作处于高风险类别，比如运输和物流行业，办公、管理协助人员，以及制造行业等风险最大。过去十年来就业岗位增长最多的服务业，也由于服务机器人的广泛应用等原因处于高风险行业之列。也就是说，将来对低技能、低薪酬行业的从业者需求量会大量减少，人们需要转向更具创造性和社会技能的工作，比如健康护理、教育、法律、艺术、管理以及科学技术等行业。③ 卡普兰（Jerry Kaplan）则认为："有些你认为绝对不会被自动化取代的工作，可能最终还是会消失。研究中经常被引用的一个例子是，需要优秀人际交往能力或说服能力的工作是不太可能在不远的未来实现自动化的。但是事实并不一定如此。"④ 在他看来，律师、医生、教育等行业都受到人工智能的威胁。

---

① Autor David, "Why Are There Still So Many Jobs? The History and Future of Workplace Automation," *Journal of Economic of Perspectives*, 2015, Vol.29, No.3, pp.3–30.

② 王君等：《人工智能等新技术进步影响就业的机理与对策》，《宏观经济研究》，2017 年第 10 期。

③ Frey Carl and Osborne Michael, *The Future of Employment* (Oxford Martin School, University of Oxford, 2013).

④ 卡普兰：《人工智能时代》，李盼译，杭州：浙江人民出版社，2016，第 130—131 页。

虽然人工智能科技发展日新月异，但目前人们还是倾向于认为人类与人工智能存在很大程度上的互补性。在常规的重复性工作方面，人类已经没有任何优势，但在语言表达、情感、艺术、创造性、适应性以及灵活性等方面，人类还是略胜一筹，这种优势在短期内人工智能还难以超越。比如，布莱恩约弗森等认为："思维能力、大框架的模式识别和最复杂程度的沟通是认知领域中人类仍然拥有优势，且未来一些时间里还将继续保持这种优势的几个方面。"① 因此，我们应该重点发展与机器互补的技能。当然，人工智能技术突飞猛进，人工智能与人的差别会逐渐缩小，人类与人工智能互补的技能也可能随着技术的发展而变化，但我们还有一定的时间来进行调整与改变。

对于在校学生与工作时间不长的年轻人而言，需要根据人工智能科技的现状与发展趋势，有针对性地掌握一些与人工智能科技互补的技能，使自己在智能社会的竞争中处于相对有利的位置。对于年纪偏大、学习能力较弱者来说，则面临着更大的失业压力。工作对于人们的意义并不仅仅是获得收入，更是实现个人价值、获得社会承认的重要手段。失业人员的幸福感会显著降低，而且幸福感的下降并不能单独由经济上的损失来解释。即使失业者的收入损失完全得到了补偿，他们对生活的满足感仍然少于未失业者。对于失业者来说，需要转变思想观念，改变自身的身份认同。退休人员对于不再工作导致的幸福感丧失比一般的失业者要轻微得多。因为社会规范要求那些处在工作年龄阶段，又具有工作能力的人应该从事某种工作，但对于退休人员则没有这种要求。也就是说，退休人员不工作符合社会规范，而失业者则产生了规范偏差（norm deviance），由此可以解释失

① 布莱恩约弗森、麦卡菲：《第二次机器革命》，蒋永军译，北京：中信出版集团，2016，第 265 页。

业者幸福感丧失的现象。[1] 如果人工智能真的导致了较为普遍的失业现象，我们就应该对社会规范进行必要的调整。

## 二、人工智能威胁论及其克服

2000 年 4 月，美国计算机工程师乔伊发表《为何未来不需要我们》一文，论述了他对机器人、纳米技术以及基因工程的担忧，引起了很大的反响。[2] 近几年人工智能科技的快速发展，引起了更多学者的关注。包括霍金和盖茨在内的著名人士都曾警告我们，人工智能会威胁人类自身的存在。巴拉特（James Barrat）认为人工智能是人类最后的发明。在他看来，通用人工智能能够实现智能爆炸变成超级人工智能，对超级人工智能没有绝对的防御手段。除非我们超级幸运，做好了充分的准备，我们是肯定没法对付它的。[3] 人工智能威胁论显然也受到社会公众的普遍关注。当然，这种思潮在一定程度上具有技术决定论的色彩，也有一些学者对其进行了批判与反驳。但是，对人工智能的发展表示忧虑的学者，他们的态度是严肃认真的，值得我们高度重视。

相关的调查研究表明，公众既担心人工智能影响就业的现实问题，也关注人工智能影响人类未来生存的想象的问题。2015 年 3 月，英国科学协会（British Science Association）进行了一次关于公众如何看待机器人与人工智能对社会与未来的影响的网络调研，超过 2 000 人参与了调研。有

---

① Hetschko Clemens, Knabe Andreas and Schob Ronnie, "Changing Identity: Retiring from Unemployment," *The Economic Journal*, 2013, Vol.124, Issue 575, pp.149–166.

② Joy Bill, "Why the Future doesn't Need Us," https://www.wired.com/2000/04/joy-2/.

③ 巴拉特：《我们最后的发明：人工智能与人类时代的终结》，闾佳译，北京：电子工业出版社，2016，第 270 页。

60% 的人认为机器人与人工智能的应用会导致工作岗位的减少，36% 的人相信人工智能的发展会威胁人类的长期生存。英国科学协会主席威利茨（David Willetts）表示，这次调研表明，我们在人工智能领域不断创新与开拓的过程中，应该关注公众的忧虑。① 在谷歌“阿尔法围棋”与李世石“人机大战”之后，韩国学者对首尔公众进行了访谈。访谈结果表明，大家都认为人工智能会伤害人类，而人工智能应该协助和帮助人类；人们普遍关心人工智能得到广泛应用的未来社会的情形，担心失业问题以及人工智能的失控问题。②

虽然大多数科学家对人工智能持乐观态度，认为人工智能不会“失控”，更不会威胁人类文明。但是，公众对人工智能的担忧也是一种客观存在，并不能简单斥之为杞人忧天而置之不理。公众对人工智能的担忧，一方面可能源于对人工智能的不了解，另一方面是对一些现实问题的忧虑，比如技术的安全性以及对个人就业、隐私等问题的关切，等等。除了前述的各个方面之外，还应该开展一些有针对性的工作。比如，加强人工智能技术接受研究，目前关于技术接受国内已有不少研究成果，但鲜有针对人工智能的，③ 国外的研究基本也是如此；让人工智能产品走出实验室，创造更多的机会使其与公众亲密接触，消除人工智能的神秘感；使公众与科学家、工程师对话常态化，引导公众正确认识人工智能威胁论，通过对话消解公众的疑虑。

---

① “One in three believe that the rise of artificial intelligence is a threat to humanity,” https://www.britishscienceassociation.org/news/rise-of-artificial-intelligence-is-a-threat-to-humanity.

② Oh Changhoon, et al, “Us vs. Them: Understanding Artificial Intelligence Technophobia over the Google DeepMind Challenge Match,” *Human Computer Integration*, 2017, Denver, CO, USA.

③ 李月琳、何鹏飞：《国内技术接受研究：特征、问题与展望》，《中国图书馆学报》，2017 年第 1 期。

另外，在媒体宣传报道中，在倡导友好人工智能的同时，也应该避免夸大有害人工智能的威胁。鲍姆认为，应该把有害的人工智能污名化（stigmatization），就像人们在国际武器控制中采取的策略那样，对地雷和集束炸弹进行污名化，然后通过国际条约禁止使用。① 鲍姆的观点值得商榷，因为地雷等军用武器主要是在战场上使用的，跟社会公众的日常生活并没有非常密切的联系。但人工智能产品不一样，它们就在我们每天的生活与工作当中。对有害的人工智能污名化，可能会加深社会公众对人工智能的恐惧与排斥心理。

## 第四节
## 关系层面：伦理与法律的与时俱进

伦理与法律是处理人类关系与行为的基本手段，为了使人工智能更好地为人类服务，需要从多个方面对现有伦理规范与法律法规进行调整与完善。

第一，伦理观念的发展进步。解决人工智能引发的种种伦理问题，既需要对人工智能进行伦理设计，还需要使用者与社会大众转变思想观念，这方面的研究尚未引起学者足够的关注。比如，在人工智能得到广泛使用的社会中，哪些传统的伦理观念需要调整与改变，又如何改变？可能会遇到哪些障碍与困难，又如何克服？等等。

第二，相关法律法规的完善，至少包括两个层面的问题。一方面，为

---

① Baum Seth, "On the Promotion of Safe and Socially Beneficial Artificial intelligence," *AI & Society*, 2017, Vol.32, No.4, pp.543−551.

了保证人工智能科技的健康有序发展，需要从法律的角度对人工智能的研发进行管理。美国律师谢勒（Matthew Scherer）建议在立法层面起草《人工智能发展法》（*Artificial Intelligence Development Act*），立法目的就是确保人工智能是安全的，并且受制于人类的管控，与人类的利益相同，并且制止那些不具有这些特征的人工智能科技的研发与应用，鼓励具有以上特征的人工智能科技的发展。① 对工人智能研发进行管理的法律法规需要保证人工智能有序竞争，实现人工智能的有序发展。阿姆斯特朗（Stuart Armstrong）等人强调，不同研究团队之间应该避免军备竞赛式的恶性竞争，这种竞争方式会使研究人员轻视必要的安全预防措施，增加人工智能的风险性。②

另一方面，对现有法律进行调整完善，解决人工智能引发的新的社会问题。吴汉东认为，人工智能对当下的法律规则、社会秩序以及公共管理体制带来一场前所未有的危机和挑战。比如机器人法律资格的民事主体问题、人工智能生成作品的著作权问题、智能系统致人损害的侵权法问题、人类隐私保护的人格权问题，以及智能驾驶系统的交通法问题，等等。③ 同时，还需要对用户的行为进行明确限定，保证人类不会滥用人工智能。

第三，强调科技专家的社会责任。相关领域的科学家与工程师是建构友好人工智能的核心主体，因此需要特别强调科技专家的社会责任问题。我们可以通过制度方面的设计来促使科学家关注人工智能的社会影响，加强科学研究的责任意识。比如，1997 年，美国国家基金会提出了

---

① 谢勒：《监管人工智能系统：风险、挑战、能力和策略》，曹建峰、李金磊译，《信息安全与通信保密》，2017 年第 3 期。

② Armstrong Stuart, Bostrom Nick and Shulman Carl, "Racing to the Precipice: A Model of Artificial Intelligence Development," *AI & Society*, 2016, Vol.31, Issue 2, pp.201–206.

③ 吴汉东：《人工智能时代的制度安排与法律规制》，《法律科学》，2017 年第 5 期。

新的项目评审准则，包括两条标准，第一条主要关注研究计划的知识价值（intellectual merit）、研究资格以及研究者的能力因素，另一条要求考量学术研究可能产生的更广泛的社会影响。有学者认为，为了达到美国国家基金会的标准，需要一种更宽广的科学研究伦理概念，目前已有的负责任研究行为的训练是不够的。我们需要对科学研究的伦理相关性形成更全面的理解，使科学家不仅思考如何进行负责任的科学研究，还应该根据社会需要与相关的社会正义来思考科学的功能。①

考虑到人工智能社会影响的广泛性、深刻性与很大程度上的不可逆性，我们特别强调科技专家的前瞻性道德责任。强调前瞻性责任可以使科技人员充分认识到科学研究的社会后果，认识到自己对社会及后代的责任，进而真正贯彻预防原则，改变自己的行为方式，或者采取必要的保护与防范措施，其重要性是不言而喻的。详细讨论参见第七章。

在从事科技研究的过程中，我们可以通过外在措施与内在措施两种方式来促使技术专家转向建造友好人工智能。外在措施指通过约束与激励等方式，使研究者从事友好人工智能的研究，并采取必要的措施使技术专家遵行约束与激励的要求。内在措施包括在研究团队中营造必要的氛围，突出友好人工智能的重要意义，把友好人工智能当作社会规范，并且由知名学者来积极倡导与推动。② 我们需要加强科技专家承担社会责任的机制化建设，也就是通过明确的规章制度来促进专家切实履行其社会责任。

第四，加强对人工智能的国际管理。至少包括两方面的目标，首先，

---

① Schienke Erich, et al, “The Role of the National Science Foundation Broader Impacts Criterion in Enhancing Research Ethics Pedagogy,” *Social Epistemology*, 2009, Vol.23, No.3-4, pp.317-336.

② Baum Seth, “On the Promotion of Safe and Socially Beneficial Artificial intelligence,” *AI & Society*, 2017, Vol.32, No.4, pp.543-551.

推动国际合作，建立国际性的人工智能标准与伦理准则，保证人工智能的规范性与安全性。爱因斯坦早在数十年前就指出，技术创造出的破坏工具掌握在要求无限制行动自由的国家手里，就变成了对人类安全和生存的威胁。① 因此，爱因斯坦积极倡导建立世界政府来实现对原子弹等武器的国际控制，以保证世界和平。尽管爱因斯坦的理想并未实现，但他的努力还是产生了一定的积极影响，至少使更多的人认识到国际合作的重要意义。在现代社会中，要对人工智能科技进行有效的管控，国际合作是必不可少的。目前关于气候变化、生物多样性丧失等全球性问题已制定了相应的国际法规，但对于人工智能等新兴技术尚无直接相关的国际制度存在，仅仅依靠科学家的自我约束是远远不够的，需要在国际层面上建立一种有约束力的制度对其加以控制。②

其次，维护国家之间的公平正义，保护发展中国家的利益。不同国家对机器人的应用偏好存在一定差异，这些差异会在不同国家的法律政策与规范体系当中体现出来。如果不同国家之间产生冲突，发达国家的机器人法律可能具有相对的优势地位，发展中国家或欠发达国家可能被迫修改他们的法律，服从发达国家的利益，从而导致“机器人法律事务殖民化”。因此，需要建立一种全球性的共识来避免发生这种现象。③ 发展中国家应该积极参与人工智能的国际治理，努力争取应有的话语权，从而在人工智能科技竞争中争取到合理的权益。

---

① 爱因斯坦:《爱因斯坦文集（第三卷）》，许良英、赵中立、张宣三译，北京：商务印书馆，2009，第 161 页。

② Wilson Grant, “Minimizing Global Catastrophic and Existential Risks from Emerging Technologies through International Law,” *Virginia Environmental Law Journal*, 2013, Vol.31, No.2, pp.307-364.

③ Weng Yueh-Hsuan, “Beyond Robot Ethics: On a Legislative Consortium for Social Robotics,” *Advanced Robotics*, 2010, Vol.24, Issue 13, pp.1919-1926.

## 本章小结
## 使友好人工智能成为明确的研究目标

波斯特洛姆认为，全球只有六人在全职研究友好人工智能的问题，相比之下，有成千上万的人在从事有关广义人工智能的研究工作。他认为，这种倾斜情况亟待平衡。① 我们比波斯特洛姆更为乐观，我们相信有相当比例的人工智能研发人员也在思考相关的问题，但这并不意味着这个问题已经得到充分的关注。我们强调的是，建构友好人工智能应该成为全社会的非常明确的努力目标。也就是说，人工智能研究的目标，不应该仅仅是让人工智能变得更智能，能力更强大，而必须高度重视它能否以及如何为人们带来益处，尽可能减少甚至避免产生危害现象或负面效应。正如斯图尔特·罗素在接受访谈时指出的那样，“目前我们是为了智能本身而建造纯粹的智能，而罔顾与之相关的目的及其后果，我们必须扭转当前的这种人工智能研究目标。”② 因此，人工智能研究应该以友好人工智能为出发点与落脚点。建构友好人工智能的理论框架，至少包括“积极正面的社会影响、技术安全可靠、用户欢迎与接受、合乎法律伦理规范”这四个方面，这也可以作为友好人工智能的评价框架，更详细更全面的框架可以从本章论及的政府层面、技术层面、公众层面与关系层面具体展开。我们不能夸大人工智能的影响，但也不能盲目乐观。我们期待着对友好人工智能的具体标准与实现机制进行更多的讨论与研究，并使之得以贯彻实施，从而使人工智能真正地为人类造福，而非遗祸人间。

---

① 蔡斯：《人工智能革命》，张尧然译，北京：机械工业出版社，2017，第 168 页。

② Bohannon John, “Fears of an AI Pioneer,” *Science*, 2015, Vol.349, Issue 6245, p.252.

# 结　语

人工智能伦理研究涉及范围非常广泛，而且随着科技的深入发展与广泛应用，还会不断有新的问题涌现出来。因此，此处不打算对本书研究的某些具体问题进行总结，而是在整体研究的基础上，尝试总结出人工智能伦理研究的基本原则、主要特点与目标定位，以期引起更多更深入的讨论。

## 一、基本原则

### 1. 安全性原则

在许多关于机器人的科幻小说与影视作品中反映出的悲观主义立场，突显了机器人与人工智能伦理研究中的安全性原则的重要地位。著名科幻作家阿西莫夫早在数十年前提出的机器人法则，从根本上讲就是为了保护人类的安全与利益。许多学者倡导将伦理设计与机器人技术结合起来，在机器人身上实现人工道德与人工良心，甚至使其成为“道德楷模”，其实质也是为了解决机器人的安全性问题。

人工智能的安全性，既包括技术层面的安全性，也必须涉及用户与公众心理层面的安全感，同时还需要关注面向未来的安全性。毋庸置疑，有很多学者对人工智能技术未来的安全性深表忧虑。比如，霍金警告我们，人类创造智能机器的努力将威胁人类自身的存在。近年来，由“阿尔法围棋”引发的关于人工智能安全性问题的讨论，充分说明了人工智能安全问题的重要性与紧迫性。但是，在我国学者的讨论中，从事人工智能研究的学者几乎普遍对人工智能的将来持乐观态度，认为目前的人工智能技术不足以威胁人类。事实上，人工智能伦理研究不仅仅要基于目前已有的技术进行考察，更重要的是，要结合人工智能技术与产业的发展趋势来展开。

根据目前人工智能、计算机与机器人学等科技的发展现状，我们有理由认为人工智能可能对人类安全形成威胁。因此，安全性原则是人工智能伦理研究必须贯彻的首要原则。

2. 主体性原则

从人与技术的关系角度来看，人是主体，技术是客体；人是目的，技术是手段。人类发展科技的目的，是为了给人类提供更幸福的生活，提升人类的自由与尊严。但是，现代大工业的发展，使得人类在社会生产中重复着单调的劳动，人成为机器的奴隶，劳动者在相当的程度上失去了主体地位。所谓人的“单向度”化的过程，就是人被技术和社会控制的过程，也是人的主体性减弱的过程。在人工智能的各种能力越来越强大的历史背景中，人类的体力与脑力劳动在许多方面都可能被人工智能取代，人工智能甚至可以自主做出道德抉择，使得其主体地位进一步提升。

在人工智能伦理研究中，强调人的主体性地位，就是强调人类在人与人工智能关系当中的主导地位，强调人的能动性、个体差异性与选择性。从人类整体来说，主体性原则要求人类能够很好地控制人工智能，这也是实现安全性原则的前提。我们应该注意到，与科学家们不遗余力地发展人工智能相比，他们对如何有效地控制人工智能则思考得太少了。从人类个体来说，主体性原则要求机器人伦理研究充分考虑文化的多元性与人的个体差异，使人工智能技术能够增进个人幸福，保护个人隐私，并采取措施防止人类对人工智能的过度依赖。因此，人工智能伦理研究并不是抽象的，而是具体的，需要在特定的社会情境中展开。

早在 1931 年，爱因斯坦就告诫人们，如果要使人们的工作有益于人类，只懂得应用科学本身是不够的。“关心人的本身，应当始终成为一切技术上奋斗的主要目标。”[①] 爱因斯坦在这里讲的“关心人的本身”，实质就是强调人的主体性。当然，正如本书中反复强调的那样，强调人的主体性地位并不意味着人类可以滥用与虐待机器人。如何在确保人类主体性地位的前提下，规范人类与人工智能的行为，使人类与人工智能真正地实现和谐相处，是人工智能伦理研究的根本目标。

3. 建设性原则

人工智能伦理问题涉及与人工智能技术和产业相关联的所有人，包括科学家、政府官员（政策制定者）、生产商与使用者，同时人工智能应用的范围非常广泛，不同类型的人工智能产品导致的伦理问题有很大差异，所以人工智能伦理研究需要具体问题具体分析。本书的论述已经表明，军用机器人、助老机器人、情侣机器人以及其他领域的机器人，引发的伦理问题既有共性的一面，但更重要的是个性化的差异。鉴于此，人工智能伦理研究除了宏观性与整体性的理论思辨之外，更重要的是进行有针对性的具体情景与案例研究，从而使我们得出的策略与结论具有很强的现实针对性，对人工智能的设计、使用具有建设性的启发和指导意义。因此，人工智能伦理研究不仅仅是抽象的理论研究，更需要做大量的调查研究，掌握公众的态度与期望。

也就是说，对于人文学者来说，在考察人工智能伦理问题时，不仅仅需要将人工智能可能带来的益处与风险阐述清楚，更需要提出可能的解决策略与途径，从而使理论研究成果具有一定的可操作性。即使提出的策略与方法有某些缺陷，也有助于将问题的研究推向深入。

---

① 爱因斯坦：《爱因斯坦文集（第三卷）》，许良英、赵中立、张宣三译，北京：商务印书馆，2009，第 89 页。

## 二、主要特点

第一，灵活性与开放性。与空间技术伦理、核技术伦理等科技伦理不同的是，人工智能应用非常广泛，而且许多领域与人们日常生活密切相关。而且，机器人、计算机、人工智能等科学技术日新月异，不断发展的科技水平显然需要不断调整其伦理调控方式。另一方面，由于文化的多元性与地域性等原因，导致对于同样一项人工智能技术，不同的受众群体在不同时期可能会做出完全不同的伦理价值判断，需要具体情况具体分析。比如对情侣机器人、助老机器人的伦理设计与应用，必须与相应的文化与伦理环境相协调。同时，为了准确把握受众群体的伦理诉求，必须按照一定程序进行理性对话与调查研究，并建立相应的反馈机制。这些都显示出人工智能伦理研究的灵活性与开放性。

第二，阶段性与交叉性。虽然人工智能在某些方面远超过人类，但限于目前计算机、人工智能以及机器人学的发展水平，人工智能在常识性知识、学习能力、创造性等方面还不如人类。而且，由于学者们关于在人工智能中实现哪些伦理原则，以及如何实现等许多问题尚未达成一定程度的共识，所以在研究过程中不可能一蹴而就，需要根据当下的技术水平分阶段进行。而且，相关的研究需要结合伦理学、科学技术、心理学、认知科学、法学、社会学等许多相关学科的研究成果。因此，一方面伦理研究者需要及时补充相关学科知识，另一方面，也是更重要的，应该搭建各学科对话与合作的平台，由此才能更好地解决人工智能伦理问题。

第三，前瞻性与预防性。如果社会文化经常落后于科技的发展，那么由此导致的文化真空会产生较为严重的问题。虽然对科学技术发展的精确预言难以做到，但总的趋势还是比较明显的。本书中的大多数研究内容，虽然也考虑了当下人工智能技术的发展现状，但更多地是着眼于未来，从前瞻性与预防性的角度进行思考。我们强调，人工智能伦理研究需要超前于现有的技术，提前为将来可能出现的问题做好理论准备，从而防患于未然。这一点可能是伦理学家与科学家、技术研究人员的一个重要区别。从理论上看，前瞻性与预防性是避免所谓的“科林格里困境”“文化滞后现象”的必然选择。当然，前瞻性与预防性的伦理考量不能成为阻碍科学技术健康发展的阻力。因此，我们需要对人工智能伦理的研究目标进行明确定位。

## 三、目标定位

人工智能伦理研究目标不应该是阻碍科学技术的发展进步，事实上在当代社会中任何人也做不到这一点；同时，伦理研究并不是要去“指导”科学家的学术研究，而是为科技发展提供伦理支持和规约，使科学家、工程师研发出更安全、更人性化，也更容易被社会接纳的科技产品。伦理学家应该为科学家提供伦理反思的理论工具，帮助科学家更全面地了解科技产品的社会影响，更清楚地认识到自己的社会责任，更好地认识到哪些应该做，哪些不应该做。第四章中提到的人工智能专家联合抵制韩国科学家研制自主的人工智能武器，就充分说明了科学家的伦理自觉。目前有不少人工智能专家热情参与相关伦理标准的研讨，有的直接投身于伦理问题与社会影响的学术研究，积极与人文学者展开合作，在很大程度上说明很多科学家与技术研发人员已经充分认识到了伦理问题的重要性。

人们经常喜欢把科学技术比作高速前进的汽车，而把科技伦理的研究称作方向盘和刹车，这种说法充分肯定了科技伦理研究的重要性。但是，伦理学家不能只是在汽车之外，看着汽车飞驰，而是应该坐到车上，与科技工作者一起把汽车开好。这要求从事人工智能伦理研究的学者，必须要对相关的科学技术有一定了解，这样才能更好地与科技人员进行交流与对话。另一方面，伦理学家必须要持宽容和开放的心态与科技人员进行合作。人文科学与自然科学技术存在众所周知的差异，科技伦理研究者需要理解与适应科技人员的思维与工作方式。

科学技术的发展有其固有的内在规律，但技术的社会建构性说明人工智能技术与产品会以什么样的面貌呈现在人们面前，对人类社会可能产生什么影响，在很大程度上是可控的，主动权仍然掌握在我们自己手里。伦理学家在强调科技工作者的社会责任的同时，也必须反思与履行自己的社会责任。未来的智能社会应该是各个学科相互协作的社会，技术与社会和谐发展、共同进化的社会，科技伦理必须在其中发挥自己应有的积极作用。

# 参考文献

[ 1 ] AI Complete [EB/OL]. (2017−07−10) https://en.wikipedia.org/wiki/AI-complete.

[ 2 ] Allen Colin, et al. Artificial Morality: Top-down, Bottom-up, and Hybrid Approach [J]. Ethics and Information Technology, 2005, 7(3): 149−155.

[ 3 ] Allen Colin, et al. Moral Responsibility for Computing Artifacts: The Rules [EB/OL]. (2017−07−10). https://edocs.uis.edu/kmill2/www/TheRules/.

[ 4 ] Allen Colin, Smit Iva, Wallach Wendell. Artificial Morality: Top-down, Bottom-up, and Hybrid Approaches [J]. Ethics and Information Technology, 2005, 7(3): 149−155.

[ 5 ] Allen Colin, Varner Gary, Zinser Jason. Prolegomena to Any Future Artificial Moral Agent [J]. Journal of Experimental and Theoretical Artificial Intelligence, 2000, 12(3): 251−261.

[ 6 ] Amodei Dario, et al. Concrete Problems in AI Safety [EB/OL]. (2017−07−10). https://arxiv.org/pdf/1606.06565.pdf.

[ 7 ] Amuda Yusuff, Tijani Ismaila. Ethical and Legal Implications of Sex Robot: An Islamic Perspective [J]. OIDA International Journal of Sustainable Development, 2012, 3(6): 19−27.

[ 8 ] Anderson Craig, Bushman Brad. Effects of Violent Video Games on Aggressive Behavior, Aggressive Cognition, Aggressive Affect, Physiological Arousal, and Prosocial Behavior: A Meta-Analytic Review of the Scientific Literature [J]. Psychological Science, 2001, 12(5): 353−359.

[ 9 ] Anderson Michael, Anderson Susan. Machine Ethics [M]. Cambridge: Cambridge University Press, 2011.

[10] Anderson Michael, Anderson Susan. The Status of Machine Ethics: a Report from the

AAAI Symposium [J]. Minds and Machines, 2007, 17(1): 1−10.

[ 11 ] Anderson Michael, Anderson Susan. Toward Ensuring Ethical Behavior from Autonomous Systems: A Case-Supported Principle-Based Paradigm [J]. Industrial Robot: An International Journal, 2015, 42(4): 324−331.

[ 12 ] Anderson Michael, Anderson Susan, Armen Chris. An Approach to Computing Ethics [J]. IEEE Intelligent Systems, 2006, 21(4): 56−63.

[ 13 ] Anderson Michael, Anderson Susan, Armen Chris. Towards Machine Ethics [EB/OL]. (2017−07−10). http://aaaipress.org/Papers/Workshops/2004/WS-04-02/WS04-02-008.pdf.

[ 14 ] Angeli Antonella De, et al. Misuse and Abuse of Interactive Technologies [EB/OL]. (2017−07−10) http://www.brahnam.info/papers/EN1955.pdf.

[ 15 ] Ansell Chris, Gash Alison. Collaborative Governance in Theory and Practice [J]. Journal of Public Administration Research and Theory, 2008, 18(4): 543−571.

[ 16 ] Arkoudas Konstantine, Bringsjord Selmer, Bello Paul. Toward Ethical Robots via Mechanized Deontic Logic [EB/OL]. (2017−07−10). http://commonsenseatheism.com/wp-content/uploads/2011/02/Arkoudas-Toward-ethical-robots-via-mechanized-deontic-logic.pdf.

[ 17 ] Arkin Ronald, Moshkina Lilia. Lethality and Autonomous Robots: An Ethical Stance [EB/OL]. (2017−07−10). Paper presented at the IEEE international Symposium on Technology and Society, 2007, June 1−2, Las Vegas. http://www.dtic.mil/cgi-bin/GetTRDoc?AD=ADA468122.

[ 18 ] Arkin Ronald. Governing Lethal Behavior in Autonomous Robots [M]. Boca Raton: CRC Press, 2009.

[ 19 ] Armstrong Stuart, Bostrom Nick, Shulman Carl. Racing to the Precipice: A Model of Artificial Intelligence Development [J]. AI & Society, 2016, 31(2): 201−206.

[ 20 ] Arnold Thomas, Scheutz Matthias. Against the Moral Turing Test: Accountable Design and the Moral Reasoning of Autonomous Systems [J]. Ethics and Information Technology, 2016, 18(2): 103−115.

[ 21 ] Ashrafian Hutan. Artificial Intelligence and Robot Responsibilities: Innovating beyond Rights [J]. Science and Engineering Ethics, 2015, 21(2): 317−326.

[ 22 ] Austermann Anja. How do Users Interact with a Pet-Robot and a Humanoid?. CHI 2010 [EB/OL]. (2017−07−10). http://www.ymd.nii.ac.jp/lab/publication/conference/2010/CHI-2010-anja.pdf.

[ 23 ] Autor David. Why Are There Still So Many Jobs? The History and Future of Workplace Automation [J]. Journal of Economic of Perspectives, 2015, 29(3): 3−30.

[ 24 ] Bandura Albert. Moral Disengagement in the Perpetration of Inhumanities [J]. Personality and Social Psychology Review, 1999, 3(3): 193−209.

[ 25 ] Bateson P, Hinde R. Growing Points in Ethology [M]. Cambridge: Cambridge University Press, 1976.

[ 26 ] Baum Seth. On the Promotion of Safe and Socially Beneficial Artificial intelligence [J]. AI & Society, 2017, 32(4): 543−551.

[ 27 ] Beck Ulrich. Risk Society [M]. London: Sage Publications, 1992.

[ 28 ] Bekey George. Autonomous Robots: From Biological Inspiration to Implementation and Control [M]. Cambridge: The MIT Press, 2005.

[ 29 ] Bello Paul, Bringsjord Selmer. On How to Build a Moral Machine [J]. Topoi, 2013, 32(2): 251−266.

[ 30 ] Berleur Jacques, et al. What Kind of Information Society? Governance, Virtuality, Surveillance, Sustainability [C]. Berlin: Springer, 2010.

[ 31 ] Biswas M, Murray J. The Effects of Cognitive Biases and Imperfectness in Long-term Robot-human Interactions [J]. Cognitive Systems Research, 2017, 43: 266−290.

[ 32 ] Boden Margaret, et al. Principles of Robotics: Regulating Robots in the Real World [J]. Connection Science, 2017, 29(2): 124−129.

[ 33 ] Bohannon John. Fears of an AI Pioneer [J]. Science, 2015, 349(6245): 252.

[ 34 ] Bolton Doug. The rise of artificial intelligence could put millions of human workers out of jobs — could a basic income be a solution? [EB/OL]. (2017−07−10). https://www.independent.co.uk/life-style/gadgets-and-tech/news/basic-income-artificial-

intelligence-ai-robots-automation-moshe-vardi-a6884086.html.

[ 35 ] Bostrom Nick, Cirkovic Milan. Global Catastrophic Risks [M]. Oxford: Oxford University Press, 2008.

[ 36 ] Bowling Ann, Gabriel Zahava. An Integrational Model of Quality of Life in Older Age. Results from the ESRC/MRC HSRC Quality of Life Survey in Britain [J]. Social Indicators Research, 2004, 69(1): 1−36.

[ 37 ] Breazeal Cynthia. Designing Sociable Robots [M]. Cambridge: The MIT Press, 2002.

[ 38 ] Bringsjord Selmer, Arkoudas Konstantine, Bello Paul. Toward a General Logicist Methodology for Engineering Ethically Correct Robots [J]. IEEE Intelligent Systems, 2006, 21(4): 38−44.

[ 39 ] Brooks Rodney. Will Robots Rise up and Demand Their Rights? [J]. Time Canada, 2000, 155(25): 58.

[ 40 ] Brynjolfsson Erik, Mcafee Andrew. The Business of Artificial Intelligence [EB/OL]. (2017−07−10). https://hbr.org/cover-story/2017/07/the-business-of-artificial-intelligence.

[ 41 ] Brynjolfsson Erik, Rock Daniel, Syverson Chad. Artificial Intelligence and the Modern Productivity Paradox: A Clash of Expectations and Statistics [EB/OL]. (2017−07−10). http://www.nber.org/papers/w24001.pdf.

[ 42 ] Buligina Ilze. Ethics and Governance Aspects in the Technology Projects of the European Union Framework Program: Implications with EU Research Policy [EB/OL]. (2017−07−10). University of Namur, 2009/2010. http://esst.eu/wp-content/uploads/Thesis_I.Buligina_04.10_FINAL.pdf.

[ 43 ] Burris Scott, Drahos Peter, Shearing Clifford. Nodal Governance [J]. Australian Journal of Legal Philosophy, 2005, 30: 30−58.

[ 44 ] Byers William, Schleifer Michael. Mathematics, Morality & Machines [J]. Philosophy Now, 2010, 78: 30−33.

[ 45 ] Caliskan Aylin, et al. Semantics Derived Automatically from Language Corpora Contain Human-like Biases [J]. Science, 2017, 356(6334): 183−186.

[46] Calverley David. Android Science and Animal Rights, Does an Analogy Exist? [J]. Connection Science, 2006, 18(4): 403−417.
[47] Campbell Joseph. Free Will [M]. Malden: Polity Press, 2011.
[48] Cann Oliver. Artificial Intelligence, Robotics Top List of Technologies in Need of Better Governance [EB/OL]. (2017−07−10). https://www.weforum.org/press/2016/11/artificial-intelligence-robotics-top-list-of-technologies-in-need-of-better-governance/.
[49] Capurro Rafael, Nagenborg Michael. Ethics and Robotics [M]. Heidelberg: IOS Press, 2009.
[50] Castelvecchi Davide. The Black Box of AI [J]. Nature, 2016, 538: 20−23.
[51] Clapper James, et al. FY2009−2034 Unmanned Systems Integrated Roadmap [EB/OL]. (2017−07−10). https://www.globalsecurity.org/intell/library/reports/2009/dod-unmanned-systems-roadmap_2009-2034.pdf.
[52] Clark David. The Capability Approach: Its Development, Critiques and Recent Advances [EB/OL]. (2017−07−10). http://amarc.org/documents/articles/gprg-wps-032.pdf.
[53] Coeckelbergh Mark. Care Robots and the Future of ICT-mediated Elderly Care: a Response to Doom Scenarios [J]. AI & Society, 2016, 31(4): 455−462.
[54] Coeckelbergh Mark. Growing Moral Relations: Critique of Moral Status Ascription [M]. Hampshire: Palgrave Macmillan, 2012.
[55] Coeckelbergh Mark. Humans, Animals, and Robots: A Phenomenological Approach to Human-Robot Relations [J]. International Journal of Social Robotics, 2011, 3(2): 197−204.
[56] Coeckelbergh Mark. Moral Appearances: Emotions, Robots and Human Morality [J]. Ethics and Information Technology, 2010, 12(3): 235−241.
[57] Coeckelbergh Mark. Personal Robots, Appearance, and Human Good: A Methodological Reflection on Roboethics [J]. International Journal of Social Robotics, 2009, 1(3): 217−221.
[58] Coeckelbergh Mark. Regulation or Responsibility? Autonomy, Moral Imagination, and

Engineering [J]. Science, Technology & Human Values, 2006, 31(3): 237−260.

[59] Collingridge David. The Social Control of Technology [M]. New York: St. Martin's Press, 1980.

[60] Committee on Legal Affairs. Draft Report with Recommendations to the Commission on Civil Law Rules on Robotics [EB/OL]. (2017−07−10). http://www.europarl.europa.eu/sides/getDoc.do?pubRef=-//EP//NONSGML%2BCOMPARL%2BPE-82.443%2B01%2BDOC%2BPDF%2BV0//EN.

[61] Cowley Christopher. Moral Responsibility [M]. Durham: Acumen, 2014.

[62] Crawford Kate, et al. The AI Now Report [EB/OL]. (2017−07−10). https://ainowinstitute.org/AI_Now_2016_Report.pdf.

[63] Crnkovic Gordana, Curuklu Baran. Robots: Ethical by Design [J]. Ethics and Information Technology, 2012, 14(1): 61−71.

[64] Cummings Mary. Integrating Ethics in Design through the Value-Sensitive Design Approach [J]. Science and Engineering Ethics, 2006, 12(4): 701−715.

[65] Cutcliffe Stephen, Mitcham Carl. Visions of STS: Counterpoints in Science, Technology and Society Studies [M]. Albany: State University of New York Press, 2001.

[66] Daddis Gregory. Understanding Fear's Effect on Unit Effectiveness [J]. Military Review, 2004, 84(4): 22−27.

[67] Dalton-Brown Sally. Nanotechnology and Ethical Governance in the European Union and China [M]. Heidelberg: Springer, 2015.

[68] Department of Defense. Task Force Report: The Role of Autonomy in DoD Systems [EB/OL]. (2017−07−10). https://fas.org/irp/agency/dod/dsb/autonomy.pdf.

[69] Department of Defense. Unmanned Systems Integrated Roadmap FY2011−2036 [EB/OL]. (2017−07−10). http://www.acq.osd.mil/sts/docs/Unmanned%20Systems%20Integrated%20Roadmap%20FY2011-2036.pdf.

[70] Donley Michael, Schwartz Norton. Unmanned Aircraft Systems Flight Plan 2009−2047, 2009−5−18 [EB/OL]. (2017−07−10). https://fas.org/irp/program/collect/

uas_2009.pdf.

[71] Doridot Fernand, et al. Ethical Governance of Emerging Technologies Development [M]. Hershey: Information Science Reference, 2013.

[72] Doring N, Poschl S. Sex Toys, Sex Dolls, Sex Robots: Our Under-researched Bed-fellows [J]. Sexologies, 2018, 27(3): 51–55.

[73] Dover Test [EB/OL]. (2017–07–10) https://en.wikipedia.org/wiki/Dover_test.

[74] Doyle Paul. Written Evidence Submitted by Hereward College [EB/OL]. (2017–07–10). http://data.parliament.uk/writtenevidence/committeeevidence.svc/evidencedocument/science-and-technology-committee/robotics-and-artificial-intelligence/written/32584.pdf.

[75] Dryzek John, Pickering Jonathan. Deliberation as a Catalyst for Reflexive Environmental Governance [J]. Ecological Economics, 2017, 131: 353–360.

[76] Duffy Brian. Anthropomorphism and the Social Robot [J]. Robotics and Autonomous Systems, 2003, 42(3–4): 177–190.

[77] Duffy Sophia, Hopkins Jamie. Sit, Stay, Drive: The Future of Autonomous Car Liability [J]. SMU Science & Technology Law Review, 2013, 16(3): 453–480.

[78] Editorials. AI Love You [J]. Nature, 2017, 547(7662): 138.

[79] Epstein Robert, Roberts Gary, Beber Grace. Parsing the Turing Test [M]. New York: Springer, 2009.

[80] Eshleman Andrew. Moral Responsibility [EB/OL]. (2017–07–10). http://plato.stanford.edu/entries/moral-responsibility/.

[81] Euron Research Roadmap [EB/OL]. (2017–07–10). http://www.cas.kth.se/euron/euron-deliverables/ka1-3-Roadmap.pdf.

[82] European Civil Law Rules in Robotics [EB/OL]. (2017–07–10). http://www.europarl.europa.eu/RegData/etudes/STUD/2016/571379/IPOL_STU(2016)571379_EN.pdf.

[83] European Parliament. Civil Law Rules on Robotics [EB/OL]. (2017–07–10). http://www.europarl.europa.eu/sides/getDoc.do?pubRef=-//EP//NONSGML+TA+P8-TA-2017-0051+0+DOC+PDF+V0//EN.

[ 84 ] Fischer John, Ravizza Mark. Responsibility and Control: A Theory of Moral Responsibility [M]. Cambridge: Cambridge University Press, 1998.

[ 85 ] Floridi Luciano, Saners J W. On the Morality of Artificial Agents [J]. Minds and Machine, 2004, 14(3): 349−379.

[ 86 ] For and Against: Robot rights [EB/OL]. (2017−07−10). http://eandt.theiet.org/magazine/2011/06/debate.cfm.

[ 87 ] Fox John, Das Subrata. Safe and Sound: Artificial Intelligence in Hazardous Applications [M]. Cambridge: The MIT Press, 2000.

[ 88 ] Franklin Stan, Patterson F G. The LIDA Architecture: Adding New Modes of Learning to an Intelligent, Autonomous, Software Agent. Integrated Design and Process Technology, IDPT−2006 [EB/OL]. (2017−07−10). http://www.theassc.org/files/assc/zo-1010-lida-060403.pdf.

[ 89 ] Freeman Jody. Collaborative Governance in the Administrative State [J]. University of California Los Angeles Law Review, 1997, 45(1): 1−98.

[ 90 ] Freitas Robert. The Legal Rights of Robots [J]. Student Lawyer, 1985, 13: 54−56.

[ 91 ] Frey Carl, Osborne Michael. The Future of Employment [M]. Oxford Martin School, University of Oxford, 2013.

[ 92 ] Friedman Batya, Kahn Peter, Borning Alan. Value Sensitive Design: Theory and Methods. UW CSE Technical Report 02−12−01 [EB/OL]. (2017−07−10). http://faculty.washington.edu/pkahn/articles/vsd-theory-methods-tr.pdf.

[ 93 ] Gasteiger Emanuel, Prettner Klaus. A Note on Automation, Stagnation, and the Implications of a Robot Tax [C]. Discussion Paper, School of Business & Economics, No. 2017/17, Free University Berlin, Berlin.

[ 94 ] Gates Bill. A Robot in Every Home [J]. Scientific American, 2007, 296(1): 58−65.

[ 95 ] Gaussier P, Nicoud J. From Perception to Action Conference [M]. Los Alamitos: IEEE Computer Society Press, 1994.

[ 96 ] Gerdes Anne, Ohrstrom Peter. Issues in Robot Ethics Seen through the Lens of a Moral Turing Test [J]. Journal of Information, Communication and Ethics in Society, 2015,

13(2): 98−109.

[ 97 ] Gibney Elizabeth. Google Masters Go [J]. Nature, 2016, 529: 445−446.

[ 98 ] Grau Christopher. There Is No "I" in "Robot" : Robots and Utilitarianism [J]. IEEE Intelligent Systems, 2006, 21(4): 52−55.

[ 99 ] Greene Joshua, et al. An fMRI Investigation of Emotional Engagement in Moral Judgement. Science, 2001, 293(5537): 2105−2108.

[ 100 ] Grossman Lieutenant. On Killing [M]. New York: Little, Brown and Company, 1995.

[ 101 ] Gunton Thomas, Day J. The Theory and Practice of Collaborative Planning in Resource and Environmental Management [J]. Environments, 2003, 31(2): 5−19.

[ 102 ] Gurney Jeffrey. Sue My Car not me: Products Liability and Accidents Involving Autonomous Vehicles [J]. Journal of Law, Technology & Policy, 2013, 2013(2): 247−277.

[ 103 ] Hajer Maarten, Wagenaar Hendrik. Understanding Governance in the Network Society [M]. Cambridge: Cambridge University Press, 2003.

[ 104 ] Hales Douglas, Chakravorty Satya. Creating High Reliability Organizations Using Mindfulness [J]. Journal of Business Research, 2016, 69(8): 2873−2881.

[ 105 ] Harremoes Poul, et al. Late Lessons from Early Warnings: the Precautionary Principle 1896−2000. Copenhagen: European Environment Agency, 2001 [EB/OL]. (2017−07−10). https://www.eea.europa.eu/publications/environmental_issue_report_2001_22.

[ 106 ] Hellstrom Thomas. On the Moral Responsibility of Military Robots [J]. Ethics and Information Technology, 2013, 15(2): 99−107.

[ 107 ] Hennigan W J. New Drone Has No Pilot Anywhere, so Who's Accountable? [N]. Los Angeles Times, 2012−1−26.

[ 108 ] Hetschko Clemens, Knabe Andreas, Schob Ronnie. Changing Identity: Retiring from Unemployment [J]. The Economic Journal, 2013, 124(575): 149−166.

[ 109 ] Hew Patrick. Artificial Moral Agents Are Infeasible with Foreseeable Technologies [J]. Ethics and Information Technology, 2014, 16(3): 197−206.

[110] Hobbit-The Mutual Care Robot [EB/OL]. (2017−07−10). http://hobbit.acin.tuwien.ac.at/index.html.

[111] Holden Richard, Karsh Ben-Tzion. The Technology Acceptance Model: Its Past and its Future in Health Care [J]. Journal of Biomedical Informatics, 2010, 43(1): 159−172.

[112] Hubbard Patrick. "Sophisticated Robots" : Balancing Liability, Regulation, and Innovation [J]. Florida Law Review, 2014, 66(5): 1803−1872.

[113] James Matt, Scott Kyle. Robots & Rights: Will Artificial Intelligence Change the Meaning of Human Rights? [J]. People Power for the Third Millennium: Technology, Democracy and Human Rights, Symposium Series, 2008.

[114] Johnson Deborah, Miller Keith. Un-making Artificial Moral Agents [J]. Ethics and Information Technology, 2008, 10(2): 123−133.

[115] Johnson Deborah, Powers Thomas. Computer Systems and Responsibility: A Normative Look at Technological Complexity [J]. Ethics and Information Technology, 2005, 7(2): 99−107.

[116] Jolly Alison. Lemur Social Behavior and Primate Intelligence [J]. Science, 1966, 153(3735): 501−506.

[117] Jonas Hans. The Imperative of Responsibility: In Search of an Ethics for the Technological Age [M]. Chicago: The University of Chicago Press, 1984.

[118] Joy Bill. Why the Future doesn't Need Us [EB/OL]. (2017−07−10). https://www.wired com/2000/04/joy-2/.

[119] Kemp David. Autonomous Cars and Surgical Robots: A Discussion of Ethical and Legal Responsibility. Verdict, 2012−11−19 [EB/OL]. (2017−07−10). https://verdict.justia.com/2012/11/19/autonomous-cars-and-surgical-robots.

[120] Khosla Rajiv, et al. Human Robot Engagement and Acceptability in Residential Aged Care. International Journal of Human-Computer Interaction, 2016−12−27 [EB/OL]. (2017−07−10). http://www.tandfonline.com/doi/full/10.1080/10447318.2016.1275435.

[121] Kidd Cory, Taggart Will, Turkle Sherry. A Sociable Robot to Encourage Social

Interaction among the Elderly [C]. Proceedings of the 2006 IEEE International Conference on Robotics and Automation, 2006, 3972−3976.

[ 122 ] Kim Taemie, Hinds Pamela. Who Should I Blame? Effects of Autonomy and Transparency on Attributions in Human-Robot Interaction [EB/OL]. (2017−07−10). http://alumni.media.mit.edu/~taemie/papers/200609_ROMAN_TKim.pdf.

[ 123 ] Koerth-Baker Maggie. How Robots Can Trick You into Loving Them [N]. The New York Times, 2013−9−17.

[ 124 ] Krishnan Armin, Killer Robots [M]. Burlington: Ashgate Publishing Company, 2009.

[ 125 ] Kroes Peter, Verbeek Peter-Paul. The Moral Status of Technical Artefacts [M]. Dordrecht: Springer, 2014.

[ 126 ] Kumagai Jean. A robotic Sentry For Korea's Demilitarized Zone [J]. IEEE Spectrum, 2007, 44(3): 16−17.

[ 127 ] Kurosu Masaaki. Human-Computer Interaction, Part II [M]. Heidelberg: Springer, 2014.

[ 128 ] Laryionava Katsiaryna, Gross Dominik. Deus Ex Machina or E-Slave? Public Perception of Healthcare Robotics in the German Print Media [J]. International Journal of Technology Assessment in Health Care, 2012, 28(3): 265−270.

[ 129 ] Lee Sau-lai, Lau Ivy Yee-man. Hitting a Robot vs. Hitting a Human: Is it the Same? [C]. HRI'11 Proceedings of the 6th international conference on Human-robot interaction, Lausanne, 2011.

[ 130 ] Lenoble Jacques, Maesschalck Marc. Democracy, Law and Governance [M]. Burlington: Ashgate, 2010.

[ 131 ] Levi-Faur David. The Oxford Handbook of Governance [M]. Oxford: Oxford University Press, 2012.

[ 132 ] Levy David. Love + Sex with Robots: the Evolution of Human-Robot Relationships [M]. New York: HarperCollins Publishers, 2007.

[ 133 ] Li Dingjun, et al. A Cross-cultural Study: Effect of Robot Appearance and Task [J]. International Journal of Social Robotics, 2010, 2(2): 175−186.

[ 134 ] Lin Patrick, Abney Keith, Bekey George [M]. Robot Ethics, Cambridge: The MIT Press, 2012.

[ 135 ] Lin Patrick, Bekey George, Abney Keith. Autonomous Military Robotics: Risk, Ethics and Design. 2008-12-20 [EB/OL]. (2017-07-10). http://ethics.calpoly.edu/onr_report.pdf.

[ 136 ] Lohse Manja, et al. Domestic Applications for Social Robots [J]. Journal of Physical Agent, 2008, 2(2): 21-32.

[ 137 ] Lokhorst Gert-Jan. Computational Meta-Ethics: Towards the Meta-Ethical Robot [J]. Minds and Machines, 2011, 21(2): 261-274.

[ 138 ] Losing Humanity: the Case against Killer Robots [R]. International Human Rights Clinic, November, 2012.

[ 139 ] Luper Steven. Epistemic Closure [EB/OL]. (2017-07-10) The Stanford Encyclopedia of Philosophy. https://plato.stanford.edu/entries/closure-epistemic/#CloPri.

[ 140 ] Maesschalck Marc. Reflexive Governance for Research and Innovative Knowledge [M]. Hoboken: Wiley, 2017.

[ 141 ] Magnani Lorenzo. Computing, Cognition and Philosophy [M]. London: College Publications, 2005.

[ 142 ] Malle Bertram, et al. Sacrifice One for the Good of Many? People Apply Different Moral Norms to Human and Robot Agents [C]. HRI'15 IEEE International Conference on Human-Robot Interaction, Portland, 2015.

[ 143 ] Malle Bertram. Integrating Robot Ethics and Machine Morality: the Study and Design of Moral Competence in Robots [J]. Ethics and Information Technology, 2016, 18(4): 243-256.

[ 144 ] Marchant Gary, et al. International Governance of Autonomous Military Robots [J]. The Columbia Science and Technology Law Review, 2011, 12: 272-315.

[ 145 ] Marino Dante, Tamburrini Guglielmo. Learning Robots and Human Responsibility [J]. International Review of Information Ethics, 2006, 6(12): 46-51.

[ 146 ] Marshall Samuel. Men against Fire: the Problem of Battle Command [M]. Norman:

University of Oklahoma Press, 2000.

[ 147 ] Matthias Andreas. The Responsibility Gap: Ascribing Responsibility for the Actions of Learning Automata [J]. Ethics and Information Technology, 2004, 6(3): 175-183.

[ 148 ] McBride Neil, Stahl Bernd. Developing Responsible Research and Innovation for Robotics [C]. 2014 IEEE International Symposium on Ethics in Science, Technology and Engineering, IEEE 2014, 1-10.

[ 149 ] McGinnis John. Accelerating AI [J]. Northwestern University Law Review, 2010, 104(3): 1253-1269.

[ 150 ] McLaren Bruce. Computational Models of Ethical Reasoning: Challenges, Initial Steps, and Future Directions [J]. IEEE Intelligent Systems, 2006, 21(4): 29-37.

[ 151 ] McNally Phil, Inayatullah Sohail. The Rights of Robots [J]. Futures, 1988, 20(2): 119-136.

[ 152 ] Mitcham Carl. Co-Responsibility for Research Integrity [J]. Science and Engineering Ethics, 2003, 9(2): 273-290.

[ 153 ] Moor James, Bynum Terrell. Cyberphilosophy: The Intersection of Philosophy and Computing [C]. Malden: Blackwell Publishing, 2002.

[ 154 ] Moor James. The Nature, Importance, and Difficulty of Machine Ethics [J]. IEEE Intelligent Systems, 2006, 21(4): 18-21.

[ 155 ] Mori Masahiro. The Uncanny Valley [J]. IEEE Robotics & Automation Magazine, 2012, 19(2): 98-100.

[ 156 ] Muehlhauser Luke, Bostrom Nick. Why We Need Friendly AI [J]. Think, 2014, 13(36): 41-47.

[ 157 ] Muller V C. Philosophy and Theory of Artificial Intelligence, SAPERE 5 [M]. Heidelberg: Springer, 2012.

[ 158 ] Muller Vincent. Fundamental Issues of Artificial Intelligence [M]. Heidelberg: Springer, 2016.

[ 159 ] Nakatsu Ryohei, et al. Handbook of Digital Games and Entertainment Technologies [M]. Heidelberg: Springer, 2017.

[ 160 ] National Highway Traffic Safety Administration. DOT/NHTSA Statement Concerning Automated Vehicles [EB/OL]. (2017−07−10). http://www.nhtsa.gov/Research/Crash-Avoidance/Automated-Vehicles.

[ 161 ] National Highway Traffic Safety Administration. Preliminary Statement of Policy Concerning Automated Vehicles [EB/OL]. (2017 −07 −10). http://www.nhtsa.gov/Research/Crash-Avoidance/Automated-Vehicles.

[ 162 ] National Robotics Initiative [EB/OL]. (2017−07−10). http://www.nsf.gov/funding/pgm_summ.jsp?pims_id=503641&org=CISE.

[ 163 ] Noorman Merel, Johnson Deborah. Negotiating Autonomy and Responsibility in Military Robots [J]. Ethics and Information Technology, 2014, 16(1): 51−62.

[ 164 ] Norman Donald. How Might People Interact with Agent [J]. Communications of the ACM, 1994, 37(7): 68−71.

[ 165 ] Nussbaum Martha. Frontiers of Justice: Disability, Nationality, Species Membership [M]. Cambridge: The Belknap Press, 2006.

[ 166 ] Oh Changhoon, et al. Us vs. Them: Understanding Artificial Intelligence Technophobia over the Google DeepMind Challenge Match [C]. Human Computer Integration, 2017, Denver, CO, USA.

[ 167 ] One Hundred Year Study on Artificial Intelligence. Artificial Intelligence and Life in 2030 [EB/OL]. (2017−07−10). https://ai100.stanford.edu/sites/default/files/ai_100_report_0831fnl.pdf.

[ 168 ] One in three believe that the rise of artificial intelligence is a threat to humanity, [EB/OL]. (2017−07−10) https://www.britishscienceassociation.org/news/rise-of-artificial-intelligence-is-a-threat-to-humanity.

[ 169 ] Parasuraman Raja, Sheridan Thomas, Wickens Christopher. A Model for Types and Levels of Human Interaction with Automation [J]. IEEE Transactions on Systems, Man and Cybernetics — Part A: Systems and Humans, 2000, 30(3): 286−297.

[ 170 ] Parijs Philippe van, Vanderborght Yannick. Basic Income [M]. Cambridge: Harvard University Press, 2017.

[ 171 ] Peat David. From Certainty to Uncertainty [M]. Washington, D. C.: Joseph Henry Press, 2002.

[ 172 ] Percival Robert. Who's Afraid of the Precautionary Principle? [J]. Pace Environmental Law Review, 2006, 23(1): 21−81.

[ 173 ] Peri Kathryn, et al. Lounging with Robots — Social Spaces of Residents in Cares: A Comparison Trial [J]. Australasian Journal on Ageing, 2016, 35(1): 1−6.

[ 174 ] Pierre Jon. Debating Governance [M]. Oxford: Oxford University press, 2000.

[ 175 ] Pino Maribel, et al. "Are We Ready for Robots that Care for Us?" Attitudes and Opinions of Older Adults toward Socially Assistive Robots [J]. Frontiers in Aging Neuroscience, 2015, 7(141): 1−15.

[ 176 ] Plas Arjanna van der, et al. Beyond Speculative Robot Ethics: A Vision Assessment Study on the Future of the Robotic Caretaker [J]. Accountability in Research, 2010, 17(6): 299−315.

[ 177 ] Powers Thomas. Prospects for a Kantian Machine [J]. IEEE Intelligent Systems, 2006, 21(4): 46−51.

[ 178 ] Preparing for the Future of Artificial Intelligence [EB/OL]. (2017−07−10). https://obamawhitehouse.archives.gov/sites/default/files/whitehouse_files/microsites/ostp/NSTC/preparing_for_the_future_of_ai.pdf.

[ 179 ] Putnam, Hilary. Robots: Machines or Artificially Created Life? [J]. The Journal of Philosophy, 1964, 61(21): 668−691.

[ 180 ] Rabiroff Jon. Machine Gun-toting Robots Deployed on DMZ [N]. Stars and Stripes, 2010−7−12.

[ 181 ] Reeves Byron, Nass Clifford. The Media Equation [M]. Cambridge: Cambridge University Press, 1996.

[ 182 ] Richardson Kathleen. Is It Ethical to Have Sex with a Robot? [N]. Time, February 27, 2017.

[ 183 ] Richardson Kathleen. Sex Robot Matters [J]. IEEE Technology and Society Magazine, 2016, 35(2): 46−53.

［184］ Riek Laurel. The Social Co-Robotics Problem Space: Six Key Challenges [EB/OL]. (2017-07-10). http://papers.laurelriek.org/riek-rss13.pdf.

［185］ Robertson Jennifer. Human Rights VS. Robot Rights: Forecasts from Japan [J]. Critical Asian Studies, 2014, 46(4): 571-598.

［186］ Robeyns Ingrid. The Capability Approach: a Theoretical Survey [J]. Journal of Human Development, 2005, 6(1): 93-114.

［187］ Robotics and Artificial Intelligence [EB/OL]. (2017-07-10). https://www.publications.parliament.uk/pa/cm201617/cmselect/cmsctech/145/145.pdf.

［188］ Robotics and Artificial Intelligence: Government Response to the Committee's Fifth Report of Session 2016-17. [EB/OL]. (2017-07-10). https://www.publications.parliament.uk/pa/cm201617/cmselect/cmsctech/896/896.pdf.

［189］ Rosenberg Nathan. Why Technology Forecasts often Fail [J]. Futurist, 1995, 29(4): 16-21.

［190］ Russell Stuart, Norvig Peter. Artificial Intelligence: A Modern Approach [M]. New Jersey: Pearson Education, 2010.

［191］ Russell Stuart, et al. Research Priorities for Robust and Beneficial Artificial Intelligence: An Open Letter [J]. AI Magazine, 2015, 36(4): 3-4.

［192］ Russell Stuart. Dewey Daniel, Tegmark Max. Research Priorities for Robust and Beneficial Artificial Intelligence [J]. AI Magazine, 2015, 36(4): 105-114.

［193］ Sabel Charles, Zeitlin Jonathan. Experimentalism in the EU: Common Ground and Persistent Differences [J]. Regulation & Governance, 2012, 6(3): 410-426.

［194］ Sabel Charles, Zeitlin Jonathan. Experimentalist Governance in the European Union [M]. Oxford: Oxford University Press, 2010.

［195］ Samani Hooman. The Evaluation of Affection in Human-Robot Interaction [J]. Kybernetes, 45(8): 1257-1272.

［196］ Santoro Matteo, Marino Dante, Tamburrini Guglielmo. Learning Robots Interacting with Humans: from Epistemic Risk to Responsibility [J]. AI & Society, 2008, 22(3): 301-314.

[197] Schienke Erich, et al. The Role of the National Science Foundation Broader Impacts Criterion in Enhancing Research Ethics Pedagogy [J]. Social Epistemology, 2009, 23(3-4): 317-336.

[198] Schmidhuber Jurgen, et al. Artificial General Intelligence [M]. Berlin: Springer, 2011.

[199] Schot Johan, Rip Arie. The Past and Future of Constructive Technology Assessment [J]. Technological Forecasting and Social Change, 1997, 54(2-3): 251-268.

[200] Schummer Joachim, Baird Davis. Nanotechnology Challenges [M]. London: World Scientific, 2006.

[201] Schutter Olivier De, Lenoble Jacques. Reflexive Governance: Redefining the Public Interest in a Pluralistic World [M]. Oxford: Hart Publishing, 2010.

[202] Sharkey Amanda, Sharkey Noel. Granny and the Robots: Ethical Issues in Robot Care for the Elderly [J]. Ethics and Information Technology, 2012, 14(1): 27-40.

[203] Sharkey Noel, et al. Our Sexual Future with Robots [EB/OL], 2017: 24-25. (2017-07-10). https://responsible-robotics-myxf6pn3xr.netdna-ssl.com/wp-content/uploads/2017/11/FRR-Consultation-Report-Our-Sexual-Future-with-robots-.pdf.

[204] Sharkey Noel. Grounds for Discrimination: Autonomous Robot Weapons [J]. RUSI Defence Systems, 2008, 11(2): 86-89.

[205] Sharkey Noel. The Ethical Frontiers of Robotics [J]. Science, 2008, 322(5909): 1800-1801.

[206] Shearing Clifford, Wood Jennifer. Nodal Governance, Democracy, and the New 'Denizens' [J]. Journal of Law and Society, 2003, 30(3): 400-419.

[207] Shiller Robert. Robotization Without Taxation [N]. Project Syndicate, 2017-3-22.

[208] Siciliano Bruno, Khatib Oussama. Springer Handbook of Robotics [M]. Berlin: Springer, 2008.

[209] Simon Herbert. Bounded Rationality in Social Science: Today and Tomorrow [J]. Mind & Society, 2000, 1(1): 25-39.

[210] Simon Herbert. Models of Bounded Rationality, Vol.3 [M]. Cambridge: The MIT Press, 1997.

[ 211 ] Simon Herbert. Rationality as Process and as Product of Thought [J]. The American Economic Review, 1978, 68(2): 1–16.

[ 212 ] Soares Nate, Fallenstein Benja. Aligning Superintelligence with Human interests: A Technical Research Agenda [EB/OL]. (2017–07–10). http://citeseerx.ist.psu.edu/viewdoc/download?doi=10.1.1.675.9314&rep=rep1&type=pdf.

[ 213 ] Sparrow Robert, Sparrow Linda. In the Hands of Machines? The Future of Aged Care [J]. Minds and Machines, 2006, 16(2): 141–161.

[ 214 ] Sparrow Robert. Killer Robots [J]. Journal of Applied Philosophy, 2007, 24(1): 62–77.

[ 215 ] Sparrow Robert. Robots in Aged Care: a Dystopian Future? [J]. AI & Society, 2016, 31(4): 445–454.

[ 216 ] Sparrow Robert. The March of the Robot Dogs [J]. Ethics and Information Technology, 2002, 4(4): 305–318.

[ 217 ] Stahl Bernd. Information, Ethics, and Computers: The Problem of Autonomous Moral Agents [J]. Minds and Machines, 2004, 14(1): 67–83.

[ 218 ] Stirling Andy. “Opening Up” and “Closing Down” : Power, Participation and Pluralism in the Social Appraisal of Technology [J]. Science, Technology & Human Values, 2008, 33(2): 262–294.

[ 219 ] Stirling Andy. A General Framework for Analysing Diversity in Science, Technology and Society [J]. Journal of the Royal Society Interface, 2007, 4(15): 707–719.

[ 220 ] Stone Christopher. Should Trees Have Standing? — Toward Legal Rights for Natural Objects [J]. Southern California Law Review, 1972, 45(2): 450–501.

[ 221 ] Stone Jeff, Fernandez Nicholas. To Practice What We Preach: The Use of Hypocrisy and Cognitive Dissonance to Motivate Behavior Change [J]. Social and Personality Psychology Compass, 2008, 2(2): 1024–1051.

[ 222 ] Strawser Bradley. Moral Predators: The Duty to Employ Uninhabited Aerial Vehicles [J]. Journal of Military Ethics, 2010, 9(4): 342–368.

[ 223 ] Stryker Sheldon, Burke Peter. The Past, Present, and Future of an Identity Theory [J].

Social Psychology Quarterly, 2000, 63(4): 284−297.

[ 224 ] Sullins John. Robots, Love and Sex: The Ethics of Building a Love Machine [J]. IEEE Transactions on Affective Computing, 2012, 3(4): 398−409.

[ 225 ] Sullins John. When Is a Robot a Moral Agent? [J]. International Review of Information Ethics, 2006, 6(12): 23−30.

[ 226 ] Tamura Toshiyo, et al. Is an Entertainment Robot Useful in the Care of Elderly People With Severe Dementia? [J]. Journal of Gerontology: Medical Sciences, 2004, 59A(1): 83−85.

[ 227 ] Tanaka Fumihide, Cicourel Aaron, Movellan Javier. Socialization between Toddlers and Robots at an Early Childhood Education Center [J]. Proceedings of the National Academy of Sciences of the USA. 2007, 104(46): 17954−17958.

[ 228 ] Taylor Paul. Respect for Nature: A Theory of Environmental Ethics [M]. Princeton: Princeton University Press, 1986.

[ 229 ] The Ad Hoc Committee for Responsible Computing. Moral Responsibility for Computing Artifacts: The Rules [EB/OL]. (2017−07−10). https://edocs.uis.edu/kmill2/www/TheRules/.

[ 230 ] The Royal Academy of Engineering. Autonomous Systems: Social, Legal and Ethical Issues [EB/OL]. (2017−07−10). http://www.raeng.org.uk/publications/reports/autonomous-systems-report.

[ 231 ] Tsarouchi Panagiota, Makris Sotiris, Chryssolouris George. Human-Robot Interaction Review and Challenges on Task Planning and Programming [J]. International Journal of Computer Integrated Manufacturing, 2016, 29(8): 916−931.

[ 232 ] Tsuji Yuichiro, et al. Experimental Study of Empathy and its Behavioral Indices in Human-Robot Interaction. HAI 14, 2014−10−29. [EB/OL]. (2017−07−10). http://dl.acm.org/citation.cfm?id=2658933.

[ 233 ] Turkle Sherry, et al. Relational Artifacts with Children and Elders: the Complexities of Cybercompanionship [J]. Connection Science, 2006, 18(4): 347−361.

[ 234 ] U.S. Department of Defense. Unmanned Systems Integrated Roadmap [EB/OL].

(2017−07−10). https://www.defense.gov/Portals/1/Documents/pubs/DOD-USRM-2013.pdf.

[235] UNESCO & COMEST. Preliminary Draft Report of COMEST on Robotics Ethics [EB/OL]. (2017−07−10). http://unesdoc.unesco.org/images/0024/002455/245532E.pdf.

[236] Vamplew Peter, et al. Human-aligned Artificial Intelligence is a Multiobjective Problem [J]. Ethics and Information Technology, 2018, 20(1): 27−40.

[237] Van Wynsberghe Aimee. A Method for Integrating Ethics into the Design of Robots [J]. Industrial Robot: An International Journal, 2013, 40(5): 433−440.

[238] Verbeek Peter-Paul. Moralizing Technology [M]. Chicago: The University of Chicago Press, 2011.

[239] Veruggio Gianmarco. The EURON Roboethics Roadmap [EB/OL]. (2017−07−10). http://www.roboethics.org/atelier2006/docs/ROBOETHICS%20ROADMAP%20Rel2.1.1.pdf.

[240] Veruggio Gianmarco, Operto Fiorella. Roboethics: a Bottom-up Interdisciplinary Discourse in the Field of Applied Ethics in Robotics [J]. International Review of Information Ethics, 2006, 6(12): 2−8.

[241] Veruggio Gianmarco. The Birth of Roboethics [EB/OL]. (2017−07−10). http://www.researchgate.net/publication/228623299_The_birth_of_roboethics.

[242] Voort Marlies Van de, Pieters Wolter. Refining the Ethics of Computer-made Decision: a Classification of Moral Mediation by Ubiquitous Machines [J]. Ethics and Information Technology, 2015, 17(1): 41−56.

[243] Voβ Jan-Peter, Bauknecht Dierk, Kemp Rene. Reflexive Governance for Sustainable Development [M]. Cheltenham: Edward Elgar, 2006.

[244] Waelbers Katinka. Doing Good with Technologies [M]. Dordrecht: Springer, 2011.

[245] Wallach Wendell, Allen Colin. Framing Robot Arms control [J]. Ethics and Information Technology, 2013, 15(2): 125−135.

[246] Wallach Wendell, Allen Colin. Moral Machines: Teaching Robots Right from Wrong

[M]. Oxford: Oxford University Press, 2009.

[ 247 ] Wallach Wendell, Allen Colin, Smit Iva. Machine Morality: Bottom-up and Top-down Approaches for Modelling Human Moral Faculties [J]. AI & Society, 2008, 22(4): 565−582.

[ 248 ] Wallach Wendell, Franklin Stan, Allen Colin. A Conceptual and Computational Model of Moral Decision Making in Human and Artificial Agents [J]. Topics in Cognitive Science, 2010, 2(3): 454−485.

[ 249 ] Walsh Toby, et al. Open Letter to Professor Sung-Chul Shin, President of KAIST from some Leading AI Researchers in 30 Different Countries. March 2018 [EB/OL]. (2017−07−10). http://www.cse.unsw.edu.au/~tw/ciair/kaist.html.

[ 250 ] Walters Michael, et al. Avoiding the Uncanny Valley [J]. Autonomous Robots, 2008, 24(2): 159−178.

[ 251 ] Warshaw Jean. The Trend towards Implementing the Precautionary Principle in US Regulation of Nanomaterials [J]. Dose Response, 2012, 10(3): 384−396.

[ 252 ] Warwick Kevin, et al. Controlling a Mobile Robot with a Biological Brain [J]. Defence Science Journal, 2010, 60(1): 5−14.

[ 253 ] Warwick Kevin. Implications and Consequences of Robots with Biological Brains [J]. Ethics and Information Technology, 2010, 12(3): 223−234.

[ 254 ] Watson Richard. Self-Consciousness and the Rights of Nonhuman Animals and Nature [J]. Environmental Ethics, 1979, 1(2): 99−129.

[ 255 ] Webster Donna, Kruglanski Arie. Individual Differences in Need for Cognitive Closure [J]. Journal of Personality and Social Psychology, 1994, 67(6): 1049−1062.

[ 256 ] Weng Yueh-Hsuan. Beyond Robot Ethics: On a Legislative Consortium for Social Robotics [J]. Advanced Robotics, 2010, 24(13): 1919−1926.

[ 257 ] Whitby Blay. Sometimes it's Hard to be a Robot: A Call for Action on the Ethics of Abusing Artificial Agents [J]. Interacting with Computers, 2008, 20: 326−333.

[ 258 ] Wilson Grant. Minimizing Global Catastrophic and Existential Risks from Emerging Technologies through International Law [J]. Virginia Environmental Law Journal,

2013, 31(2): 307−364.

[259] Wilson Robert, et al. Loneliness and Risk of Alzheimer Disease [J]. Archives of General Psychiatry, 2007, 64(2): 234−240.

[260] Wiltshire Travis. A Prospective Framework for the Design of Ideal Artificial Moral Agents: Insights from the Science of Heroism in Humans [J]. Minds & Machines, 2015, 25(1): 57−71.

[261] Woods Sarah. Exploring the Design Space of Robots: Children's Perspectives [J]. Interacting with Computers, 2006, 18(6): 1390−1418.

[262] Wortham Robert, Theodorou Andreas. Robot Transparency, Trust and Utility [J]. Connection Science, 2017, 29(3): 242−248.

[263] Wu Ya-Huei, et al. Designing Robots for the Elderly: Appearance Issue and Beyond [J]. Archives of Gerontology and Geriatrics, 2012, 54(1): 121−126.

[264] Wynsberghe Aimee van. Designing Robots for Care: Care Centered Value-Sensitive Design [J]. Science and Engineering Ethics, 2013, 19(2): 407−433.

[265] Wynsberghe Aimee van. Healthcare Robots: Ethics, Design and Implementation [M]. Surrey: Ashgate, 2015.

[266] Yampolskiy Roman, Fox Joshua. Safety Engineering for Artificial General Intelligence [J]. Topoi, 2013, 32(2): 217−226.

[267] Young James, et al. Evaluating Human-Robot Interaction [J]. International Journal of Social Robotics, 2011, 3(1): 53−67.

[268] Zon Noah. Would a Universal Basic Income Reduce Poverty? [EB/OL]. (2017−07−10). https://maytree.com/wp-content/uploads/Policy_Brief_Basic_Income.pdf.

[269] Zulhumadi Faisal, Udin Zulkifli, Abdullah Che. Constructive Technology Assessment of Nano-Biosensor: A Malaysian Case [J]. Journal of Southease Asian Research, 2015, Article ID 129464: 1−11. DOI: 10.5171/2015.129464.

[270] 新一代人工智能发展规划［M］. 北京：人民出版社，2017.

[271] 阿西莫夫 . 机器人短篇全集［M］. 汉声杂志，译 . 成都：天地出版社，2005.

[272] 阿西莫夫 . 机器人与帝国［M］. 汉声杂志，译 . 成都：天地出版社，2005.

［273］爱因斯坦．爱因斯坦文集（第三卷）［M］．许良英，赵中立，张宣三，译．北京：商务印书馆，2009.
［274］安云凤，李金和．性权利的文明尺度［J］．哲学动态，2008（10）.
［275］安云凤．性伦理学新论［M］．北京：首都师范大学出版社，2002.
［276］巴-科恩，汉森．机器人革命［M］．潘俊，译．北京：机械工业出版社，2015.
［277］巴拉特．我们最后的发明：人工智能与人类时代的终结［M］．闾佳，译．北京：电子工业出版社，2016.
［278］拜纳姆，罗杰森．计算机伦理与专业责任［M］．李伦，等译．北京：北京大学出版社，2010.
［279］鲍思顿，顾宝昌，罗华．生育与死亡转变对人口老龄化和老年抚养的影响［J］．中国人口科学，2005（1）.
［280］贝克，吉登斯，拉什．自反性现代化［M］．赵文书，译．北京：商务印书馆，2001.
［281］贝克，威尔姆斯．自由与资本主义［M］．路国林，译．杭州：浙江人民出版社，2001.
［282］贝克．风险社会［M］．何博闻，译．南京：译林出版社，2004.
［283］波斯特洛姆．超级智能［M］．张体伟，张玉青，译．北京：中信出版社，2015.
［284］博登．人工智能的本质与未来［M］．孙诗惠，译．北京：中国人民大学出版社，2017.
［285］博登．人工智能哲学［M］．刘西瑞，王汉琦，译．上海：上海译文出版社，2001.
［286］布莱恩约弗森，麦卡菲．第二次机器革命［M］．蒋永军，译．北京：中信出版集团，2016.
［287］蔡斯．人工智能革命［M］．张尧然，译．北京：机械工业出版社，2017.
［288］蔡志良，蔡应妹．道德能力论［M］．北京：中国社会科学出版社，2008.
［289］蔡仲．科学研究是否价值无涉［J］．江海学刊，2016（1）.
［290］柴艳萍．当前中国伦理治理的研究现状与未来趋势——中国伦理学会第八次全国会员代表大会暨学术讨论会综述［J］．中州学刊，2013（11）.

[ 291 ] 陈殿生，等 . 助老助残机器人综合应用展示平台——展示全方位科技养老 [ J ] . 机器人技术与应用，2013（1）.
[ 292 ] 陈吉栋 . 论机器人的法律人格 [ J ] . 上海大学学报（社科版），2018（3）.
[ 293 ] 程东峰 . 角色论——责任伦理的逻辑起点 [ J ] . 皖西学院学报，2007（4）.
[ 294 ] 邓志东，程振波 . 我国助老助残机器人产业与技术发展现状调研 [ J ] . 机器人技术与应用，2009（2）.
[ 295 ] 杜强强 . 论法人的基本权利主体地位 [ J ] . 法学家，2009（2）.
[ 296 ] 杜威 . 确定性的寻求 [ M ] . 傅统先，译 . 上海：上海人民出版社，2005.
[ 297 ] 恩格斯 . 家庭、私有制和国家的起源 [ M ] . 北京：人民出版社，1999.
[ 298 ] 樊春良，张新庆，陈琦 . 关于我国生命科学技术伦理治理机制的探讨 [ J ] . 中国软科学，2008（8）.
[ 299 ] 房绍坤，林广会 . 人工智能民事主体适格性之辨思 [ J ] . 苏州大学学报（社科版），2018（5）.
[ 300 ] 费多益 . 认知视野中的情感依赖与理性、推理 [ J ] . 中国社会科学，2012（8）.
[ 301 ] 封锡盛 . 机器人不是人，是机器，但须当人看 [ J ] . 科学与社会，2015（2）.
[ 302 ] 奉美凤，谢荷锋，肖东生 . 高可靠性组织研究的现状与展望 [ J ] . 南华大学学报（社科版），2009（1）.
[ 303 ] 弗洛伊德 . 弗洛伊德性学经典 [ M ] . 王秋阳，译 . 武汉：武汉大学出版社，2012.
[ 304 ] 甘绍平 . 机器人怎么可能拥有权利 [ J ] . 伦理学研究，2017（3）.
[ 305 ] 甘绍平 . 论应用伦理学 [ J ] . 哲学研究，2001（12）.
[ 306 ] 甘绍平 . 应用伦理学前沿问题研究 [ M ] . 南昌：江西人民出版社，2002.
[ 307 ] 甘绍平 . 忧那思等人的新伦理究竟新在哪里？ [ J ] . 哲学研究，2000（12）.
[ 308 ] 高奇琦，张结斌 . 社会补偿与个人适应：人工智能时代失业问题的两种解决 [ J ] . 江西社会科学，2017（10）.
[ 309 ] 高奇琦，张鹏 . 论人工智能对未来法律的多方位挑战 [ J ] . 华中科技大学学报（社科版），2018（1）.
[ 310 ] 高奇琦 . 人工智能：驯服赛维坦 [ M ] . 上海：上海交通大学出版社，2018.

［311］格伦瓦尔德．技术伦理学手册［M］．吴宁，译．北京：社会科学文献出版社，2017.

［312］龚怡宏．人工智能是否终将超越人类智能［J］．人民论坛・学术前沿，2016（7）．

［313］哈贝马斯．交往行为理论［M］．曹卫东，译．上海：上海人民出版社，2004.

［314］韩东屏．正名：以“部门伦理学”替代“应用伦理学”［J］．伦理学研究，2009（6）．

［315］汉森．知识社会中的不确定性［J］．国际社会科学杂志，2003（1）．

［316］何怀宏．伦理学是什么［M］．北京：北京大学出版社，2015.

［317］何立荣，王蓓．性权利概念探析［J］．学术论坛，2012（9）．

［318］胡明艳．纳米技术发展的伦理参与研究［M］．北京：中国社会科学出版社，2015.

［319］黄国忠．产品安全与风险评估［M］．北京：冶金工业出版社，2010.

［320］黄远灿．国内外军用机器人产业发展现状［J］．机器人技术与应用，2009（2）．

［321］霍金斯，布拉克斯莉．人工智能的未来［M］．贺俊杰，李若子，杨倩，译．西安：陕西科学技术出版社，2006.

［322］贾萨诺夫．发明的伦理［M］．尚智丛，田喜腾，田甲乐，译．北京：中国人民大学出版社，2018.

［323］江晓原，刘兵．伦理能不能管科学［M］．上海：华东师范大学出版社，2009.

［324］江晓原．人工智能：威胁人类文明的科技之火［J］．探索与争鸣，2017（10）．

［325］江晓原．为什么人工智能必将威胁我们的文明［N］．文汇报，2016-07-29（3）．

［326］江晓原．性张力下的中国人［M］．上海：华东师范大学出版社，2011.

［327］杰索普．治理的兴起及其失败的风险：以经济发展为例的论述［J］．漆蕪，译．国际社会科学杂志，1999（1）．

［328］卡普兰．人工智能时代［M］．李盼，译．杭州：浙江人民出版社，2016.

［329］柯显信，尚宇峰，卢孔笔．仿人情感交互表情机器人研究现状及关键技术分析［J］．智能系统学报，2013（6）．

［330］科尔曼．在新千年里性健康和性权利的发展和展望［J］．周福春，译．中国性科学，2003（2）．

［331］科思．企业、市场与法律［M］．盛洪，等译．上海：上海三联书店，1990.

[332] 科斯，阿尔钦，诺斯．财产权利与制度变迁［M］．刘守英，等译．上海：上海三联书店，1991.

[333] 库兹韦尔．奇点临近［M］．李庆诚，董振华，田源，译．北京：机械工业出版社，2014.

[334] 库兹韦尔．如何创造思维［M］．盛杨燕，译．杭州：浙江人民出版社，2014.

[335] 拉・梅特里．人是机器［M］．顾寿观，译．北京：商务印书馆，1999.

[336] 雷根，科亨．动物权利论争［M］．杨通进，江娅，译．北京：中国政法大学出版社，2005.

[337] 雷根．动物权利研究［M］．李曦，译．北京：北京大学出版社，2010.

[338] 李建会，符征，张江．计算主义［M］．北京：中国社会科学出版社，2012.

[339] 李俊平．人工智能技术的伦理问题及其对策研究［D］．武汉理工大学，2013.

[340] 李开复，王咏刚．人工智能［M］．北京：文化发展出版社，2017.

[341] 李萍，童建军．德性法理学视野下的道德治理［J］．哲学研究，2014（8）.

[342] 李小燕．从实在论走向关系论：机器人伦理研究的方法论转换［J］．自然辩证法研究，2016（2）.

[343] 李小燕．老人护理机器人伦理风险探析［J］．东北大学学报（社会科学版），2015（6）.

[344] 李晓华．对机器人征税非可行之道［N］．人民日报，2017-03-16.

[345] 李雨潼．东北地区离婚率全国居首的原因分析［J］．人口学刊，2018（5）.

[346] 李月琳，何鹏飞．国内技术接受研究：特征、问题与展望［J］．中国图书馆学报，2017（1）.

[347] 联合国开发计划署．让新技术为人类发展服务［M］．北京：中国财政经济出版社，2001.

[348] 林德宏．“技术化生存”与人的“非人化”［J］．江苏社会科学，2000（4）.

[349] 林德宏．“双刃剑”解读［J］．自然辩证法研究，2002（10）.

[350] 林德宏．人与机器：高科技的本质与人文精神的复兴［M］．南京：江苏教育出版社，1999.

[351] 刘宪权．人工智能时代机器人行为道德伦理与刑法规制［J］．比较法研究，

2018（4）.

［352］刘晓纯，达亚冲．智能机器人的法律人格审视［J］．前沿，2018（3）.

［353］刘易斯．技术与风险［M］．杨健，缪建兴，译．北京：中国对外翻译出版公司，1994.

［354］刘益梅．上海市公办养老机构长期照护的困境及其对策探讨［J］．上海商学院学报，2016（6）.

［355］刘在花，许燕．社会智力评估述评［J］．上海教育科研，2003（11）.

［356］鲁亚科斯，伊斯特．人机共生［M］．粟志敏，译．北京：中国人民大学出版社，2017.

［357］罗尔斯．正义论［M］．何怀宏，何包钢，廖申白，译．北京：中国社会科学出版社，2017.

［358］罗国杰．中国伦理学百科全书（伦理学原理卷）［M］．长春：吉林人民出版社，1993.

［359］梅亮，陈劲．责任式创新：源起、归因解析与理论框架［J］．管理世界，2015（8）.

［360］孟秀艳，等．情感机器人的情感模型研究［J］．计算机科学，2008（6）.

［361］米尔恩．人的权利与人的多样性——人权哲学［M］．夏勇，张志铭，译．北京：中国大百科全书出版社，1995.

［362］米切姆．技术哲学概论［M］．殷登祥，曹南燕，等译．天津：天津科学技术出版社，1999.

［363］穆勒．功利主义［M］．徐大建，译．上海：上海人民出版社，2008.

［364］诺思．经济史中的结构与变迁［M］．陈郁，等译．上海：上海三联书店，1994.

［365］诺思．理解经济变迁过程［M］．钟正生，等译．北京：中国人民大学出版社，2007.

［366］诺斯．按时序的经济实绩［J］．经济学情报，1995（1）.

［367］皮卡德．情感计算［M］．罗森林，译．北京：北京理工大学出版社，2005.

［368］普利高津．确定性的终结［M］．湛敏，译．上海：上海科技教育出版社，1998.

［369］任晓明，桂起权．计算机科学哲学研究［M］．北京：人民出版社，2010.

[370] 任晓明，王东浩 . 机器人的当代发展及其伦理问题初探 [J] . 自然辩证法研究，2013 (6) .

[371] 睿根 . 打开牢笼——面对动物权利的挑战 [M] . 莽萍，马天杰，译 . 中国政法大学出版社，2005.

[372] 萨特 . 存在与虚无 [M] . 陈宣良，等译 . 北京：三联书店，1997.

[373] 森，努斯鲍姆 . 生活质量 [M] . 龚群，等译 . 北京：社会科学文献出版社，2008.

[374] 森 . 后果评价与实践理性 [M] . 应奇，等译 . 北京：东方出版社，2006.

[375] 森 . 以自由看待发展 [M] . 任赜，于真，译 . 北京：中国人民大学出版社，2013.

[376] 尚东涛 . 技术伦理的效应限度因试解 [J] . 自然辩证法研究，2007 (5) .

[377] 舍恩 . 反映的实践者 [M] . 夏林清，译 . 北京：教育科学出版社，2007.

[378] 沈长月，周志忠 . 无人驾驶汽车侵权责任研究 [J] . 法制与社会，2016 (27) .

[379] 石里克 . 伦理学问题 [M] . 孙美堂，译 . 北京：华夏出版社，2001.

[380] 石人炳，罗艳 . 我国老年护工队伍存在的问题与对策建议 [J] . 决策与信息，2016 (12) .

[381] 斯宾诺莎 . 伦理学 [M] . 贺麟，译 . 北京：商务印书馆，1983.

[382] 斯蒂格利茨，比尔米斯 . 三万亿美元的战争：伊拉克战争的真实成本 [M] . 卢昌崇，孟韬，李浩，译 . 北京：中国人民大学出版社，2013.

[383] 松尾丰 . 人工智能狂潮——机器人会超越人类吗？ [M] . 赵函宏，高华彬，译 . 北京：机械工业出版社，2016.

[384] 孙占利 . 智能机器人法律人格问题论析 [J] . 东方法学，2018 (3) .

[385] 特纳 . 技术的报复 [M] . 徐俊培，钟季康，姚时宗，译 . 上海：上海科技教育出版社，1999.

[386] 托夫勒 . 第三次浪潮 [M] . 朱志焱，潘琪，张焱，译 . 北京：新华出版社，1996.

[387] 瓦拉赫，艾伦 . 道德机器：如何让机器人明辨是非 [M] . 王小红，主译 . 北京：北京大学出版社，2017.

［388］ 万俊人 . 现代西方伦理学史（上卷）［M］. 北京：中国人民大学出版社，2011.
［389］ 王东浩 . 机器人伦理问题研究［D］. 天津：南开大学，2014.
［390］ 王奋宇，卢阳旭，何光喜 . 对我国科技公共治理问题的若干思考［J］. 中国软科学，2015（1）.
［391］ 王冠玺 . 我国法人的基本权利探索［J］. 浙江学刊，2010（5）.
［392］ 王国豫，刘则渊 . 科学技术伦理的跨文化对话［M］. 北京：科学出版社，2009.
［393］ 王国豫，赵宇亮 . 敬小慎微：纳米技术的安全与伦理问题研究［M］. 北京：科学出版社，2015.
［394］ 王国豫 . 德国技术哲学的伦理转向［J］. 哲学研究，2005（5）.
［395］ 王君，等 . 人工智能等新技术进步影响就业的机理与对策［J］. 宏观经济研究，2017（10）.
［396］ 王起全 . 安全评价［M］. 北京：化学工业出版社，2015.
［397］ 王前 . 技术伦理通论［M］. 北京：中国人民大学出版社，2011.
［398］ 王绍源，赵君 ."物伦理学"视阈下机器人的伦理设计［J］. 道德与文明，2013（3）.
［399］ 王莹莹，等 . 浙江省农村老年人养老意愿调查［J］. 社区医学杂志，2016（23）.
［400］ 王云强 . 情感主义伦理学的心理学印证［J］. 南京师大学报（社科版），2016（6）.
［401］ 王志良，等 . 具有情感的类人表情机器人研究综述［J］. 计算机科学，2011（1）.
［402］ 威廉森 . 治理机制［M］. 王健，等译 . 北京：中国社会科学出版社，2001.
［403］ 维纳 . 控制论：或关于在动物和机器中控制和通信的科学［M］. 郝季仁，译 . 北京：北京大学出版社，2007.
［404］ 魏斌，等 . 人工情感原理及其应用［M］. 武汉：华中科技大学出版社，2017.
［405］ 沃克，布瑞姆利，斯查瑞 .20YY：机器人时代的战争［M］. 邹辉，等译 . 北京：国防工业出版社，2016.
［406］ 邬沧萍，杜鹏 . 老龄社会与和谐社会［M］. 北京：中国人口出版社，2012.
［407］ 吴汉东 . 人工智能时代的制度安排与法律规制［J］. 法律科学，2017（5）.
［408］ 吴军 . 智能时代［M］. 北京：中信出版集团，2016.
［409］ 吴玉韶，党俊武 . 中国老龄产业发展报告（2014）［M］. 北京：社会科学文献

出版社，2014.
[410] 夏永红，李建会：人工智能的框架问题及其解决策略［J］. 自然辩证法研究，2018（5）.
[411] 谢勒 . 监管人工智能系统：风险、挑战、能力和策略［J］. 曹建峰，李金磊，译 . 信息安全与通信保密，2017（3）.
[412] 谢熹瑶，罗跃嘉 . 道德判断中的情绪因素［J］. 心理科学进展，2009（6）.
[413] 辛格，雷根 . 动物权利与人类义务［M］. 曾建平，代峰，译 . 北京：北京大学出版社，2010.
[414] 辛格 . 动物解放［M］. 祖述宪，译 . 青岛：青岛出版社，2006.
[415] 辛格 . 机器人战争［M］. 逯璐，周亚楠，译 . 武汉：华中科技大学出版社，2016.
[416] 休谟 . 道德研究［M］. 长春：吉林大学出版社，2004.
[417] 徐立成，周立 . 食品安全威胁下"有组织的不负责任"［J］. 中国农业大学学报（社科版），2014（2）.
[418] 徐英瑾 . 技术与正义：未来战争中的人工智能［J］. 人民论坛 · 学术前沿，2016（7）.
[419] 徐英瑾 . 心智、语言和机器——维特根斯坦哲学和人工智能科学的对话［M］. 北京：人民出版社，2013.
[420] 许中缘 . 论智能机器人的工具性人格［J］. 法学评论，2018（5）.
[421] 亚里士多德 . 尼各马可伦理学［M］. 廖申白，译 . 北京：商务印书馆，2003.
[422] 杨慧民，王前 . 道德想象力：含义、价值与培育途径［J］. 哲学研究，2014（5）.
[423] 杨义芹 . 道德权利研究三十年［J］. 河北学刊，2010（5）.
[424] 俞可平 . 治理与善治［M］. 北京：社会科学文献出版社，2000.
[425] 袁曾 . 人工智能有限法律人格审视［J］. 东方法学，2017（5）.
[426] 袁一雪 . 自主武器：技术与伦理的边缘［N］. 中国科学报，2018-04-20.
[427] 约纳斯 . 技术、医学与伦理学：责任原理的实践［M］. 张荣，译 . 上海：上海译文出版社，2008.
[428] 载汝为 . 社会智能科学［M］. 上海：上海交通大学出版社，2007.
[429] 张春美 . 基因伦理挑战与伦理治理［J］. 传承，2012（5）.

[ 430 ] 张楠 . 可穿戴型助残助老机器人问世 [ N ] . 中国科学报，2012-04-04.

[ 431 ] 张曦 . 道德能力与情感的首要性 [ J ] . 哲学研究，2016 ( 5 ) .

[ 432 ] 张玉洁 . 论人工智能时代的机器人权利及其风险规制 [ J ] . 东方法学，2017 ( 6 ) .

[ 433 ] 赵合俊 . 性权利的历史演变 [ J ] . 中华女子学院学报，2007 ( 3 ) .

[ 434 ] 中国科学院心理研究所战略发展研究小组 . 行为科学的现状和发展趋势 [ J ] . 中国科学院院刊，2001 ( 6 ) .

[ 435 ] 周花，等 . 城市社区老年人养老意愿的调查及影响因素分析 [ J ] . 医学理论与实践，2016 ( 18 ) .

[ 436 ] 周立梅 . 试论当代中国婚姻家庭伦理关系的新变化 [ J ] . 青海师范大学学报（哲社版），2006 ( 5 ) .

[ 437 ] 祝叶华 . “弱人工智能 +” 时代来了 [ J ] . 科技导报，2016 ( 7 ) .

# 索　引

## F



## G



## H



## J



## K



## L

## N



## Q



## R



## S



## T



## W

## X



## Y



## Z

# 后　记

完稿之际，掩卷沉思，感慨颇多。

本书的写作得到许多师友的帮助与鼓励。首先，衷心感谢美国圣母大学哲学系霍华德（Don Howard）教授。2008 年，当我受国家留学基金委“国家建设高水平大学公派研究生项目”的资助，以联合培养博士生的身份来到圣母大学访学时，霍华德教授给予我无私、热情的帮助，使我的博士论文得以顺利完成。2013 年，受上海交通大学“骨干人才基金”的资助，我再次来到美国圣母大学访学，主要任务是完成 2011 年的国家社会科学基金青年项目。当时霍华德教授在给博士生讲授“机器人伦理”课程，我全程旁听，激发起了我对机器人与人工智能伦理研究的极大兴趣。正是由于霍华德教授的课程，使我从之前一直从事的爱因斯坦研究，转向了科技伦理研究。

感谢美国匹兹堡大学科学史与科学哲学系科林·艾伦（Colin Allen）教授。2016 年 8 月，受国家留学基金委“青年骨干教师出国研修项目”的资助，我来到美国印第安那大学（布鲁明顿校区）访学一年，得到当时在该校科学史与科学哲学系任教的艾伦教授的热情指导与帮助，受益匪浅。访学期间，我还旁听了艾伦教授开设的两门课程，开阔了我的学术视野。艾伦教授还多次邀请我和家人去他家里共进晚餐，使我认识到他的厨艺与学术一样高超与精湛。

感谢我的博士导师清华大学刘兵教授和硕士导师南京大学蔡仲教授。

两位导师是我终生学习的榜样，他们对我的关心也是激励我坚持努力的强大动力。感谢上海交通大学马克思主义学院科学史与科学文化研究院江晓原教授、李侠教授、纪志刚教授、萨日娜教授、闫宏秀教授、王延锋副教授、黄庆桥副教授、穆蕴秋副教授等老师与同事，感谢大家长期的帮助和鼓励，使我在科学史研究院的大家庭中备感舒适与温暖。感谢马克思主义学院王岩院长和王震书记等领导和朋友的支持。

感谢同济大学马克思主义学院丁晓强教授、张劲教授、田晖教授、万立明教授、李春敏教授等老领导、老朋友，虽然在同济大学工作的时间不长，但我一直很珍惜与大家之间的友情。感谢中国矿业大学曹巍老师、徐黎华老师、殷实老师以及曾经一起共事的领导和朋友。中国矿业大学的“三永远精神”一直铭刻于心，鞭策我不断向前，多年积淀的深情厚谊以及美丽的校园一直令我魂牵梦萦。

感谢全体课题组成员的大力支持与配合，大家的共同努力使得本课题能够按期顺利完成。感谢我的家人的支持与理解。由于本人天资愚钝，使得太多精力用于教学与科研，陪伴家人的时间实在太少，无论是对远在故乡的父母，还是近在身边的妻儿，时时感到深深的歉意。

感谢上海交通大学出版社编辑崔霞和孙莺两位老师耐心细致的工作，使得本书以更加精致的面貌呈现在读者面前。

本书的初稿是2015年国家社会科学基金一般项目“机器人伦理问题研究”（项目编号：15BZX036）的结项成果。2018年，笔者有幸获得上海市浦江人才计划项目“机器人技术的伦理治理研究”（项目编号：18PJC074），在该项目的资助下，笔者对国家社科基金的结项成果进行了修改与完善。同时，本书的出版得到了“上海交通大学2019年度人文社会科学成果文库”的资助，在此一并表示衷心的感谢！

本书中包含的本人已发表的期刊论文如下：

① 杜严勇：《建构友好人工智能》，《自然辩证法通讯》，2020 年第 4 期。

② 杜严勇：《机器人伦理研究论纲》，《科学技术哲学研究》，2018 年第 4 期。

③ 杜严勇：《论人工智能研究中的前瞻性道德责任》，《上海师范大学学报（哲社版）》，2018 年第 4 期。

④ 杜严勇：《助老机器人的伦理辩护》，《江苏社会科学》，2018 年第 4 期。

⑤ 杜严勇：《论机器人道德能力的建构》，《自然辩证法研究》，2018 年第 5 期。

⑥ 杜严勇：《论人工智能的自反性伦理治理》，《新疆师范大学学报（哲社版）》，2018 年第 2 期。

⑦ 杜严勇：《机器人伦理中的道德责任问题研究》，《科学学研究》，2017 年第 11 期。

⑧ 杜严勇：《机器人伦理设计进路及其评价》，《哲学动态》，2017 年第 9 期。

⑨ 杜严勇：《人工智能安全问题及其解决进路》，《哲学动态》，2016 年第 9 期。人大复印资料《科学技术哲学》2016 年第 12 期全文转载。

⑩ 杜严勇：《机器伦理刍议》，《科学技术哲学研究》，2016 年第 1 期。人大复印资料《科学技术哲学》2016 年第 5 期全文转载。

⑪ 杜严勇：《论机器人权利》，《哲学动态》，2015 年第 8 期。人大复印资料《科学技术哲学》2016 年第 1 期全文转载。

⑫ 杜严勇：《关于机器人应用的伦理问题》，《科学与社会》，2015 年第 2 期。

⑬ 杜严勇:《情侣机器人对婚姻与性伦理的挑战初探》,《自然辩证法研究》, 2014 年第 9 期。

⑭ 杜严勇:《现代军用机器人的伦理困境》,《伦理学研究》, 2014 年第 5 期。

人工智能科技发展日新月异，人工智能伦理问题也受到越来越多的关注。笔者能力所限，本书中所讨论的内容都是很粗浅的，不当之处恳请各位专家、读者批评指正。

杜严勇

2019 年 12 月

# 附　记

2022年初，同济大学人文学院刘日明院长和李建昌书记邀请我到同济大学人文学院工作，我欣然接受了两位领导的邀请，并于2022年7月正式到同济大学工作，开启了我崭新的学术生涯。感谢同济大学人文学院刘日明院长和李建昌书记的错爱，感谢上海交通大学马克思主义学院邢云文院长和董玉山书记对我在上海交通大学工作期间给予的鼓励与包容！特别感谢上海交通大学科学史与科学文化研究院的各位老师，感谢大家十年来的帮助与支持，我将铭记于心！

杜严勇

2022年8月